涂料开发与试验

主　编　杨成德

科学技术文献出版社
SCIENTIFIC AND TECHNICAL DOCUMENTATION PRESS
·北京·

图书在版编目（CIP）数据

涂料开发与试验/杨成德主编. —北京：科学技术文献出版社，2015.2
ISBN 978-7-5023-9844-6

Ⅰ.①涂…　Ⅱ.①杨…　Ⅲ.①涂料—产品开发—高等职业教育—教材　②涂料—试验—高等职业教育—教材　Ⅳ.①TQ63

中国版本图书馆CIP数据核字（2015）第030261号

涂料开发与试验

策划编辑：林倪端　王　蕊　责任编辑：杨俊姝　责任校对：张燕育　责任出版：张志平

出 版 者　科学技术文献出版社
地　　址　北京市复兴路15号　邮编 100038
编 务 部　（010）58882938，58882087（传真）
发 行 部　（010）58882868，58882874（传真）
邮 购 部　（010）58882873
官方网址　www.stdp.com.cn
发 行 者　科学技术文献出版社发行　全国各地新华书店经销
印 刷 者　北京金其乐彩色印刷有限公司
版　　次　2015年2月第1版　2015年2月第1次印刷
开　　本　787×1092　1/16
字　　数　335千
印　　张　16.5
书　　号　ISBN 978-7-5023-9844-6
定　　价　38.00元

简　介

本书立足于高等职业教育的课程项目化改革，以典型研发工作过程为依据，以职业活动为导向，配合项目教学法，是为培养化工工艺试验工职业资格要求的高技术应用性人才的需要而编写的。本书有效整合了涂料工艺、涂料施工技术、涂料分析与检测、化工材料安全技术、材料化学等课程的部分资源，将化工工艺试验工考核内容融合于课程项目教学之中，工学结合，按照涂料研发的规律进行编排，充分体现理实一体化；项目通过项目资讯、配方选择、试验训练、配方优化、技术总结、成果保护等多个任务，依托常规试验装置实施；本书选用涂料典型配方开展实训任务，以学生自主学习为核心，任务驱动教学活动，工学结合，达到提高教学效率的目的。

本书可作为高等职业教育的材料、化工、高分子或轻工、印染、建筑等专业的教材和相关企业高技术人才的培训教材。也可供从事材料研发和管理的技术人员参考。

前　言

本书兼顾了传统教学的理论学习，立足于高等职业教育的课程项目化改革，以典型研发工作过程为依据，以职业活动为导向，是为培养化工工艺试验工职业资格要求的高技术应用性人才的需要而编写的。本书内容以国家职业资格标准为基础，贯穿职业能力的培养，突出高职教育特色，配合项目教学法，体现工学结合的教学思路，落实了“双证融通”的行业要求。

通过剖析化工材料行业的职业资格标准和大范围下厂调研，明确了企业对员工的知识、能力、素质结构的要求，我们在编写过程中力求把理论与实训统一起来，实现技能训练与理论学习的有机结合。课程内容通过项目化整体设计和实施设计，在具有职业活动特色的项目情境中贯穿学习内容，任务驱动教学活动，有效整合了涂料工艺、涂料施工技术、涂料分析与检测、化工材料安全技术、材料化学等课程的部分资源，形成了“能力为本、任务训练、学生主体、职业活动导向、项目载体、课程一体化设计”的项目化教学体系和过程考核的教学模式，将化工工艺试验工考核内容融于课程项目教学之中，工学结合，按认识规律进行梳理，打破理论与实践的界限，充分体现理实一体化；项目实施通过项目资讯、配方选择、项目准备、试验训练、配方优化、技术总结、成果保护等多个层次，分层次组织教学内容，每一层次均配套相应的试验工作任务，按照“看一看”“想一想”“做一做”“查一查”的顺序实施，依托常规试验装置，实现多门课程的融合，本书共设有溶剂型涂料、粉末涂料和水性涂料的开发与试验等实训项目，每个项目均由项目研发资讯开始进行开发与试验，按照学时数匹配项目；项目中的实训试验任务可根据实际情况合并或者拆分，灵活处理，为教学或者技能培训服务。

在每章的任务实施中设有“能力目标”“知识目标”“实训设计”，使学员明确学习内容、学习方式及应达到的课程实训标准；任务编写中有“思考题”和“课后任务”，便于学员自主学习和教师选用。体现以学生自主学习为核心，任务驱动教学活动，“学中做，做中学”，践行教育教学新理念，达到提高教学效率的目的。

本书可作为高等职业教育的材料、化工、高分子或轻工、印染等专业的教材和相关企业高技能人才的培训教材。也可供从事化工材料研发和管理的技术人员参考。

本教材共分八章，涉及十五个实训项目。第一章由苏州健雄职业技术学院顾准编写；

第二章由苏州健雄职业技术学院陆豪杰编写；第三章由苏州健雄职业技术学院陈雪峰编写；第四章、第五章由苏州健雄职业技术学院顾晓昊编写；第六章第三、四、五、六、七节由苏州健雄职业技术学院朱少晖编写；第七章由苏州健雄职业技术学院杜晓晗编写；全书实训任务部分由苏州健雄职业技术学院解雪乔、吴春梅编写；苏州健雄职业技术学院杨成德担任主编，编写了第八章、第六章第一、二节和其余部分并统稿；全书由常州涂料化工研究院教授级高级工程师陈月珍主审。此外，东特涂料（太仓）有限公司的王恩来工程师和昆山三旺树脂有限公司（健雄-三旺新型功能材料实验室）奚荣耀工程师对本书在配方选择和实施细节上开展了校企合作，提出了一些宝贵意见和建议。

本书的编写参考了许多图书和期刊论文，没能一一列出，在此诚恳地感谢原作者和支持本书成稿的各位领导和朋友。

由于时间仓促，水平有限，书中一定有许多不妥之处，请不吝赐教。

编　者

2014年12月

目　录

第一章　涂料概述

我国使用天然漆的历史可追溯至两千多年前的西汉时期，但作为化工产品生产还只有一百多年；直到20世纪初，涂料用的主要成膜物树脂还来源于植物油、沥青及煤焦油等天然产物，而且以溶剂型液态产品供应市场，俗称“油漆”。

严格来讲，涂料应称为涂层材料，涂料行业不完全是制造业，属于“加工服务业”。涂料和涂装是不可分割的整体，涂料生产企业有责任帮助用户选择合适的涂料和配套体系，指导用户正确涂装和使用涂料，直到满足要求。

广义上讲，涂层材料包括无机涂层、有机涂层和金属涂层，例如热喷涂、等离子喷涂铝、锌及耐高贵温金属合金涂层，电镀和高真空金属镀膜，无机富锌涂层等；近年来正在发展的有机或有机聚合物为成膜物的涂层材料是市场上涂料的主体，所有的涂层材料都必须采用适当的涂装设备和涂装工艺将其转变成适用的涂层或涂膜。

涂料形成的涂层对被涂装的底材如金属、木材、混凝土、塑料、皮革、纸张、玻璃等具有保护、装饰和功能化的作用。

第一节　涂料组成、分类与作用

一、涂料组成

涂料是由成膜物质、分散介质、颜填料及助剂组成的复杂的多相分散体系，涂料的各种组分在形成涂层过程中发挥其作用。

（一）成膜物质

也称树脂、黏合剂或基料。它将所有涂料组分黏结在一起形成整体均一的涂层或涂膜，同时对底材或底涂层发挥润湿、渗透和相互作用而产生必要的附着力，并基本满足涂层的性能要求（清漆或透明的涂层主要由成膜物组成），因此成膜物是涂料的基础成分。绝大多数涂料都是由液态湿膜转变为固体涂层（粉末涂料也是先熔化成液态，成膜后冷却固化）。有机成膜物树脂的化学组成和结构、分子量大小及分布，溶解度参数，极性及极性基团的结构和分布，交联反应型树脂的活性基团的含量及分布，玻璃化温度等基本性质直接决定了涂层的性能，而且与液体分散体系的分散稳定性、流变特性乃至成膜的整体均一性密切相关。

（二）颜料和填料

颜料是色漆或有色涂层的必要组分。颜料赋予涂层色彩、着色力、遮盖力，增加机械强度，具有耐介质性、耐光性、耐候性、耐热性等。颜料以微细固体粉末分散在成膜物中，颜料的细度与粒度分布、晶型、吸油度、表面物理化学活性等，直接与其着色力、遮盖力，与树脂相互作用、分散稳定性、流变特性紧密相关。化学结构相同，但来源（天然或合成）不同，或生产工艺，甚至批次不同，颜料的上述性能指标可能就有差别。这往往导致配色中的色差。

填料，以天然或合成的复合硅酸盐（滑石粉、高岭土、硅藻土、硅灰石、云母粉、石英砂等）、碳酸钙、硫酸钙、硫酸钡等为代表，细度范围200～1200目的产品均有，而且也有经过不同表面处理以适应溶剂型或水性涂料的产品。一般填料遮盖力和着色力较差，主要起填充、补强作用，同时也降低成本。但是，随着人们对其与成膜物树脂相互作用认识的深入，填料在涂层中的作用将重新定位。

（三）分散介质

涂料作为分散体系（液-液、液-固、气-固、固-固），分散介质的作用是确保分散体系的稳定性、流变性，同时在施工和成膜过程中起重要作用。溶剂型液体涂料中的分散介质一般称为溶剂，它们首先将成膜物树脂溶解成适合配方要求的溶液，涂料制备过程中调节产品的黏度及流变特性，在涂装过程中调节施工黏度和控制成膜速率及流变特性，这类溶剂又称稀料或稀释剂。溶剂的作用是多方面的，在热固性涂料中，溶剂的极性、亲质子性等对交联反应速率起调节作用。因此全面了解溶剂的溶解力、挥发性、黏度、表面活性、电性能（静电喷涂）等对选择正确的溶剂十分重要。传统的溶剂型涂料成膜后溶剂不留存于涂层中，挥发到大气中成为污染物之一，而且绝大多数有机溶剂都有毒性，易燃易爆。因此，了解溶剂的毒性和安全性是必要的，发达国家的产品说明中要求提供材料的MSDS（卫生安全数据）。随着法规对VOC（挥发性有机化合物）和HAPS（有害空气污染物）要求日益严格，对涂料中溶剂的用量和种类限制是涂料工艺面临的巨大挑战之一。高固体和无溶剂液体涂料，包括光固化涂料为降低VOC主要采用反应型或活性溶剂，它们参与交联成膜不挥发到大气环境中。但是，它们仍然具有一定的蒸汽压，如接触皮肤会引起炎症。

（四）助剂

助剂，又称涂料辅助材料，其开发和应用是现代涂料工艺的重大技术成就之一。它们用量很少，在现代涂料的制备、贮运和涂装过程中对保证涂料和涂装性能起到重要的作用。水性及高性能、高装饰涂料中的助剂是不可或缺的组分。助剂在涂料成膜后一般留在涂层中成为其组分之一，所以在认识其主要功能的同时还应注意其对最终涂层的负面影响。例如，乳化剂是乳液不可缺少的成分，但残留涂层中乳化剂的迁移性和亲水性势必影响涂层耐水性和附着力。

1. 助剂按其功能分类

助剂种类繁多，通常按助剂的功能分类，如润湿剂、分散剂、乳化剂、消泡剂、流平剂、防沉防流挂剂、催干剂、固化及催化剂、增塑剂、防霉剂、平光剂、增稠剂、阻燃剂、导静电剂、紫外线吸收剂、热稳定剂、防结皮剂，以及用量较大的增塑剂、乳胶涂料的成膜助剂、防冻剂、防霉剂等。

2. 助剂按其在涂料制备和涂装过程的作用分类

（1）在涂料生产过程中，调节涂料性能的助剂有润湿剂、分散剂、乳化剂、消泡剂、流变调节剂（增稠剂、防流挂剂）等；还有保证涂料贮存运输过程性能稳定性的助剂，如防沉淀剂、防结皮剂、防霉剂、防浮色剂、分色剂等。

（2）调整涂料施工涂装，改善成膜性的助剂有：流平剂、消光剂、防流挂剂、成膜助剂、固化剂及催干剂等。

（3）改进涂层特殊性能、提高耐久性的助剂有紫外线吸收剂、热稳定剂、防霉剂、耐划伤剂、憎水或亲水处理剂等。

迄今为止，人们对助剂的作用原理并不十分清楚，而且往往多种助剂在一种涂料中使用，由于助剂的结构和理化性质不同，而且大多数助剂都是不同类型的表面活性剂，它们在一起可能起协同作用，也可能起阻抗作用。

二、涂料分类

涂料分类方式很多，我国1981年颁布国家标准GB 2705—1981，1992年又进行了修订和增补，颁布GB 2705—1992；分类主要依据成膜物，涂料全名由成膜物名称代码、基本名称、涂料特征和用途、型号等组成，大家习惯上把涂料称作漆，例如底涂与底漆，面涂与面漆；为了适应与国际接轨和市场经济的要求，新颁布的标准GB 2705—2003主要采用以涂料市场和用途为基础的分类法，同时对原分类法进行适当简化，主要包括建筑涂料、工业涂料等[1]。

建筑涂料有建筑外墙面与内墙面涂料、防水涂料、地坪涂料、建筑防火涂料、功能涂料等。

工业涂料有汽车涂料、木器涂料、铁路公路车辆涂料、轻工涂料（自行车、家用电器、仪表、塑料及纸张涂料等）、防腐涂料（桥梁、管道、集装箱、耐高温涂料等）等；其他涂料及辅助材料等。

对以上两类涂料按主要成膜体系细分，如建筑涂料分为合成乳液墙面涂料和溶剂型涂料两类。

目前市场中还有习惯沿用的其他分类法，例如按成膜方式分为挥发型涂料、热熔型涂料、热塑性或热固性涂料。按包装分为单组分涂料、双组分涂料。按涂装方法分为刷涂、滚涂、喷涂、浸涂、淋涂、电泳涂料等。按配套要求分为腻子、着色剂、底漆、中间层、面涂与面漆（包括透明漆、色漆、罩光面漆）。按涂层光泽分为高光、有光、半光、亚光、无光涂料；按涂层艺术效果分为锤纹、橘纹、浮雕涂料等。

按涂层功能及具体使用对象可以分为蒸馏釜耐高温涂料、电子车间导静电地坪涂料等。一般涂料名称使用颜料名、成膜物名与功能名合起来命名。也有名称再加上涂料公司的产品代码来命名，是目前市场上通行的做法。

三、涂料的作用

（一）保护作用

暴露在大气环境中的物体会遭受多种腐蚀因素的侵蚀。引起金属电化腐蚀，紫外线引起塑料、木材和纸张降解，空气中的二氧化碳和酸雨导致混凝土风化变质，微生物及代谢产物对所有底材具有很大的破坏作用，并污损其外观。

接触各种腐蚀介质的容器内壁（油罐，溶剂贮罐，水、酸、碱、盐等贮运设施，油、气、水等管道），污水处理池，海港设施等常年处于侵蚀状态。最为典型的是船舶及沿海设施处于十分严酷的腐蚀环境，涂层防腐是延长其使用期最基本的要求。涂层能够隔离和屏蔽腐蚀介质与底材作用，或者通过特殊添加剂延缓腐蚀而达到保护底材的目的。家具和塑料制品经常接触洗涤剂、酒精、醋等腐蚀介质，也需要适当的保护。

所有的产品和设备经常受到各种机械冲击、划伤、狂风暴雨的冲刷、风沙的磨损等，均需要涂层进行保护。

涂层无处不在，大至飞机、船舶、车辆、建筑物、桥梁，小至玩具、文具，如同人要穿衣服一样，几乎所有的物体都需要涂层保护。

（二）装饰作用

涂层可以充分改变底材的外观，赋予其绚丽灿烂的色彩、不同的光泽、丰富的质感、表面花纹等美术和装饰效果，满足用户日益多样化和个性化的需求。汽车、塑料、家具、仪器仪表、皮革和高级纸张等高装饰性涂层往往是产品附加值的重要组成部分。涂料的性能和涂基础。

（三）功能化作用

保护和装饰本身也是一类功能，这里所指的是特种功能——特种涂层材料的功能，集中体现在与国防军工相关的应用领域。例如，电磁屏蔽，吸收雷达波，吸收声呐波，吸收和反射红外线等隐形和伪装涂层，太阳热反射或吸收涂层，舰船防污涂层，防火涂层，耐高温涂层（200～2000℃），隔热绝热、烧蚀涂层，阻尼降噪声涂层，甲板防滑、防结冰涂层，自清洁热反射船壳涂层等。市场对特种功能涂料的需求越来越多，例如，建筑涂料中的屋顶防水、隔热、热反射涂料，内墙用的防水、防虫、防霉涂料等。

在市场日益规范，法律法规更加严格的环境下，满足环保要求、安全要求是涂料产品进入市场的许可证，在激烈的市场竞争条件下，技术经济指标——产品的性价比也是不可忽视的因素。此外，单一涂层使用并不多，主要是以配套体系为主——底漆、中间层和面漆等。涂装配套体系设计也是涂料工艺的重要内容，它一般体现为各种涂装规范和标准。

综上所述，涂料的研发、选用、涂装过程涉及多种复杂甚至矛盾的性能要求因素，这是一个不断优化的过程，需要从整体上去把握和平衡各种性能要求，从而达到较好的结果。涂料行业在我国属于精细化工领域。专业上与胶黏剂、油墨相近。

第二节　涂料研发进展

近年来国内外涂料的研究开发现状，包括利用新的树脂合成方法获得新的成膜物，也有直接引入无机纳米粒子以改善涂层性能，也有表面构建微纳结构以获得功能涂层等[2]；未来涂料技术包括环保化和健康化、通用涂层的高性能化、多功能化和智能化等，是需要突破的关键技术问题，也是涂料的发展趋势。我们应该清楚地认识到，当企业发展到一定阶段和规模后，要加强前瞻性开发投入，加强产学研合作，加强基础研究，储备未来技术和产品，才能走上持续发展的道路。

一、国内外研究现状

（一）利用新的树脂合成方法获得新的成膜物

树脂作为涂层的成膜物质，在配方中起关键作用，直接影响涂层的物理、化学、机械性能和涂层的表面微观结构等。近年来，人们试图通过探索新的树脂合成方法以获得新的树脂成膜物，例如，乳液聚合广泛用于合成树脂、涂料、塑料、橡胶和胶黏剂工业等。常规乳液聚合一般需使用大量有机小分子乳化剂先在水相中形成胶束，然后通过加入引发剂引发溶解在水中的少量单体产生低聚物自由基，这些低聚物自由基进入含有单体的乳化剂胶束中进行链增长、链终止进而形成聚合物乳液。但部分有机小分子乳化剂最终都残留在树脂中，对涂层的性能产生很大的负面影响（如耐污性和耐候性差等）。为此，近年来人们借助辅助单体，以酸-碱为驱动力，开发了新的无皂乳液聚合方法。例如，有研究者利用纳米SiO_2表面硅羟基呈弱酸性的特点，在单体聚合中加入少量含碱性基团的辅助单体，在聚合过程中，纳米SiO_2粒子通过酸碱相互作用吸附到单体液滴或聚合物乳胶粒子表面起乳化剂作用，整个过程中无需加入任何有机小分子乳化剂，以无皂乳液聚合方法获得了丙烯酸树脂；也有以酸-碱并进一步以静电或氢键为驱动力，采用无皂乳液聚合方法制备了以纳米SiO_2粒子为“乳化剂”的丙烯酸树脂；也有将这种纳米SiO_2粒子稳定的丙烯酸树脂无皂乳液进行工业化应用后，涂层的耐污性、耐水性、耐久性等都有显著提高。

研究人员通过微乳液聚合的方法制备了高度透明的甲基丙烯酸甲酯（MMA）与丙烯酸丁酯（BA）共聚物微乳液，固含量与普通的聚合物乳液相当，并发现制备的乳液具有非常奇特的性质，不但涂膜性能优异，而且最低成膜温度显著下降，为新型水性纳米树脂的开发奠定了良好的基础。另外，设计合成具有特定支化结构的纳米聚合物也是目前树脂研究的一个重要方向，有研究表明，超支化聚合物在相同相对分子质量的前提下比线性聚合物具有更低的黏度，而树枝状聚合物的黏度完全不符合现有的黏度-相对分子质量规律，在纳米尺度范围内其黏度会显著地降低，这为新型涂层用树脂的合成提供了巨大的潜在机会。

尽管树脂的纳米化技术无论从理论上还是制备上均有了良好的开始，但纳米树脂的新性能还不能在理论上进行有效预测，而且制备上也存在许多问题没有得到有效的解决，例如在采用无机纳米粒子稳定的乳液聚合方面，如何实现在纳米尺度范围内的聚合物粒子控制；在微乳液聚合方面，如何进一步提高固含量及降低乳化剂含量；在树枝状纳米树脂的制备方面，如何实现其结构可控和宏量制备等，都需要从理论及方法上进行创新，突破目前纳米树脂设计和制备技术的瓶颈问题，为新一代高性能树脂的制备提供理论及技术支撑。

（二）直接引入无机纳米粒子以改善涂层性能

将无机纳米粒子引入到树脂及其涂层中可以通过共混法、原位生成法、自组装方法等。不同的纳米粒子可以赋予涂层不同的性能，如高硬度、耐磨耐刮伤性（SiO_2、Al_2O_3、ZrO_2等）；紫外屏蔽性（ZnO、TiO_2等）；抗菌性（Ag、ZnO、TiO_2等）；电性（碳纳米管等）；阻隔性（黏土等）。研究人员利用纳米SiO_2粒子改善了双组分丙烯酸酯聚氨酯和聚酯聚氨酯涂层的硬度和耐刮伤性，将纳米SiO_2或Al_2O_3粒子改性后加入到紫外光固化丙烯酸酯涂料中，涂层的耐刮伤性得到了显著提高；研究者利用甲基丙烯酰氧基丙基三甲氧基硅烷与MMA（甲基丙烯酸甲酯）聚合获得的共聚物，制备了超高硬度、低收缩率的透明杂化涂层；也有研究人员采用前驱体水解法获得的TiO_2溶胶与官能化聚丙烯酸酯复合制备了高折光指数、高紫外光屏蔽的透明有机-无机杂化涂层，或者以异丙氧基钛为前驱体，制备了TiO_2纳米晶与PMMA（聚甲基丙烯酸甲酯）非线性光学涂层，或者将黏土用表面活性剂插层后，与PMMA、聚乙氧基苯胺等聚合物复合，大大改善了这些聚合物涂层对钢材的防腐蚀保护作用。

将无机纳米粒子引入树脂的研究工作虽已进行得较多，但由于树脂及其涂料体系非常复杂，体系既可以是水性的，也可以是溶剂性的，还可以是无溶剂的（粉末涂料、紫外固化）；树脂分子链既可以是极性的也可以是非极性的，尤其是迫于环保压力，树脂及其涂料水性化已成为涂料工业的主要发展趋势，无机纳米粒子的引入既要考虑其在水性体系的分散稳定性，更要注意固化成膜后与树脂涂层分子链的相互作用。因此，需要探索适用于不同树脂及其涂料涂层体系的无机纳米粒子导入新方法，建立无机纳米粒子在不同树脂及其涂料涂层中的普适性分散稳定控制方法，发展无机纳米粒子的表面设计、稳定分散理论，有研究人员利用植物油醇酸树脂自动氧化干燥成膜过程中产生的自由基为还原剂，开发了一种制备抗菌涂料简便且绿色的方法，这种方法只需将安息香酸银作为前驱体与植物油醇酸树脂共混，由于植物油醇酸树脂含有大量的不饱和脂肪酸，其固化干燥过程是通过空气中氧与不饱和键产生自动氧化交联反应而实现的，利用反应过程中产生的自由基可将银离子原位还原成纳米Ag粒子，整个过程不需要外加任何还原剂、不需要使用任何溶剂，也不需加热，同时醇酸树脂分子链本身、脂肪酸以及中间体都可以成为纳米Ag粒子的保护剂。所制备的植物油醇酸树脂/纳米Ag粒子复合涂料具有优异的抗菌性，可用于木材、玻璃、塑料等基材的表面。

（三）构建表面微纳结构以获得功能涂层

利用高分子链段在溶剂中的溶解度差异可以获得具有特殊结构的表面，研究人员将聚丙烯溶解于对二甲苯与丁酮的混合溶剂中，由于对二甲苯是聚丙烯的良溶剂，丁酮是非溶剂，因此聚丙烯链段在溶剂中分布不均匀。将这种溶液涂覆于玻璃板上，于真空条件下除去溶剂，可制得多孔结构的聚丙烯薄膜，薄膜表面接触角可达155°。同样，利用嵌段聚合物的不同链段在同一溶剂中的差异也可制得超疏水表面，比如利用聚甲基丙烯酸甲酯-聚丙烯-聚甲基丙烯酸甲酯三嵌段共聚物的链段在溶剂二甲基甲酰胺中溶解度的差异而形成以聚丙烯链段为内核的胶束，这种结构与荷叶表面的乳突相似，并同样具有二级结构，溶剂二甲基甲酰胺挥发后，这种胶束结构能完好地堆积在表面形成超疏水表面，与水接触角可达160°。研究人员将由聚甲基丙烯酸甲酯-聚甲基丙烯酸全氟辛酯-聚基丙烯酸甲酯的三嵌段共聚物溶解于AK-2559（$CF_3CF_3CHCl_2$与$CClF_2CHClF$混合溶剂）中形成溶液涂膜，然后将涂膜置于湿度为40%～60%的潮湿空气环境中，使其发生自组装行为产生蜂巢结构，该蜂巢结构经过剥离处理后形成有序的针垫结构，这种针垫结构最大接触角可达170°，合成出2-［3-（三乙烷氧基硅烷基）丙基氨甲酰胺基］-6-甲基-4氢吡啶酮，该物质在乙酸乙酯中通过氢键形成两端有三乙烷氧基团的棒状二聚体分子，再经水解等形成Si—O—Si键交联的鸟巢结构，将其以低表面能物质修饰后便可形成超疏水表面；研究者通过气液相分离的方法制备了聚苯乙烯-聚二甲基硅氧烷嵌段共聚物胶束溶液，使聚二甲基硅氧烷链段在表面富集，从而使涂膜具有超疏水性特性。也有研究者将聚异丙基丙烯酰胺作为低表面能物质修饰粗糙表面，当温度从25℃升至40℃时，原有的分子内氢键转化为分子间氢键，高分子链段发生扭曲重排，疏水链段趋于表面，平整表面接触角从63.5°转变为93.5°，而粗糙表面接触角从0°转变为149.5°。

最近，科学家分别合成了交联的超支化含氟聚合物（HBFP）-聚乙二醇（PEG）网状结构树脂和交联的二甲基硅氧烷（PDMS）-聚氨酯（PUA）嵌段共聚物树脂，干燥成膜时发生相分离，表面产生具有纳米级的微观凹凸形貌，初步研究表明，这种表面微观形貌具有优良的抗血清蛋白、血凝素、脂多糖附着性能。

其他构筑具有微纳结构形貌表面的方法还包括平板印刷和激光刻蚀、电沉积或化学沉积法、水热法与溶胶-凝胶法、碳纳米管法、静电纺丝法、模板法等，但这些方法由于所需条件苛刻、设备昂贵，因此难以应用于树脂涂层的微纳结构构建上，目前最有可能的仍是高分子相分离法或自组装法。但迄今为止的大多数方法基本上只能用于小面积表面，得到的微结构表面不耐高温或遇高温熔化形貌易于被破坏，尤其是对形成这种微纳结构形貌的聚合物组成和结构，以及形成条件（如溶剂）都有非常高的特殊要求，不仅所用的溶剂在树脂及涂料工业中禁止使用，而且所用的聚合物树脂或脆或软或与基材的附着力差等难以作为成膜物质。因此，需要针对可用于成膜物的树脂及其涂料体系，探讨具有实用价值的微纳结构涂层的构建方法，而且是既具有表面纳米结构又具有体相纳米结构涂层的宏量可控制备方法，阐明其形成机制，深入认识其结构与性能调控规律，为发展新一代功能性涂层提供理论指导。

二、技术发展趋势

随着世界各国对环境保护的高度重视、人们对生活品质越来越高的要求和各种高新技术产业的不断发展，对树脂及涂层的性能要求也不断提高，总体发展趋势可概括为几个方面。

（一）环保化和健康化

环保化和健康化包括合成新的树脂成膜物以发展高固体分、水性、无溶剂（粉末和光固化）、零VOC（挥发性有机物）或低VOC、隔热保温、空气净化涂层等。

水性涂料是未来涂料的主力军，其最大应用领域是建筑涂料，在工业涂料中，水性涂料已占世界工业涂料的近30%。

乳液聚合技术发展以及后乳化技术、接枝共聚和高分子共混等技术的进步，推动着水性涂料以前所未有的速度向着汽车修补涂料、金属防腐蚀涂料、机械装备涂料、水性木器涂料和道路标志涂料等方面发展。

粉末和光固化等无溶剂涂料不仅可用于金属制品、家电、建筑、汽车、特种钢筋及管道方面，还可用于木制品、电子产品、重防腐、船舶等领域，因此市场前景广阔，预计到2015年年底将占涂料总量的20%。

辐射固化涂料的增长速度较快，随着对辐射固化涂料的深入研究，新产品不断研发成功。应用范围已逐渐扩大，包括塑料、纸张、木材、金属、摩托车、家电及高档产品如光纤、光盘等，其在卷材、汽车等应用领域也开始崭露头角，如在汽车上采用杂化固化（光/热双固化），可使汽车车身清漆固化时间比现用的涂料缩短50%。光固化涂料已开发出水性光固化涂料和光固化粉末涂料。

（二）通用涂层高性能化

通用涂层的高性能化包括高耐磨性、重防腐、防指纹、仿生防污、高耐候性、高耐温性等。如造船工业要求提供具有高度耐腐蚀和使用寿命更长的长效无毒船底防污涂层；

航空工业要求涂层适应超音速飞行，具有高度耐磨性、耐高温性、耐骤冷性、防结冰的特点；空间技术要求提供耐几千摄氏度高温、耐宇宙射线辐射的涂层；电子工业要求提供耐高温的绝缘涂层等。

（三）多功能化和智能化

多功能化和智能化包括自清洁、防鸟粪、吸波、温控、隐身、防辐射、减阻、智能涂层（光/热转换、自修复、温敏、光敏、气敏、光电开关）等，如光催化型杀菌去污染涂料，清除恶臭并提高人类的免疫能力之负离子涂料；调节室内湿度以给人以舒适环境的调湿型涂料；消除热岛效应的隔热涂料；杀灭公共场所细菌病毒的保健型涂料；防止乱画乱写的防涂鸦或不黏涂料；具有化学、气体、生物、光、温敏特性可用于快速检测和预警的传感器型智能涂层；通过电致发光或光致发光特性用作信号指示灯、车辆驾驶室仪表板、机场跑道、伪装路标等部位涂层等。

三、研究热点

涂料工业发展到今天，显然不是仅仅靠混合、搅拌、分散就能解决所有问题的，过去“三分涂料、七分施工”的做法显然不能适应现代涂料技术的发展。为了从根本上突破某些专利技术的壁垒，掌握涂料相关核心技术，必须深入、系统地进行多方面的研究。

（1）通过可控或者活性自由基聚合、微乳液聚合、核壳乳液聚合、细乳液聚合等各种新的树脂合成方法获得新的成膜物或形态，研究这些新型树脂的结构和性能调控机理及演化规律、成膜机理，以达到降低VOC、控制固化速度和获得高性能涂膜的目的。

（2）新型复合制备技术如有机无机杂化技术、自组装技术、纳米技术、微胶囊技术等在高性能功能性涂层材料（光电功能、仿生防污、自修复、环境响应等功能涂层）中的应用。

（3）针对不同成膜物的树脂及其涂层体系，通过设计新的成膜物、自组装、反应诱导微相分离、可控光催化降解等方式，构筑新的涂膜结构，获取高性能与高功能涂料。

（4）不同成膜反应或成膜方式的交叉结合进行的混杂或多重固化反应的研究、实现协同效应以获得更好的涂膜结构。

（5）通过成膜物、颜料及溶剂（或稀释剂）的相互作用研究，进行涂料配方的计算机模拟，实现配方实验的组合化。

（6）各种新颜料特别是纳米颜料在涂料中的应用，必须研究颜料的分散与包覆技术及分散稳定性理论。

（7）涂膜的检测新方法与寿命预测标准研究，包括服役条件下新型树脂及涂层的微结构和性能的演变及其稳定性控制方法。

总之，要想获得涂料相关核心技术，必须加大研发投入力度，包括人力、物力，同时加强产学研合作。高校擅长先进的制备理论、技术和方法，企业则在配方筛选与应用评价上见长，因此加强产学研合作，将更有利于成果的快速市场化，有时即使项目不能立即产业化，而项目合作过程中相关合作方的科研人员也能在各方面获得不同程度的提高。并且，不管是企业经营者还是研发人员，要敢为天下先，决不能仅仅靠紧跟、模仿国外技术和产品来发展，需要敢于开发国外没有的技术和产品，敢于领先国外技术，才能使我国从涂料大国真正发展成为涂料强国[2]。

四、涂料行业经济指标分析

近年来，涂料生产成本压力不断增大，随着全球石油、原材料价格持续上涨，企业为了保持公司的竞争力和持续的增长动力，提价已成为了众多企业的手段。

涂料企业除了要应对原料提价带来的压力外，物流成本压力增加、企业运营成本上涨，直接转化为涂料价格的提升，对涂料产品市场销售带来不利影响，涂料行业的平均利润率在5%～10%是正常的。

当然，也可以考虑到涂料市场集中的区域进行工厂再建，服务本地，节约运输成本；开发高端产品，增加产品附加值，降低物流成本所占比例，是内部消化企业运营成本、产品生产成本的最佳办法，同时也是企业自主创新、增强企业市场竞争力的必由之路。

近10年来，虽然我国涂料总产量由2004年的298万吨增至2013年的1303.35万吨（见表1-2-1），可以预计2014年之后产量增速将很难超过10%。

虽然现在的中国涂料行业高技术含量、高附加值的产品比例不高，附加值一直徘徊在5%～10%的低利润率水平，但未来涂料平均价格会保持逐年升高的趋势，即使产量增幅会到一个极限值，但产值中高增幅还会维持相当长一段时间。

由表1-2-1可以发现涂料市场整体产销顺畅，2013年全国涂料行业主要经济指标完成情况与2012年相比，亏损企业数有所下降，财务费用、利息支出、应交增值税均呈增长的态势，表明整个行业的产品结构调整、工艺路线改进、生产效率提高、人员素质培训等各方面工作都取得了成效。

表1-2-1　近十年年涂料行业主要经济指标完成情况

指标	产量		产值		实现利润		平均价格/（万元/吨）
	实际值/万吨	增幅（±）/%	实际值/万元	增幅（±）/%	实际值/万元	增幅（±）/%	
2004年	298.15	23.45	5399110	26.13	320766	−8.07	1.81
2005年	382.57	28.31	7347433	36.09	443094	38.14	1.92
2006年	507.80	32.73	9631601	31.09	656724	48.21	1.90
2007年	597.28	17.62	12646803	31.31	863908	31.55	2.12

续表

指标	产量		产值		实现利润		平均价格/（万元/吨）
	实际值/万吨	增幅（±）/%	实际值/万元	增幅（±）/%	实际值/万元	增幅（±）/%	
2008年	638.00	6.82	18219359	44.06	992201	14.85	2.86
2009年	755.44	18.40	18359059	0.77	1135253	14.42	2.43
2010年	966.63	27.96	20268200	26.40	1407700	19.90	2.10
2011年	1079.51	16.40	27297630	25.60	1839081	13.80	2.53
2012年	1271.87	11.80	29346032	12.40	2140924	16.34	2.31
2013年	1303.35	3.60	34167766	9.50	2441054	11.10	2.62

2013年我国涂料行业产量增速、产值增速的纷纷下降，凸显了当前我国宏观经济的调整转型对涂料产业产生的影响，作为国民经济的配套产业，涂料也受到了冲击，消费需求明显下降。体现出我国涂料工业当前的传统发展方式已经落后于新经济的发展要求。2013年行业各种税费的增幅要高于2012年，整个行业的生产和经营成本的逐年增加，原材料价格下降、产品单价的提升增加了行业的利润总额，但涂料企业自身的盈利能力并没有增强。可以看出，涂料产品的环境友好化和提高行业的自主创新能力是行业可持续发展的有力保证。

中国是一个涂料生产和消费大国，进出口贸易对中国涂料行业的发展拉动效应不是很明显。中国的出口对象主要是中亚、非洲、东南亚和南美的一些国家，进口的主要是美国、日本和西欧的涂料。

2013年，全国涂料行业进出口贸易总额16.42亿美元，与2012年相比增加了6.49%；2013年以来，国内外越来越重视环境友好的水性涂料，由于在生产中环保、在运输中安全、在使用中健康，水性涂料在进出口贸易中的比例会越来越大。

2013年，使用涂料的各个行业运行活跃度普遍不高，特别是工业涂料使用行业；人工成本、税费成本、管理成本普遍上涨，原材料成本的降低提升了行业的整体利润率，大多企业收获了实惠，缓解了资金压力；结构调整在环保、安全、健康、产品质量、功能需求等多重压力下提速，低端产品、非环境友好型产品的市场在萎缩，行业平均价格有所升高；含铅涂料在国际国内越来越受到限制，VOC项目、VOC法规受到国家各个政府部门的高度关注，治理VOC、治理雾霾的各项工作全面展开；企业越来越重视自主创新和产品研发，在研发中心的建设、研发设备的购置、技术人才的引进上加大了投入；兼并重组在行业暗流涌动，企业的风险意识明显增强；技术、管理、资本及心理准备和储存，传统的产业增长动力正逐步衰减。因此，对中国涂料工业而言，必须加快涂料行业的结构和技术升级，加快实现由传统的开放式工艺，溶剂型、低档型、一般功能性产品，向密闭式一体化工艺，向环境友好型、高端型、高功能性产品转变。

2013年，我国涂料企业根据自身的实际和市场需求结构的变化，逐步调整生产低、中、高档涂料新产品及涂料制品的合适比例，通过产品比例的调整来加快市场结构的优化和均衡，比如大部分企业提高了水性涂料的研发和生产比例等，有些企业还增加工业涂料的比例。一是加快了环境友好型涂料的发展速度，所占的比例不断扩大，水性木器涂料、水性集装箱涂料、水性汽车涂料、防霉抗菌涂料、隔热保温涂料的发展速度尤为突出；二是功能性涂料新产品发展势头强劲，这些产品提升了整个涂料行业的价格和技术含量水平。

可以看出，涂料行业产量、产值增幅明显放缓，民用涂料增速高于工业涂料，目前，我国的生活物价水平的提高，各种商品价格上涨，涂料的原料成本、人工成本、资金成本上涨，涂料成品的单位售价逐年升高等，均会对产量、产值增幅产生影响，比如各地安全环保核查力度增强以及新增产能审批趋严。

另外，联合国启动含铅涂料项目在中国实施，含铅颜料、含铅助剂、杂质铅会逐步退出涂料行业。配套含铅涂料项目，涂料行业会制订含铅涂料的相关产品和环保标准，会开展含铅涂料技改资金的申报活动，会开展含铅涂料的认证及包装标识活动。

中国涂料企业与国外涂料企业相比，在经济实力、产品质量、技术水平、环保理念、管理基础、市场营销手段能力等方面都还有一定的差距。国内涂料行业“十二五”规划要求完成本行业由量转质的变化，国内涂料市场随着宏观经济总体稳定，企业加快转型升级，涂料消费刚性需求依旧存在，国内仍处于涂料消费迅速扩张阶段，随着大城市对涂料消费逐渐趋于稳定，涂料的实际消费慢慢转移到了同样具有巨大刚性需求的中等城市中；中国人均不到10kg的涂料消费量仍远低于欧美日等发达国家，长期来看中国涂料市场的增长空间依旧很大，新型城镇化的推进，会直接催生建筑涂料板块的增长，间接催生工业涂料的需求，如汽车涂料、轻工家电涂料。城镇化会进一步促进房地产开发，促进对汽车、家电和家具等的消费，随着我国新型城镇化进程的发展，居民生活水平的提高，必然会带来对居住、出行、健康的消费需求，此外城市化所带动的小型城市基础设施与公共设施的投入，新住宅项目的建设，农村土地的拆迁，大型公共服务设施的建设，城市物流的运输，环卫、市政工程等都直接和间接地增加了对涂料配套的需求，为涂料行业提供更加广阔的市场空间[3]。

第三节 涂料开发与试验过程

涂料工业涉及汽车行业、国防工业、建筑行业、船舶行业、家电行业、交通运输行业、石化行业、电子行业、航空行业等领域，并在各行业中起着不可或缺的作用。并且，涂料涉及的学科众多，主要涉及材料科学、表面处理、聚合物化学、有机无机化学、界面化学、流变学、分散技术、物理化学、纳米科学等学科。概括而言，涂料具有以下诸多特点：①属于新材料领域，精细化工材料；②是半成品；③体系复杂；④涉及学科多；⑤使用领域宽；⑥被涂底材五花八门；⑦制造设备通用，但须精细控制；⑧施工设备繁多，有适应性要求；⑨施工质量与环境条件有关；⑩日趋严格的环保要求对涂料的结构和配方设计有影响。

众所周知，涂料主要由基料（树脂）、颜填料、溶剂和助剂四大组分组成。其中，基料是能附着在底材上，并能形成连续涂膜的材料，大多数情况下是有机聚合物。溶剂（或挥发性组分）是能溶解（或分散）基料，并能使涂料流动，适合施工的液体。它们能在施工过程中或施工后挥发释放出来。水性涂料中的水也属于溶剂。颜填料则分散在漆料中，在涂料成膜后仍保持在基料中的悬浮状态。它为涂膜提供色彩、遮盖力和其他特殊功能。助剂是用量很少的添加剂，用以改善涂料在制备、施工和成膜后的很多性能。

涂料的主要功能：①对终端产品如桥梁、飞机、化工厂设施等提供保护。②对终端产品如木器、家具、罐听、建筑物、汽车等提供装饰。③对终端产品如轮船、火箭等提供各种功能。

一、涂料配方设计的一般原则

1. 考虑因素

涂料配方在设计时要考虑的因素很多，主要因素如：

涂料性能的要求：光泽，颜色，各种耐性，机械性能，户外/户内，使用环境，各种特殊功能等；

颜填料：着色力，遮盖力，密度，表面极性，在树脂中的分散性，比表面积，细度，耐候性，耐光性，有害元素含量；

溶剂：对树脂的溶解力，相对挥发速度，沸点，毒性，溶解度参数；

助剂：与体系的相容性，相互间的配伍性，负面作用，毒性；

涂覆底材的特性：钢铁、铜铝材、木材、混凝土、塑料、橡胶材质，底材表面张力，表面磷化，喷砂的表面处理；

原材料的成本：客户对产品价格的要求；

配方参数：配方中各组分比例的确定，即所谓配方参数的设计，如颜基比、颜料体积浓度、固体分、黏度；

施工方法：对配方设计的影响，如空气喷涂，滚涂，UV固化，高压无空气喷涂，刷涂，电泳及施工现场或涂装线的环境条件。

2. 体系的选择

体系的选择主要考虑界面作用，界面作用对配方设计十分重要：如涂料干（湿）膜与空气之间的界面：液固、固固界面，会影响涂膜的外观；涂料树脂与颜、填料之间的界面：液固界面，则影响颜、填料的分散效果；而涂料与底材之间的界面：液固、固固界面，会影响涂料在底材上的附着力、机械性能等。研究涂料之所以一定要研究界面，是因为：①涂料是一种多组分体系：树脂（基料）、颜填料、溶剂、助剂在体系内部存在很多界面，特别是颜填料和树脂、溶剂之间的界面；②涂料是一种半成品，必须涂覆在工件、产品、结构上，才能提供保护、装饰、功能等作用，必然要研究与底材之间的界面；③涂料经施工后，有一个干燥固化的过程，其中必然要考虑到涂膜（湿）表面和空气之间的表面，以保证能提供良好的涂膜外观，防止表面缺陷的出现。

涂层与底材的界面附着可通过物理和化学方法进行配方设计。物理方法是：涂料必须要能渗入表面的微孔中去：涂料的黏度尽可能的低；涂料中溶剂挥发不能太快（可使用高沸点溶剂调节）；涂料的固化速度不能太快（如使用仲胺代替伯胺固化剂）；树脂的相对分子质量低一些。化学方法是涂料树脂结构上要有可以与底材结合的锚定基团，如醚基、酯基、羟基、羧基或可以形成氢键的基（NH）等。

3. 基料的选择

树脂是涂料的成膜物质，一般称基料。树脂选择正确与否或设计是否合理，会极大影响涂料配方的总体适用性。涂料用树脂的品种很多，性能各异，主要包括环氧树脂、聚氨酯树脂、醇酸/聚酯树脂、丙烯酸树脂、氨基树脂等，选择涂料用树脂主要基于树脂的结构和性能，被涂覆基材的种类（木质基材、金属、砖石、皮革等）和使用环境（室外、室内、高温、低温、紫外环境、酸碱条件等）以及性能/价格比等因素。

树脂的主要特性：相对分子质量及相对分子质量分布；主链的结构以及侧链的结构；有无官能团，官能团的结构及分布；树脂能否实现室温交联，还是高温交联；软硬链段的比例及分布。

涂料树脂体系选择的原则：①根据涂料性能要求；②根据成本要求；③根据使用目的和场合要求；④根据原材料厂商提供的参考配方；⑤根据实验室实验结果；⑥根据现场试验结果；⑦根据个人的经验。

4. 溶剂的选取

在配方中选取溶剂时，首先考虑基料；基料常常是高分子物质（涂料树脂），也是高分子材料，它们与溶剂之间的相容性或发生扩散的必要条件是自由能变ΔG，ΔG越负值，越有利于相容和扩散；溶解原则是“相似相溶”。

（1）挥发速度快

金属闪光漆中的溶剂和稀料，其挥发速度要比在实色漆中快。因为快挥发溶剂体系可以使涂膜体积收缩过程中，也就是从湿到干的过程中，已基本平行定向的效应颜料尽快按平行方向固定下来，否则又会出现无规定向。

（2）厚边

涂膜经常出现画框（厚边）弊病，其原因是快溶剂太多，造成边缘处溶剂很快减少（相对于板中间），表面张力上升（溶剂的表面张力较低），使湿涂料会由于表面张力差而被推动，移向表面张力高的地方，移向边缘，造成厚边。方法是降低溶剂的挥发速率，减少表面张力梯度。

（3）专用溶剂

卷材涂料生产线，夏天温度高，涂料很容易起泡，最好用夏天的专用溶剂（挥发慢一些），相反，冬天使用的溶剂可能挥发就要快一些。因此供应商经常会有专用溶剂一说。

（4）涂膜发白

涂膜发白的原因是体系中快溶剂太多，挥发时大量吸热，使温度降到露点以下，潮气结露，渗入涂膜，造成发白，可通过添加慢溶剂（乙二醇丁醚）来解决。

配方设计中选择溶剂时，必须注重方法和步骤。第一，要通过溶解度参数选择能溶解树脂的溶剂或混合溶剂；第二，建立溶剂挥发速度的轮廓关系；第三，通过溶解度参数、挥发速率以及体系的黏度、挥发性有机物含量、表面张力、固体分等的要求进行优化；第四，验证。

5. 颜填料

涂料配方中颜料（包括填料）与黏结剂的质量比称为颜基比。在很多情况下，可根据颜基比制定涂料配方，表征涂料的性能。

一般来说，面漆的颜基比为（0.25～0.9）：1.0，而底漆的颜基比大多为（2.0～4.0）：1.0，室外乳胶漆颜基比为（2.0～4.0）：1.0，室内乳胶漆颜基比为（4.0～7.0）：1.0。

配方设计中应考虑P/B（颜基比）、PVC（颜料体积浓度）和CPVC（临界颜料体积浓度）。面漆的最佳防腐颜料的用量应小于CPVC处的数据；但作为底漆，为了提高打磨性也可稍高于CPVC。

6. 助剂

在选择助剂时要考虑助剂是否高效，要求负面影响小、性价比高，还要符合环保要求，这也是助剂选择的原则；在助剂选择的过程中，要注意以下问题。

（1）配伍性

使用助剂时必须注意助剂与基料体系的配伍性问题。很多助剂为了实现某种功能，都具有特定的化学结构及相对分子质量，而涂料的基料（树脂等）也是具有特定结构及相对分子质量的高分子物质，二者必须相互匹配才能发挥助剂的功能。在加入助剂后，若助剂与体系相容性差，则体系呈乳状，表明此助剂不适合该体系；相反，合适的助剂则相容性好，体系透明。

（2）pH

强酸性（碱性）的助剂使用时要考虑到体系的pH，否则易引起化学反应，产生负面影响。

（3）助剂特性与涂膜性能矛盾

特定助剂的特性与涂膜其他性能的冲突和矛盾，例如抗流挂剂与涂膜流平性，消泡剂与涂膜缩孔，增滑剂与重涂性，成膜助剂与涂膜的抗沾污性；乳化剂与乳化剂残留会影响涂膜耐水性，光引发剂与残留光引发剂会导致涂膜返黄，因此，在使用助剂时一定要了解它的负面作用。

（4）其他因素

助剂会对涂料吸附层厚度产生影响，比如颜料浆在油性漆中的稳定主要靠颜料表面吸附层的厚度来保证，厚度值大于10nm为宜，而强溶剂会与吸附层产生竞争吸附，溶剂的极性（溶剂和树脂的相互作用）会影响高分子分散剂链段上非极性链段的伸展，从而影响吸附层厚度[4]。

二、涂料开发试验方案

1. 工艺路线研究

小试工艺研究的主要目的是确立合理的工艺路线并打通工艺路线，同时确立初步的过程条件，以及中间过程的确证及其检测方法，原则如下：

（1）最佳试剂原则

在工艺的打通阶段，应使用最有质量保证的试剂进行试验，所用试剂应为能够确保反应顺利进行的质量高的试剂，以确保试验结果的可信性，排除原料的干扰。

（2）避免侵权原则

所采用的工艺应不侵犯所销售国家或地区的第三方知识产权。

（3）最小试验规模原则

在工艺的研究阶段，试验应采用最小的试验体积。

（4）逐级放大原则

在放大阶段，应采用逐级放大的原则，根据工艺和实验室的实际情况对工艺进行逐级放大。

（5）工业级试剂替代原则

小试工艺确定后，应进行工业级试剂替代试验。

（6）可信性原则

结论必须经重复批次的试验验证；试验必须有方案设计，方案设计必须有文献依据。

（7）实用性原则

工艺必须适合工业化生产，成本必须具有市场竞争力。

2. 工艺路线选择

首先全面检索文献，对文献进行分析；其次对所有涉及的专利进行分析，分析其适用的国家、保护期、专利状态等；最后确定工艺，制定项目工艺研究计划。

在可使用的各条合成路线中，比较原材料是否易得，工艺条件是否苛刻，如高温、高压等；还要比较工艺中是否使用到了有毒、易燃易爆的试剂或溶剂；也要比较预期的生产中的可操作性，最后比较工艺过程的收率、成本和对环境的影响等。

3. 工艺过程研究

确定初步的工艺过程参数，如通过化学滴定、仪器检测等掌握处理量、温度等相关参数，对工艺过程进行有效控制。

参照相关文献，比较小试工艺研究中的各组分及配方的质量检测方法，初步确定配方中各种组分的结构，以及相关的质量检测方法。

4. 工艺路线的验证和优化

工艺验证和优化阶段的主要任务就是在确定工艺路线的前提下，优化工艺条件、解决产品质量问题，确定原材料标准和检验方法，确定中间过程控制和中间体质量标准，确定产品检验方法和质量标准，达到工艺稳定可控的目标。

（1）在工艺优化中应考虑影响工艺的关键因素

①反应条件，如：温度、时间、湿度等；

②物料的配比：在保证反应的情况下，应尽量避免物料过量；

③试剂种类的替代，如：对毒性大、易燃易爆、难以处理、价格高、不稳定、采购难等试剂的替代；

④试剂级别的替代，如：应优先考虑：工业级、试剂、进口品（试剂或工业品）等；

⑤可操作性：尽量避免柱层析、光照、高压等步骤；

⑥有关物质：对含量超过文献报道限度的单个已知杂质应进行降低有关物质试验。

（2）优化的方法

正交法、单一因素法。

（3）优化后工艺路线的确定

对小试阶段确定的初步工艺参数和条件进行验证，工艺交接前，所有工艺参数和条件（包括优化和无需进行优化的工艺参数和条件）必须通过连续三批的试验进行验证。

（4）优化后工艺参数的确证

应按照工艺参数的重要性选择关键工艺参数，数量应尽量少、但能控制工艺过程的进行和产品的质量。

5. 配方的质量控制

首先对工艺过程的产量、时间、原料、产品进行确证，其次是溶剂等原料的回收或者重新处理，如：减压蒸馏、精馏等，建立回收利用的分析方法和工艺过程，对影响工艺的因素进行分析并确定质量标准，对达到回收质量标准的原料进行三批工艺验证。

6. 原料的选择

一般不使用结构复杂、没有质量保证的混合物，小试的原料、试剂、溶剂的纯度级别较高，一般采用进口、分析纯或化学纯的产品；而规模化生产时要考虑成本，一般采用工业级的原料。原料级别、纯度的改变可能会对涂料的性能产生很大影响，有时甚至会导致失败，因而为配合中试放大，一定要在小试时进行不同级别原材料的替代研究，并进行成本的核算。

原材料的级别替代后，需要进行三批次样品的验证，比较收率和成本，以及对产品的质量影响，在保证质量的前提下，以总成本的降低为主。

在确定原材料的替代后，及时完善及调整原材料的质量标准。

7. 三废的处理与工艺

详细说明三废回收的操作方法，如：洗涤、重结等；建立回收工艺的分析方法和质量标准；通过多次试验确定回收的工艺技术规程。

8. 小试完成后需提交的文件

应该提交工艺路线试验设计研究报告、工艺验证和优化小试研究报告、小试研究的各项计划书等。

三、试验举例

1. 塑料涂料配方设计

（1）塑料涂料配方的设计要点

塑料涂料配方设计的主要问题是要解决涂料和塑料表面的润湿问题。涂料在塑料表面能铺展，接触面有扩大的趋势，就是润湿，润湿就是涂膜对塑料表面的附着力大于其内聚力；另外还要考虑溶解度参数、塑料表面处理、涂料玻璃化温度、涂料溶剂、颜料体积浓度等。

要求涂料树脂和塑料树脂的溶解度参数要接近（≤2）；经过酸处理、氧化、电晕处理等，提高塑料表面的极性；可使用偶联剂或氯化聚烯烃可降低表面能；降低塑料的T_g（玻璃化温度），可使涂料树脂的分子链渗入底材，比如采用强极性溶剂，使底材溶胀，降低其T_g，有利于树脂分子的渗入（如ABS塑料）。丙烯酸底漆中使用少量氨基单体，有助于提高附着力。底面漆层间附着力可采用下述方面得以改善：使底漆的固化不足，交联密度降低，从而有利于面漆的附着；底漆的PVC稍高于CPVC，出现微量的空穴，有利于面漆的渗入。但底漆PVC不能太高，否则面漆中树脂渗入太多，会影响面漆光泽。

（2）界面扩散作用

如果涂料和塑料的溶解度参数十分接近，润湿又比较良好，界面两边的分子因扩散而互相渗透，形成有两种分子的过渡层，从而大大提高界面附着力。

塑料合金是利用物理共混或化学接枝的方法而获得的高性能、功能化、专用化的一类新的塑料材料。我国目前塑料合金（含改性树脂）消费量约为150万吨，主要用于汽车、家电、电子等行业。

通用塑料合金，主要是聚乙烯（PE）、聚氯乙烯（PVC）、聚丙烯（PP）、聚苯乙烯（PS）等的合金。而工程塑料合金，因其附加值高，是工程塑料改性的主要方法，如PC/ABS合金（聚碳酸酯/聚丙烯腈合金）已成为高分子合金的研究热点。另外，还有很多将塑料回收料进行掺混使用。

聚合物合金是一种多组分的聚合物，各组分均是以高分子的形式存在。大多数聚合物之间具有非混溶性，因此聚合物合金常常出现微观相分离。

一般共聚物共混体都不能以分子状态混合，各组分都有自己的自由体积分数；有的体系常温下不相容，但是在一定温度下，可变成相容的合金体系。很多改性塑料合金中，经常用橡胶组分来制造高抗冲的塑料合金。总之，塑料合金通常是一个微观非均相体系，其中有硬组分，也有软组分，有极性组分，有非极性组分，有无定型相，也有结晶相。

（3）塑料上涂料的设计思路

首先，设计时要遵循一般塑料涂料设计的原则。然后，要根据塑料合金的特点考虑，既然塑料合金是多组分的，微观非均相体系，那么其底漆的组分也一定要对应设计成多相或多组分。一般应采用两种或两种以上的树脂，可以是接枝、嵌段式的共聚物，也可以是进行物理混拼。

要注意的是这种不均匀性要和塑料合金的不均匀性相一致，甚至可用同类树脂，附着力更强。在选择溶剂时也应考虑合金中不同组分的特点。应先了解塑料合金的组分，再进行涂料配方的设计。

2. 混凝土涂料配方设计

设计混凝土涂料，首先要了解混凝土材料的特性。一般而言，其特性如下：水泥混凝土的抗压强度高；水泥混凝土的抗张强度低；碱性高，pH一般在12～13；多孔结构，干燥时，孔隙率可从10%增加到25%；混凝土中含有游离的湿气；混凝土可阻挡液态水，但挡不住潮气的渗透；混凝土容易在张力的作用下开裂，出现裂纹。然后，针对混凝土上述特性，找出设计配方时的注意点。例如，考虑到混凝土碱性高，则树脂选用时，要选用耐碱性高的体系，如环氧树脂、乙烯基树脂；不能使用酸性颜料或填料。环氧树脂中有许多—OH基团，可与混凝土中无机盐产生化学结合力，提高附着力。

底漆或封闭漆一定要具有很高的渗透性：选用相对分子质量低的环氧树脂，最深可达

6mm；低黏度；固化反应慢一些；增加混凝土的密度和强度。

抗开裂性：涂料要具有一定的柔韧性，不能用低分子胺固化，最好要用相对分子质量较高的固化剂（如聚酰胺或胺加成物）。

面漆：根据混凝土使用的环境决定；另外，钢筋的腐蚀也不容忽视，国外目前常用的方法是粉末涂装保护，主要是环氧粉末。

3. 汽车闪光涂料配方设计

汽车闪光涂料配方设计的关键是如何使效应颜料平行定向。这可从以下几方面进行控制：①施工固体分要低，使湿膜到干膜有较大收缩压力；②固体分低，但黏度不能太低，否则效应颜料定向差；③溶剂型闪光漆中要使用纤维素增稠，水性体系要采用具有强触变性的树脂，或水性纤维素；④溶剂的挥发速率要相对快，太慢不容易使铝粉平行定向；⑤水性体系必需增加预烘工艺；⑥罩光面漆中溶剂极性不能太强，否则容易使已定向的铝粉又重新被咬起[4]。

思考题

1. 设计涂料配方要考虑的因素有哪些？

2. 涂料的特殊功能体现在哪些方面？

实训任务　涂料研发资讯

能力目标：能够熟练查询涂料的相关资讯，运用现代职业岗位的相关技能，完成涂料技术资料的检索、归纳和总结任务，包括关键词查询，关键因素归纳，关键主题的总结等。

知识目标：了解涂料的相关基础知识，掌握文献查询的方法，掌握涂料的分类、配方等知识的获取途径，以及对资讯进行对比、分析、归纳、总结的方法与要点。

实训设计：公司涂料车间试验小组开发涂料，要求成本低廉，工艺合理；按照车间组织构成，分为若干班组（项目组），选出组长，由组长协调组员进行项目化的工作和学习，完成任务，辩论，汇报演讲，以项目考核方式进行考评。

一、文献检索

文献主要信息源有科技图书、科技期刊、专利文献、科技报告（研究报告、技术报告）、学位论文、会议文献、政府出版物、标准文献等；包括期刊、论文、专利、交流论文、学位论文；也包括科技资料目录、科技期刊数据库等；还包括综述、评论、评述、进展、动态等。

（一）方法

查找文献的方法，与文献的课题、性质和类型有关，可以直接利用文献检索工具来查找文献的方法，也可以检索课题的起始年代为起点，按时间顺序由远及近地查找，这样虽然费时、费力，但覆盖面宽；也可以由近及远地查找，用于新开课题，掌握最近一段时间该课题所达到的水平及研究动向，这样节约时间，但是漏检率高，当然也可以逐年有针对性地进行查找，或者利用已有的资讯后面注明的参考文献，利用检索工具由近及远进行追溯查找。

（二）途径与步骤

按照分类体系、文献内容的主题词、关键词、题名、著者、专利号、标准号索引及辅助性检索等途径，进行文献检索，步骤如下：

分析课题、制定检索策略：包括检索提问、检索方法选择、检索工具选择以及检索范围（专业、时间、语种、文献类型）的限定等，其中最关键的是确定关键词、主题词、分类号、作者、作者单位等；根据课题检索的需要，选择相关的检索工具，然后用已构成的检索提问，按照相应的检索途径查找有关的索引，再根据索引指示的地址在文献部分或题录部分查得相应的文献线索，如题目、内容摘要、作者及作者单位、文献出处等。根据文献出处索取原始文献。

二、归纳与对比

归纳法是指把具体个别的事物，分别加以综合，从而获得一般结论的方法。我们经常把从个别走向一般的思维形式称为归纳；对比是通过对不同事物的比较，寻求其同中之异或异中之同的研究方法。

归纳对比法综合运用，可以把零散的、不成系统的知识系统化、理论化，还可以通过比较，找出事物的相同点和不同点，把相近的事物区分开来。

对涂料的研发技术背景、分类、前沿、热点归纳和总结，列出市场需要的、条件许可的研发课题。

就不同的选题列出技术背景、优缺点、创新点、实施方案、成本预算、研究基础、环保安全等方面的要点。

三、实训任务

就“涂料”主题词，开展近两年的文献检索，并且按照上述思路展开归纳与对比。

课后任务

1. 查询新型水性涂料的技术展望。
2. 查询各类涂料生产设备的技术指标。

参考资料

[1] 刘登良. 涂料工艺[M]. 第4版. 北京：化学工业出版社，2010：188.

[2] 武利民. 涂料研究开发新进展及关键科学与技术问题[J]. 涂料工业，2012，42（2）：75-79.

[3] 中国涂料工业协. 2013年中国涂料行业经济运行情况及未来走势分析[J]. 中国涂料. 2014，03：9-18.

[4] 钱伯容. 涂料配方的设计要点及方法[J]. 涂料技术与文摘，2010，7：6-14.

第二章　涂料的生产与应用

国内涂料的生产技术以间歇式生产为主，自动化水平较低，装备全自动生产线的企业较少；目前大多数涂料企业的生产过程采用的是敞开式的设备，会扩散出大量的挥发性溶剂，使整个工作环境比较恶劣；研发投入比较低，以模仿式开发为主，自主创新较少，大规模专一生产的企业较少，所以要实现连续式、自动化和专一化生产，提高生产效率，由多门类、多品种改变为少门类、专一化的大规模生产是努力的方向，通过密闭式生产，解决敞开式生产所带来的溶剂泄漏和粉尘漂浮等问题，通过自动称量、液体原料的管道输送、粉体的气力输送、密闭研磨分散和自动化封装系统等完成生产过程。

通常将涂料开发和制备技术称为涂料工艺，属于精细化工领域。涂料施工应用和涂装称为涂装工艺，属于工程领域。从提供高质量涂层，服务用户的现代涂料涂装整体观出发，涂料工艺与涂装工艺的发展紧密相关。涂料必须具备必要的施工性能以满足施工工艺的要求，尤其是外包合同加工（OEM）流水线涂装，涂装性能某种意义上甚至比技术性能更重要。工业和特种涂料涂装行业历来高度重视涂装工艺的研发。

涂装工艺的革新和发展极大地驱动涂料工艺的技术进步。卷材涂装线的速度由每分钟几十米提高至每分钟一百米以上，要求卷材涂料具有更快的干燥速度。汽车涂装工艺调整和对高质量涂层的要求促进了厚膜型阴极电泳漆的发展。家具制造和涂装工艺的革新拓展了紫外光固化涂料的应用范围。造船工艺整体改革促使船舶涂装在造船总成本和制造周期所占比重大幅度上升，对低处理表面涂料的需求迫切。还有高压水除锈工艺的推广催生了配套的防闪蚀涂料的开发应用等。正在研发的新型涂装工艺需要同步开发配套涂料。

相应的环境友好型水性工业涂料、紫外光固化涂料、粉末涂料、无溶剂涂料以及聚脲喷涂弹性体等的应用与相应的涂装设备开发、涂装工艺和涂装线设计紧密结合，相互促进。

第一节　涂料的应用

涂料根据其配方及设计不同在不同领域有着各自不同的应用，就目前在各领域的应用可以大致分为：建筑涂料、汽车涂料、重防腐涂料、预涂卷材涂料、塑料涂料、木用涂料、航空航天涂料、防火涂料、道路交通标线涂料等。

一、建筑涂料

涂覆于建筑物、装饰建筑物或保护建筑物的涂料，统称为建筑涂料。按建筑物的使用部位来分类，可分为内墙涂料、外墙涂料、地面涂料及屋面涂料；按主要成膜物质来分类，可分为有机和无机系涂料、有机系丙烯酸外墙涂料、无机系外墙涂料、有机无机复合系涂料；按涂料的状态来分，可分为溶剂型涂料、水溶性涂料、乳液型涂料和粉末涂料等；按涂层来分，可分为薄涂层涂料、原质涂层涂料、沙状涂层涂料等；按建筑涂料的特殊性能来分，可分为防水涂料、防火涂料、防霉涂料和防结露涂料等。

二、汽车涂料

汽车涂料品种很多，划分很细，同时要求很高、用量很大；按使用部位不同进行分类，不同部位有不同要求，比如汽车车身涂料是用量最多的汽车用漆，包括底漆、中涂、面漆（色漆和清漆）；车箱涂料质量要求低于车身涂料；车轮车架部件涂料要求具有耐腐蚀性能；发动机部件涂料要求室温干燥，具耐热耐油性能；底盘涂料要求耐石击耐泥水耐腐蚀性能；装饰件涂料要求装饰性好；某些车用特种涂料要求耐酸、耐油、耐热、隔声等；也可按固体份量分为高固体份漆和中低固体份漆；按分散介质分为水性漆和溶剂性漆；按漆膜弹性分为刚性漆和柔性漆；按干燥固化温度分为高温固化漆和低温固化漆；通常也按照涂膜的作用分类或分层区分为底漆、中涂、面漆、清漆等。

三、重防腐涂料

重防腐涂料与常规防腐涂料的主要区别在于其技术含量高，技术难度大，涉及的技术进步与产品研发，已不再过分依赖涂料的知识和经验，取决于电子、物理、生态、机械、仪器和管理等多学科的知识和交汇，它的技术来源于高耐树脂的合成，高效分散剂和流变助剂的应用、新型抗腐蚀抗渗颜料与填料的开发、先进和特种试验设备等配套措施等使用；根据其组分和用途不同可分为环氧树脂漆、氯乙烯油漆、氯化橡胶油漆、丙烯酸油漆、氟碳漆、醇酸油漆、有机硅耐高温油漆、无溶剂防腐涂料、特种防腐涂料等

四、预涂卷材涂料

预涂卷材是在成卷的金属薄板上涂覆涂料或层压上塑料薄膜后，以成卷或单张形式出售的有机材料/金属复合板材，也称为有机涂层钢板、预涂层钢板、彩色涂层钢板、塑料复合钢板等。用户可以直接将其加工成型，做成各种产品和部件，无需再进行涂装工序，从而大大简化了金属薄板制品总的生产工艺，大大降低了各类制造业成本，改善了加工企业的环境和工人的劳动条件。

五、塑料涂料

塑料涂料顾名思义即是用于塑料表面进行涂装的涂料，在塑料表面涂装可以提高塑料制品的装饰性，降低制品的制作成本；提高塑料制品的使用寿命；赋予塑料制品某些特殊功能，比如电磁波屏蔽；对塑料基材进行涂装普及到各个领域，如汽车、机械、日用品、电子、化工、玩具等，有待于在高装饰性、功能化、低成本化和环境友好等方面进行同步改善。

六、木用涂料

中国的木用涂料品种齐全，应用广泛，但总量并不大，2007年中国成为世界第一大家具出口国的时候，木用涂料当年就为家具业提供了近70万吨的产品（同期的全球木用涂料约250万吨，欧洲70万吨，美国20万吨）。按功能分类，木用涂料与建筑涂料、汽车涂料、重防腐涂料一样成为国内增长最快的品种之一，市场份额占了中国涂料总销售量的10%以上，产品结构合理，系列分类齐全；在产品品种、原料应用、配方设计、系列配套、生产工艺、功能等方面，与国外产品同比差别不大，是中国涂料产品中一个重要的专业门类。

七、航空航天涂料

航空航天涂料是指用于各种飞行器（飞机、导弹、火箭、卫星、飞船等）的专用涂料，除了传统的保护、装饰功能外，其重要性更大程度是体现在其特殊功能性，如耐高温，耐烧蚀隔热、耐磨蚀、耐辐照、隐身、防腐蚀等性能更为重要；依靠自主研发，我国的航空航天涂料完全实现了自给自足，且技术水平达到国际先进水平。

八、防火涂料

防火涂料是指涂覆于基材表面，能降低被涂装材料表面的可燃性、阻滞火灾的迅速蔓延，或是涂覆于结构材料表面，用于提高构件耐火极限的一类物质。它具有普通涂料的装饰性，更重要的是涂料本身具有的特性决定了它具有阻燃耐火的特殊功能，要求他们在高温下具有一定的防火隔热效果，要达到这个目的，防火涂料应具备防火隔热性能，对基材无腐蚀性或破坏，还要有适当的黏度和流动性以及良好的使用性能等。

九、道路交通标线涂料

道路交通标线涂料是应用于交通领域里的专用涂料，用以划设引导汽车和行人流动的道路交通标线，标线的颜色主要是白色和黄色。道路交通标线涂料因其具有特殊性，所以标线涂层应具有鲜明的标示性，标线涂层最好具有反光性，标线涂层的不黏胎干燥时间要短。交通行业标准JT/T 280—2004路面标线涂料规定：热熔标线涂料涂层的不黏胎干燥时间不得超过3分钟，溶剂普通型及水性普通型标线涂料涂层的不黏胎干燥时间不得超过15分钟。溶剂反光型和水性反光型标线涂料涂层的不黏胎干燥时间不得超过10分钟。

由于涂料的应用范围非常广泛，为了能深入阐述其应用技术，下面将以最常见的乳胶漆为实例介绍施工工艺等内容。

第二节　涂料施工工艺

涂料的种类很多，施工工艺千差万别，本节以典型的乳胶漆为例，来详细介绍涂料的施工工艺[1]。

乳胶漆是以合成树脂乳液为基料的常见涂料，以水为分散介质。是一种既省资源又安全的环境友好型涂料，施工方便，涂膜干燥快，透气性好，耐水性好，能满足保护和装饰要求，使用范围扩大；但是最低成膜温度一般为5℃以上，所以在较冷的地方冬季不能施工；干燥成膜受环境温度、湿度和风速等影响较大；干燥过程长，完全成膜，需几周时间；贮存运输温度要在0℃以上；光泽也比较低。

从生产的角度来说，乳胶漆是成品。但从使用的角度来看，乳胶漆只是半成品，而通过涂装、干燥成膜，并附着在基面上的涂膜才是成品。优质的乳胶漆，只有通过专业的基层处理和涂装，在合适的干燥成膜条件下，才能形成牢牢地附着在基面上的涂膜。这种涂膜才能起到长久的保护、理想的装饰以及其他的作用。

一、涂装设计

涂装设计，就是根据用户要求，针对建筑物和周围环境等特点，选用合适的乳胶漆，采用不同的色彩、质感、光泽、线条和分格等，进行合理的基层处理，采用合适的施工步骤，达到对建筑物的持久保护、理想装饰和其他一些特殊作用。

1. 装饰效果

乳胶漆的装饰效果主要是通过颜色、质感、光泽和线条来体现的。线条纯属设计范围。一般来说，乳胶漆的色彩是相当丰富的。但在一般色彩的基础上，又加上金属色或切片，颜色就更丰富多彩了，可选范围很大。通过不同材料的搭配使用，如纤维壁布和丝光乳胶漆、厚质饰纹涂料和普通乳胶漆，能得到不同质感和花纹的涂装效果。采用不同的涂料、不同的工具或施工方法，能涂饰出各种各样的造型，如仿面砖、拉毛、地中海风情和橘皮状等。建筑涂料，绝不仅仅只有平涂。乳胶漆的光泽，除亚光、丝光和有光外，也可引进金属光泽。对于涂装面积较大的墙面，可作墙面装饰性分格设计。窗边和层间等还可设计线条。

2. 涂层配套性

涂装设计包括选择底涂层（含腻子）、面涂层等整体配套体系。从性能优化、实用性、经济性、环保安全等方面设计出满足客户需求的最佳方案。

3. 防污染

一般来说，外墙涂装最易因污染而失去装饰效果。因此，外墙面绝对不能作为流水的渠道，这对涂装设计来说是十分重要的。外窗盘粉刷层两端应粉刷出挡水坡端，檐口、窗盘底部必须按技术标准完成滴水线构造措施。对女儿墙和阳台的压顶，其粉刷面应有指向内侧的泛水坡度。分格线做成半圆柱面形，而不是燕尾形，以防横向分格线积灰，下雨时产生流挂。坡屋面建筑物的檐口，应超出墙面，以防雨水污染墙面。

对出墙的管道和在外墙面上的设备，如空调室外机组和滴水管，应做合理的建筑处理，以防安装底座的锈迹和滴水污染外墙。屋顶最好有檐口，这样有利于降低外墙饰面污染。有檐口的外墙涂装工程，往往是比较干净和清洁的。

二、基层

基层是涂装工作的基础，其质量好坏直接关系到整个涂装的结果。因此，对基层提出要求，进行处理，并经验收合格后，才能开始涂装。

1. 基层材料

基层材料通常是水泥抹灰砂浆、混合抹灰砂浆、混凝土、石膏板、装饰砂浆、黏土砖和旧涂层等。

绝大部分基层材料中关键的组分是水泥。如水泥抹灰砂浆一般是水泥：砂子＝1：（2～3），混合抹灰砂浆一般是水泥：石灰：砂子＝1：1：4。水泥的主要矿物组成是硅酸三钙（C_3S——$3CaO \cdot SiO_2$）、硅酸二钙（C_2S——$2CaO \cdot SiO_2$）、铝酸三钙（C_3A——$3CaO \cdot Al_2O_3$）和铁铝酸四钙（C_4AF——$4CaO \cdot Al_2O_3 \cdot Fe_2O_3$）等。这些组分加水时，会发生水化反应，形成水化硅酸钙、水化铝酸钙、水化铁铝酸钙和氢氧化钙等，从而使砂浆硬化并产生强度。其化学反应式大致如下。

$$2(3CaO \cdot SiO_2)+6H_2O \longrightarrow 3CaO \cdot 2SiO_2 \cdot 3H_2O+3Ca(OH)_2$$

$$2(2CaO \cdot SiO_2)+4H_2O \longrightarrow 3CaO \cdot 2SiO_2 \cdot 3H_2O+Ca(OH)_2$$

$$3CaO \cdot Al_2O_3+6H_2O \longrightarrow 3CaO \cdot Al_2O_3 \cdot 6H_2O$$

$$4CaO \cdot Al_2O_3 \cdot Fe_2O_3+2Ca(OH)_2+10H_2O \longrightarrow (3CaO \cdot Al_2O_3 \cdot 6H_2O\text{-}3CaO \cdot Fe_2O_3 \cdot 6H_2O)$$

（固溶体）

由于生成氢氧化钙，初始pH高达12以上，碱度很高。基层如养护期不够，或处理不当，泛碱等涂膜缺陷就可能由此而发生。

2. 基层要求

通常认为，基层应符合下列要求：

（1）基层应牢固

即不开裂、不掉粉、不起砂、不空鼓、无剥离、无石灰爆裂点和无附着力不良的旧涂层等。因为基层是涂膜附着的基础，如果基层不牢固，涂膜就无法扎下牢固的根，从而不会有好的附着力。基层是否牢固，可以通过敲打和刻划检查。

（2）基层应平整

即表面平整，立面垂直，阴阳角垂直、方正和无缺棱掉角，分格缝深浅一致且横平竖直。抹灰质量允许偏差应符合表2-2-1的要求。对于外墙面，表面应做到平而不光，因为平整的基面是涂膜装饰作用的前提。但压得太光，既影响涂膜的附着力，又使水泥净浆被压至表面，比较容易开裂。对于内墙面，应抹平收光，因为内墙面温变范围较小，一般不会开裂。

表2-2-1　抹灰质量的允许偏差　　单位：mm

平整内容	普通抹灰	中级抹灰	高级抹灰
表面平整	≤5	≤4	≤2
阴阳角垂直	—	≤4	≤2
阴阳角方正	—	≤4	≤2
立面垂直	—	≤5	≤3
分格缝深浅一致和横平竖直	—	≤3	≤1

基层表面是否平整，可用2m直尺和楔形尺检查。阴阳角是否垂直，可用2m托线板和尺检查。阴阳角是否方正，可用200mm方尺检查。立面是否垂直，可用质量检查尺检查。分格缝深浅是否一致和横平竖直，可用拉线和量尺检查。

（3）基层应清洁

即表面无灰尘、无浮浆、无油迹、无锈斑、无霉点、无盐类析出物和无青苔等杂物。基层是否清洁，可目测检查。

当基层有脱模剂等油污时，可用5%～10%的氢氧化钠水溶液洗刷，然后用清水冲洗干净。

（4）基层应干燥

即涂刷溶剂型涂料时，基层含水率应不大于8%；而乳胶漆涂膜的透气性比较好，所以一般认为基层含水率可以放宽至不大于10%。其实对基层的干燥要求也不是绝对的，如防水涂料施工对基层的要求是可以潮湿而没有明水。根据经验，抹灰基层养护14～21天，混凝土基层养护21～28天，一般能满足涂装要求。含水率太高时，涂膜可能会起泡，尤其是像弹性乳胶漆和有光乳胶漆的涂膜，因其透气性较低。含水率可用砂浆表面水分测定仪测定，也可用塑料薄膜覆盖法粗略判断。

（5）pH

从涂装的角度看，一般认为基层的pH应不大于10。pH太高，涂膜容易出现泛碱等缺陷。但从砂浆和混凝土对钢筋的保护角度来说，pH不能低于9.5。否则，砂浆和混凝土会碳化，碳化后中性的砂浆和混凝土会失去对钢筋的保护。可以看出，涂料涂装和钢筋保护对基层pH要求是矛盾的，只能折中处理，甚至偏向于砂浆和混凝土对钢筋的保护。因此，基层的pH不大于10是仅指表层而言的，而且还可以稍高些。酸碱度可用pH试纸或pH试笔通过湿棉测定。

（6）体积稳定性

对于外墙，基层还要耐水，而且体积应稳定。否则，一下雨，基层松软，甚至体积膨胀。雨停后，基层干燥，体积收缩，涂膜就会成片脱落。涂装前，应对基层进行验收。合格后，再进行涂装施工。

三、乳胶漆的选择

由于乳胶漆涂膜性能满足建筑物和构筑物的保护及装饰等要求，同时又以水为分散介质，比较安全卫生，所以不管在欧美还是在我国，也不管是内墙还是外墙，乳胶漆都已成为最主要的建筑装饰材料。

目前国内市场上供应和使用较广泛的乳胶漆有：内墙乳胶漆、外墙乳胶漆、弹性建筑乳胶漆、合成树脂乳液砂壁状建筑涂料、复层建筑涂料等。在选择乳胶漆时，既要注意产品的性能要求，又要关注安全、健康和环保的要求。

1. 内墙乳胶漆选择

内墙乳胶漆选择原则是好的装饰性和环保性，适宜的保护作用，合理的耐久性和经济性。

（1）装饰性

装饰性包括颜色、质感、光泽、擦净性和对比率等内容。内墙乳胶漆涂膜不像外墙乳胶漆涂膜那样，需经受日晒雨淋，霜雪冰冻，对颜色的耐光性、耐候性要求比较低，颜色可选范围大。大多数内墙乳胶漆是薄层内墙涂料，质感不明显，也可与玻璃纤维墙纸配合使用，花纹、质感跃于墙面。对于光泽，大多数人喜欢亚光，也有喜欢丝光、半光和金属光泽的。丝光和半光内墙乳胶漆耐洗刷性特别好，其缺点是对基面的不平整度反应十分敏感，基面稍有一点不平，就会看得很清楚。对于擦净性，国家标准中虽没有规定，但对内墙的装饰性是绝对需要的，因为难免会弄脏。这里姑且用耐洗刷性代之，可选择耐洗刷性比较好的涂料。对比率是反映涂料消除底材颜色的能力。一般说来，高比低好。

（2）环保性

环保性对于内墙乳胶漆来说，是十分重要的。根据目前的认识，内墙乳胶漆的环保性包括挥发性有机物、重金属、甲醛含量、气味等指标。国家标准GB 18582—2008《室内装饰装修材料　内墙涂料中有害物质限量》和国家环境保护总局标准HJ/T 201—2005《环境标志产品技术要求　水性涂料》是判别内墙乳胶漆环保性能好坏的主要依据。目前，只有符合国家标准GB 18582—2008《室内装饰装修材料　内墙涂料中有害物质限量》的内墙乳胶漆，才允许进入市场销售。也就是说，国家标准GB 18582—2008是一个准入标准。在准入的产品中，只有提出申请，并按国家环境保护总局标准HJ/T 201—2005《环境标志产品

技术要求　水性涂料》的要求，所用原料、生产过程、“三废”排放等经检查合格，产品抽检也合格的，才能获得中国环境标志产品认证证书。HJ/T 201—2005是环境标志标准，要求高于GB 18582—2008准入标准。在我国，只有符合国家环境保护总局标准HJ/T 201—2005的涂料，才能称环保涂料、绿色涂料。

我国的经济正在与国际接轨，我国的市场也是国际市场的一部分。据报道，在全世界涂料界，RAL-UZ-2000德国蓝天使环境标志是环保方面要求较高的品种之一。它远远高于我国环境保护总局HJ/T 201—2005标准。达到德国蓝天使环境标志的产品会更安全、更卫生。

内墙乳胶漆的气味问题也是用户、施工者和生产企业关注的问题。用户和施工者当然要求低气味或无气味的乳胶漆。科研单位和生产企业也在努力开发、生产低气味或无气味的乳胶漆。这也是环境友好型乳胶漆所要求的。当然，含有香味的乳胶漆也是用户和施工者青睐的。

（3）保护作用

可由耐洗刷性和耐碱性等来体现，但目前耐碱性测试结果不能反映实际结果。在我国，判别内墙乳胶漆性能好坏的依据是国家标准GB/T 9756—2009《合成树脂　乳液内墙涂料》。该标准对内墙乳胶漆提出了八项性能指标要求，并根据对比率（遮盖力）和耐洗刷性高低将其分为三等：合格品、一等品和优等品。用户在购买内墙乳胶漆时，要求高的可选优等品，要求一般的可选一等品，要求低的可选合格品。

（4）名牌或有品牌的产品

尽量选用名牌或有品牌的产品，这些产品的生产企业规模较大，产量较高，管理较严格，有较好的质量保证体系，产品质量一般有保障。

（5）标识齐全

选用包装标识齐全的产品。在包装桶上应有商标、生产厂家名称、地址和电话以及生产日期、重量（或容量）、执行标准、质保期、合格证等较为重要的标识。

（6）正轨购货渠道

购货数最大时，应实地考察，货比三家，直接从厂家购货，或从厂家的代理商购货比较可靠。用量少时，最好在建材商城或专卖店购买，这些商店较注重进货渠道和商品信誉，产品质量较有保证。千万不要贪图便宜，购买“三无”产品。

2. 外墙乳胶漆选择

这里所说的外墙乳胶漆是指薄质外墙乳胶漆、弹性建筑乳胶漆、合成树脂乳液砂壁状建筑涂料和合成树脂乳液复层建筑涂料。

薄质外墙乳胶漆主要品种有苯丙乳胶漆、纯丙乳胶漆、硅丙乳胶漆和氟碳乳胶漆等。其性能指标应符合GB/T 9755—2014《合成树脂乳液外墙涂料》的要求。该标准对外墙乳胶漆提出了十二项性能指标要求，并根据对比率（遮盖力）、耐洗刷性、耐沾污性和耐老化的不同将其分为三等：合格品、一等品和优等品。

弹性建筑乳胶漆的主要技术指标应符合JG/T 172—2005《弹性建筑涂料》的规定。开发弹性建筑乳胶漆的目的是为了遮盖墙面的裂缝，因此，弹性是其最主要的技术指标。不仅常温有弹性，而且低温也应有弹性。

合成树脂乳液砂壁状建筑涂料的主要技术指标应符合JG/T 24—2000《合成树脂乳液砂壁状建筑涂料》的规定。

合成树脂乳液复层建筑涂料的主要技术指标应符合GB/T 9779—2005《复层建筑涂料》的规定。

外墙乳胶漆选择的原则是好的保护作用和装饰效果，适宜的施工条件，合理的耐久性和经济性，兼顾环保要求。

（1）保护作用

保护作用对外墙乳胶漆来说是十分重要的。它包括耐紫外线、耐候、耐碱、拒水、透气等性能指标。丙烯酸乳胶漆、硅丙乳胶漆、氟碳乳胶漆，保护作用是比较突出的。当然，当基层开裂时，这些涂膜也随着开裂.弹性乳胶漆具有遮盖裂缝的功能。

（2）装饰效果

装饰效果由耐污性、颜色、质感和光泽等来体现。就耐污性而言，乳液聚合物玻璃化温度高的外墙乳胶漆、硅丙乳胶漆、氟碳乳胶漆耐污性较好，弹性乳胶漆和合成树脂乳液砂壁状涂料防污性差些。

颜色对装饰效果来说是很重要。要尽量选择保色性好的颜料，如无机颜料，虽然颜色鲜艳性差些，但耐光、耐候性好。也就是说，不易褪色。

合成树脂乳液砂壁状建筑涂料和复层涂料属厚质涂料，一般来说，对基面的平整度要求不高，且质感强些。这些建筑涂料在建筑物上能形成具有仿石或仿砖等质感。

光泽：外墙乳胶漆除了亚光外，还可有丝光、半光、有光和金属光泽。绝大多数用的是亚光外墙乳胶漆。

（3）施工条件

乳胶漆施工时，环境温度和基层温度必须高于乳胶漆的最低成膜温度。否则，乳胶漆干燥后仍不能成膜。不同乳胶漆的最低成膜温度是不同的，一般乳胶漆的最低成膜温度在5℃左右，但有些乳胶漆的最低成膜温度在10℃左右。当在冬季、初春或深秋施工时，应根据施工时的气温，选择最低成膜温度合适的乳胶漆。一般来说，施工时的气温比乳胶漆的最低成膜温度高些较有利于成膜。

（4）环保性

乳胶漆以水为分散介质，无毒无害，使用安全。同等条件下，可优先选用符合国家环境保护总局标准HJ/T 201—2005《环境标志产品技术要求水性涂料》的产品，或符合更高环保要求的产品。

（5）涂层体系

涂层体系包括腻子[2]、底涂、中涂和面涂，要配套选用。相同的涂料，采用不同的底涂，所得结果是不同的。采用封闭底涂是解决泛碱的措施之一，与其说选择涂料，不如说选择涂层系统更合适，可根据生产厂家的建议选用。

（6）性价比

要根据所要求的涂膜性能和经济效益的关系来选用涂料。对于外墙涂料，采用性价比较好的涂料，也就是说，采用性价比合理的涂料是有利的，由于其涂膜使用期的延长，最终还是合算的。当选用质量较差的外墙涂料，虽然眼前价格比较便宜，但可能引起涂膜的早期损坏，达不到应有的保护作用和装饰效果。搭脚手架、返修，甚至重涂，将给用户造成更大的费用。

（7）标识齐全

所选用的涂料应有产品名称、执行标准、种类、颜色、生产日期、保质期、生产企业地址、使用说明和产品合格证等，并具有生产企业的质量保证书。

总之，外墙乳胶漆的选用恰当与否，直接影响涂装效果，作为涂装设计人员应像大夫熟悉药品和病人一样，熟悉乳胶漆性能，熟悉被涂对象，综合分析，平衡各种因素，才能正确、合理地选用好涂料。

3. 外墙外保温饰面的涂料选择

因为外墙外保温基面与普通外墙面是不同的，所以外墙外保温饰面的涂料选择与普通外墙涂料选择也不一样。根据JG 149—2003《膨胀聚苯板薄抹灰外墙外保温系统》规定，作为外墙外保温饰面的建筑涂料，必须与薄抹灰外保温系统相容，其性能指标应符合外墙建筑涂料的相关标准。除上述外墙乳胶漆选择要求外，外墙外保温饰面用涂料选择还有其他一些需关注的。

（1）组分之间的匹配性

溶剂型涂料不能用于外墙外保温体系。因为外墙外保温体系一般采用聚苯乙烯或聚氨酯（PU）等为保温层，根据相似相溶原则，溶剂能溶解聚苯乙烯和聚氨酯。即使是水性涂料中常用的200#溶剂油，其中芳香烃也能溶解聚苯乙烯保温层，因此，其含量也需根据实际使用情况予以控制。

另外，玻纤外的涂塑也可能被溶剂溶解，使其耐碱性受影响，从而使防护层降低或失去抗裂和耐冲击等性能。

（2）涂料的拒水透气性

对于外墙外保温体系，吸水量（拒水性）和水蒸气湿流密度（透气性）是要同时满足的，所以要综合平衡。从拒水透气的角度看，JG 149—2003标准对外墙外保温饰面用涂料的要求比普通外墙涂料高得多，有些符合产品标准要求的外墙涂料却达不到此要求。有些可以通过与底涂等搭配的涂层系统予以解决。

（3）涂料的耐久性

JGJ 144—2004《外墙外保温工程技术规程》规定，外墙外保温工程的使用年限不应少于25年。外墙涂料使用年限不仅与外墙涂料的质量有关，而且与基层、施工、使用环境条件和维护保养等因素有关，一般为5～15年，使用年限达30年的也有报道。因此应尽量选用耐久性好的外墙涂料，尤其是使用彩色涂料时，优先选择保色性好的无机色浆，另外，还要做好及时维护翻新。

（4）涂料的颜色

涂料的颜色主要牵涉太阳能的吸收和反射问题。当太阳辐射能入射到不透明的涂层表面时，一部分能量被吸收，另一部分能量被反射，而透过的能量可忽略不计。

对于外墙外保温饰面来说，夏天希望更多地反射太阳能，而冬天希望更多地吸收太阳能。热传递有三种：传导、对流和辐射。太阳辐射热是影响建筑热过程的主要热源。而辐射与温度的四次方成正比。夏天温度高，辐射热大，日照时间长，另外保温层密度低，隔热性差，涂层颜色影响大。冬天温度低，辐射热少，日照时间短，保温层热导率低，涂层颜色影响小。因此，外墙外保温饰面涂料颜色的选择应以夏天隔热为主。也就是说，不能选择太深的颜色，如最低明度值应大于20%。

4. 底涂和腻子

底涂和腻子对于涂装质量是非常重要的。建筑涂装中配套使用的腻子和底涂必须与所选用饰面乳胶漆性能相适应，内墙腻子的技术指标要符合JG/T 298—2010《建筑室内用腻子》的规定，外墙面如平整的话，可不使用腻子，如使用时，其性能要符合JG 157—2004《建筑外墙用腻子》行业标准的规定。外墙腻子不能用106、803等胶水配制，因为其主要组分是聚乙烯醇和聚乙烯醇缩甲醛。它们是水溶性的，不耐水，遇水膨胀，甚至被水冲掉，从而造成涂膜起壳脱落。

对于涂装工程中所用的底涂，要符合JG/T 210—2007《建筑内外墙用底漆》。阳离子乳液底涂和硅树脂乳液底涂封碱性能较好。同时必须使用与基层、腻子和面涂材料相匹配的底涂。

四、施工

乳胶漆的施工和验收可参见JGJ/T 29—2003《建筑涂饰工程施工及验收规程》、GB 50210—2001《建筑装饰装修工程质量验收规范》等进行。

涂装施工可分为施工准备和施工两个阶段。

1. 施工准备

首先，施工单位应根据建筑工程情况、设计选定式样、涂饰要求、涂料种类、基层条件、施工平台及涂装工具设备等编制涂饰工程施工方案。

涂饰作业平台应符合JGJ 80—1991《建筑施工高处作业安全技术规范》的规定。施工面与施工平台间的距离，要考虑涂料的种类和涂装式样，便于操作。

施工单位应根据选定的品种和要求，实际涂装面积和材料单耗以及损耗，确定备料量。根据设计选定的颜色，以色卡或颜色样板订货。乳胶漆应存放在指定的专用库房内，应按品种、批号、颜色分别堆放。贮存温度应在0℃以上，40℃以下，并避免日晒。

大面积施工前应由施工人员按工序要求先做好样板或样板间，并保存到竣工。涂装机具对涂装质量和装饰效果有很大影响，因此施工前应准备好合适的涂装机具。对空气压缩机、毛辊、漆刷等，应按涂装材料种类、式样、涂装部位等选择适用的型号。

2. 施工

涂装一般应按底涂层、中间涂层、面涂层的要求进行施工。后一遍涂料的施工，必须在前一遍涂料表面干燥后进行。每一遍涂料都应涂均匀，各层之间必须结合牢固。对有特殊要求的工程可增加面涂层次数。

在施工过程中，涂料的兑水应严格按说明书进行，根据施工方法、施工季节、涂装要求、温度、湿度、基层等情况控制，兑水后应搅拌均匀，不得随意多加水。

对于外墙涂料的涂装，同一墙面同一颜色应用同一批号的涂料。当颜色相同而批号不同时，应预先混匀，以保证同一面墙不产生色差。

常采用的涂装方法如下。

（1）刷涂

一般使用排笔进行涂刷。横、纵向交叉施工。如施工常用的“横三竖四手法”。通常刷两道，刷涂时，第一道涂料刷完，待干燥后（至少2h），再刷第二道涂料。由于乳胶漆干燥较快，尤其是夏天，每个刷涂面应尽量一次完成，否则易产生接痕。

（2）滚涂

可用羊毛辊。这是较大面积施工中常用的施工方法。毛辊滚涂时，不可蘸料过多，最好配有蘸料槽，以免产生流淌。在滚涂过程中，要向上用力、向下时轻轻回带，否则也易造成流淌弊病。滚涂时，为避免出现辊子痕迹，搭接宽度为毛辊长度的1/4。一般滚涂两遍，其间隔应2h以上。

（3）喷涂

首先将门窗及不喷涂部位进行遮挡，调整好喷枪的喷嘴，应控制涂料黏度，将压力控制在所需要压力。喷涂时手握喷斗要平稳，走速均匀，喷嘴距墙面距离30～50cm，不宜过近或过远。喷枪有规律地移动，横、纵向呈S形喷涂墙面。要注意接茬部位颜色一致、厚薄均匀，且要防止漏喷、流淌。一般两道成活，其间隔时间应在2h以上。

（4）刮涂

在防腐施工中主要用于腻子以及一些特殊涂料的施工如防火涂料、防静电涂料等。刮涂是采用金属或非金属刮刀，对黏稠涂料进行厚膜涂装的一种方法。一般用来涂装腻子和填孔剂。刮涂方法是涂料涂装基本功，施工方法简单、适用于要求厚涂层的表面，尤其适合腻子的涂装，决定着物面的平整、光滑度，关系到打磨所用的时间，也极大地影响涂层的质量。此方法的局限点在于适用于较平的表面和防护性较高的涂层，施工效率低。

采用传统的辊筒和毛刷进行涂装时，每次蘸料后在匀料板上来回滚一遍，或在桶边舔料，涂装时涂膜不能过厚或过薄。

大面积涂饰时，当干燥较快时，应多人配合操作，流水作业，沿同一方向涂装，以避免出现接痕。

外墙涂装应自上而下，施工分段应以坡面分格线、阴阳角或落水管为分界线。下面以弹性涂料施工为例加以说明。表2-2-2～表2-2-4分别是弹性内墙涂料、平涂弹性外墙涂料、厚浆型弹性涂料的施工工序。

表2-2-2　弹性内墙涂料的施工工序

次序	工序名称	次序	工序名称
1	清理基层	8	涂底涂
2	填补缝隙、局部刮腻子	9	复补腻子
3	磨平	10	磨平
4	第一遍满刮腻子	11	局部涂底涂
5	磨平	12	第一遍面层涂料
6	第二遍满刮腻子	13	第二遍面层涂料
7	磨平		

注：1. 对于石膏板内墙、顶棚表面，应进行板缝处理。

2. 步骤9～11是否需要，视具体情况而定。

表2-2-3　平涂弹性外墙涂料的施工工序

次序	工序名称	次序	工序名称
1	清理基层	4	涂底涂
2	填补缝隙，满批腻子或局部刮腻子	5	第一遍面层涂料
3	磨平	6	第二遍面层涂料

注：施工时，要保证弹性乳胶漆涂膜厚度，遮盖裂胶的能力与涂膜厚度成正比。

表2-2-4　厚浆型弹性涂料的施工工序

次序	工序名称）	次序	工序名称
1	油理基层	5	涂饰中间层涂料（一道或两道）
2	填补缝隙、局部刮腻子	6	拉毛
3	磨平	7	面层涂料
4	涂底涂		

注：1. 涂中间层涂料时，应根据不同花纹要求，控制涂料的黏度，用长毛辊筒或海绵机理辊筒将涂料均匀地涂在基层上。

2. 然后立即用海绵机理粗筒来回滚动。理出大小均匀、方向一致的拉毛涂层。

3. 面层涂料根据需要而定。

旧墙面翻新施涂乳胶漆时，视不同基层情况进行不同处理。如旧涂层墙面，应清除粉化的和疏松起壳的旧涂层，并将墙面清洗干净，再作修补。待干燥后，按选定的乳胶漆施工工序施工。

涂装完毕后，施工工具应及时用水清洗干净或浸泡在水中。

五、涂装中易出现的问题和解决方法

乳胶漆涂装中，由于种种原因，有时会出现一些问题。对于那些较易出现的问题，应分析产生原因及提出解决方法。

1. 露底

露底是涂膜未能达到完全遮盖底材颜色的缺陷。就总体而论，其成因可能如下：

①乳胶漆的遮盖力不够，如钛白粉的用量太少，着色颜料遮盖力差，尤其是黄色有机颜料等。

②涂膜厚度不足，如兑水太多。

③涂膜厚度不均匀。

④基面压得太光而吸水性太低，或底涂憎水性太强，所以用量上不去。其实也是涂膜厚度不足。

⑤局部地方漏涂。

⑥PVC太高的乳胶漆，干膜遮盖力是可以的，有的下雨淋湿后，微孔中的空气被水取代时，也可能出现露底现象。

针对上述问题，可采取如下解决方法。

①提高乳胶漆的遮盖力，如提高钛白粉的用量。对于着色颜料遮盖力差的乳胶漆，可先涂刷一道白色乳胶漆，然后再涂彩色乳胶漆，也能避免露底。

②施涂适当厚度的涂膜。如兑水太多，不仅使乳胶漆固含量降低，而且黏度也降低，两者都导致涂膜厚度减小。因此，应严格按要求兑水。

③首先分析造成涂膜厚度不均匀的原因，然后加以解决。如是施工问题，则改进施工，如是乳胶漆的流平性问题，则改进乳胶漆的流平性。

④基面当然要做平，但不要压得太光。底涂憎水性要适中。

⑤顺次涂刷，避免漏涂。

⑥适当降低乳胶漆的PVC。

2. 流挂

乳胶漆施涂到垂直墙面后，受到重力的作用而向下流动，称为流挂。流挂t时间后湿膜的体积为：

$$V_{\mathrm{t}}=\frac{x^{3}pgt}{3\eta}$$

式中，ρ为乳胶漆的密度；g为重力加速度；x为湿膜厚度；η为乳胶漆接近零剪切速率的黏度。

由式中可以看出，造成流挂的原因如下。

①乳胶漆接近零剪切速率的黏度过低或兑水太多。

②施涂厚度过厚，流挂体积与湿膜厚度的立方成正比。

③在乳胶漆中，可能有较多高密度的颜料和填料，导致乳胶漆的密度较高。

④基层压得太光，吸水性太低或底涂的憎水性太强。

⑤施工环境的湿度过大，温度过低，或基层太湿。

就以上分析的原因，解决方法可以如下。

①控制流挂的首要任务是调整黏度，使乳胶漆在低剪切速率下具有较高的黏度。同时，在施工时，严格按说明书要求兑水。

②辊筒蘸料后，最好通过均料板使其均匀，以控制好湿膜厚度。

③设计乳胶漆配方时，高密度颜料和填料使用要适当。

④基面应做到平而不光。底涂憎水性要适中。对于憎水性强的底涂，可缩短中涂和底涂之间的涂刷间隔。

⑤基层太湿不能施工，要晾干。施工环境相对湿度应小于85%。

3. 接痕

接痕是指涂膜在涂装搭接处出现颜色和（或）光泽等的差异。可能的原因如下。

①乳胶漆的开放时间较短。

②涂装时的温度太高，相对湿度较低，干燥太快。

③基层吸水太大。

④涂装时未能保持“湿边”状态。

解决方法是延长乳胶漆的开放时间，尽量不要在烈日直射下施工。基层吸水太大时，用底涂对基层进行处理。

此外，涂装时，涂完一块待涂区域后，再反向涂装刚涂过涂料的区域，以保持湿边，这样施工有利于克服接痕。

4. 开裂

开裂是指乳胶漆涂刷后干燥过程中出现的裂纹。产生裂纹的可能原因如下。

①乳胶漆的抗干燥收缩裂缝性能较低。

②湿膜厚度过厚，或中涂未干就涂面涂。

③在弹涂压花基面上施涂。

④环境和（或）基层的温度低于乳胶漆的最低成膜温度。如相当多乳胶漆的最低成膜温度高于5℃，所以在5℃或以下施工时，涂膜在干燥过程中开裂，不能形成连续膜。

⑤环境温度太高，风较大，干燥太快。

针对上述问题，通常可采取如下解决方法。

①提高乳胶漆的抗干燥收缩裂缝性能，如在配方中提高较粗填料用量，增加乳液用量，增加延长开放时间的助剂等。

②一次不要涂刷太厚。掌握好面涂与中涂之间的时间间隔。

③在弹涂压花基面上施涂时，对乳胶漆的抗裂性要求特别高。要专门设计抗裂性好的乳胶漆。

④环境和（或）基层的温度一定要高于乳胶漆的最低成膜温度。这是乳胶漆成膜的两个条件之一。

⑤避免在高温烈日直射下施工。

5. 兑水后乳胶漆发臭

乳胶漆在施工时，往往要兑水。但兑水后乳胶漆应尽快用掉，否则容易发臭。因为乳胶漆是以水为分散介质，水是生命之源，同样也是细菌生长和繁殖之源。生产企业在生产乳胶漆时，为了防止乳胶漆在贮存期变质，加入了防腐剂，施工时兑水后，一是将防腐剂的浓度稀释了，有时不足以抑制细菌繁殖；二是可能又带入部分细菌，所以乳胶漆就容易发臭，尤其是在炎热的夏天。

6. 兑水过多

为了降低单位面积的乳胶漆用量，有时有的施工单位往往兑水太多。兑水太多会带来一系列的问题。

①导致乳胶漆的黏度大幅度下降，施工时容易产生流挂。

②导致乳胶漆的固含量下降，施工时涂膜厚度变薄。

③导致乳胶漆的表面张力提高，对基层和颜料、填料的湿润、渗透能力降低，从而影响涂膜的附着力和对颜料填料的黏结力，因此易粉化。

7. 针孔和爆孔

乳胶漆涂刷施工时，或在干燥成膜过程中，部分气泡在高黏度的湿表面破裂，而邻近的乳胶漆黏度太高已不能流平，从而留下针孔和爆孔，严重影响涂膜外观和性能。如高黏度的弹性乳胶漆常会出现此类问题。

解决问题的方法：一是做好乳胶漆的消泡工作，从源头控制针孔和爆孔发生；二是选用合理的辊筒，避免在施工过程中带入气泡。

8. 内墙乳胶漆泛黄

在内装修时，相当多的施工人员按如下次序进行施工：先用乳胶漆涂刷墙面，接着用聚氨酯涂料漆地板、踢脚线、墙裙和门等。这种施工工序对保持清洁是有利的。但有的聚氨酯涂料含有较多的游离甲苯二异氰酸酯（TDI），在涂刷和干燥过程中，这些游离TDI挥发，不仅对环境造成污染，对人体造成毒害，而且会导致乳胶漆涂膜泛黄。

为了避免此问题的发生，施工工序应倒过来。先用聚氨酯涂料漆地板、踢脚线、墙裙和门等，待其干燥后，再用乳胶漆涂刷墙面。

9. 鼓泡

乳胶漆涂刷施工后，有的会出现鼓泡的缺陷。其原因是基层内有水分。温度和湿度要平衡，即水汽要排出。当涂膜透气性又比较差时，阻碍水汽排出，于是就产生应力。新涂涂膜的附着力还比较低，当产生的应力大于这时涂膜的附着力时，就出现鼓泡。大致有如下一些情况会出现鼓泡。

①基层有水或基层太潮湿，而乳胶漆涂膜透气性又比较差，如弹性乳胶漆和有光乳胶漆。

②基层温度太高，而湿膜厚度比较厚、涂膜透气性又比较差。

③涂刷后没多久，就下雨，雨过天晴，而乳胶漆涂膜透气性又比较差。

④涂料本身消泡性能不好。

解决的方法如下。

①使基层进一步干燥。

②涂刷底涂，湿膜厚度不要太厚。

③通过原料选择、配方调整、涂刷底涂、增加基面的粗糙度等来提高涂膜的附着力。

④提高消泡剂用量或更换消泡剂。

10. 色差

色差是涂膜出现颜色不一致的缺陷。

出现色差的原因，如采用同色不同批的涂料、不同部位之间涂装间隔过长、基层材质不同等。

为了达到理想的装饰效果，必须避免色差。一般可采取如下措施。

①一幢建筑同一墙面，应采用同一批号的乳胶漆。对于大型的高层建筑，争取在尽可能快的时间内涂装完毕。

②工程所用涂料应按品种、批号、颜色分别堆放。当同一品种同一颜色，批号不同时，应一并倒入大型容器中搅拌均匀，确保一幢建筑同一墙面所用涂料不产生色差的条件下才能使用。

③当同一墙面有贯穿到两边的不同颜色涂料涂刷的分格线时，至少在同一分格区内采用同一批号乳胶漆。

④当采用多层的涂层结构时，至少同一墙面整个面涂层使用同一批号涂料。

⑤尽量采用双排脚脚手架或吊篮施工，以彻底避免脚手架孔洞修补造成色差。

⑥如确需对脚手架孔洞等进行修补时，基层所用的材料要和原来材料相同，基层平整度等也与周围一致。并在尽可能短的时间内，采用与原来相同批号的涂料修补。

六、验收

涂装工程应待涂膜养护期满后进行质量验收，步骤如下。

1. 查资料

①涂装工程的施工图、设计说明及其他设计文件。

②涂装工程所用材料的产品合格证书、性能检测报告及进场验收记录。

③基层检验记录。

④施工自检记录及施工过程记录。

2. 看工程

涂装工程的检验按批进行。室外涂装工程每一栋楼的同类涂料涂装墙面每$1000m^2$划分为一个检验批，不足$1000m^2$，作为一个检验批。室内涂装工程每50间同类涂料涂装的墙面划分为一个检验批，不足50间作为一个检验批。

涂装工程每个检验批的检查数量为：室外每$100m^2$检查一处，每处$10m^2$。室内按有代表性的自然间，而大面积房间和走廊按10延长米为一间。抽查10%，但不少于5间。

可以看出，这种验收只是资料、涂膜外观、颜色、光泽等的验收，最后还要有维护和翻新计划，视具体情况定期维护，以保持较好的保护和装饰等效果，延长使用寿命。

第三节　涂料的生产技术

涂料生产的过程就是把颜料固体粒子通过外力进行破碎并分散在树脂溶液或者乳液中，使之形成一个均匀微细的悬浮分散体。其生产过程通常采用预分散、研磨分散、调漆、净化包装等。预分散技术就是将颜料在一定设备中先与部分漆料混合，以制得属于颜料色浆半成品的拌合色浆，同时利于后续研磨；研磨分散技术就是将预分散后的拌合色浆通过研磨分散设备进行充分分散，得到颜料色浆；而调漆技术就是向研磨的颜料色浆加入余下的基料、其他助剂及溶剂，必要时进行调色，达到色漆质量要求；最后是净化包装技术，是通过过滤设备除去各种杂质和大颗粒，包装制得成品涂料。

一、涂料生产设备

涂料生产的主要设备有分散设备、研磨设备、调漆设备、过滤设备、输送设备等[1]。

1. 分散及其设备

分散可使颜料与部分漆料混合，变成颜料色浆半成品，是色浆生产的第一道工序。目的是使颜料混合均匀、部分湿润和破碎颜料聚集体；预分散以混合为主，起部分分散作用，为下一步研磨工序做准备。预分散效果的好坏，直接影响到研磨分散的质量和效率。

预分散是涂料生产的第一道工序，通过预分散，颜、填料混合均匀，同时使基料取代部分颜料表面所吸附的空气使颜料得到部分湿润，在机械力作用下颜料得到初步粉碎，以前色漆的研磨分散设备以辊磨机为主，配套各种类型的搅浆机，近年来，研磨分散设备以砂磨机为主流，配套高速分散机，是目前使用广泛的预分散设备。

高速分散机由机体、搅拌轴、分散盘、分散缸等组成，主要配合砂磨机对颜、填料进行预分散用，对于易分散颜料或分散细度要求不高的涂料也可以直接作为研磨分散设备使用，同时也可用作调漆设备。

高速分散机的关键部件是锯齿圆盘式叶轮，它由高速旋转的搅拌轴带动，搅拌轴可以根据需要进行升降。工作时叶轮的高速旋转使漆浆呈现滚动的环流，并产生一个很大的旋涡，位于顶部表面的颜料粒子，很快呈螺旋状下降到旋涡的底部，在叶轮边缘形成一个湍流区。在湍流区，颜料的粒子受到较强的剪切和冲击作用，很快分散到漆浆中。在湍流区外，形成上、下两个流束，使漆浆得到充分的循环和翻动。同时，由于黏度剪切力的作用，使颜料团粒得以分散。

高速分散机具有的优点是结构简单、使用成本低、维护和保养容易，操作与清洗方便，应用范围广，效率高。

缺点是剪切力低，分散能力较差，不能分散紧密的颜料，对高黏度漆浆不适用，合适的漆料黏度范围通常为0.1～0.4Pa · s。

高速分散机技术发展很快，出现了双轴双叶轮高速分散机，它能产生强烈的汽蚀作用，具有很好的分散能力，同时产生的旋涡较浅，漆浆罐的装量系数也可提高，在一定范围内作上下移动，有利于漆浆罐内物料的轴向混合，适用高黏度物料拌和，如用于生产硝基铅笔漆、醇酸腻子等。高速分散机除用来做分散设备外，也可做色漆生产设备；分散机可落地安装，适合于拉缸作业，也可安装在架台上，供几个固定罐使用。图2-3-1为落地式高速分散机，由机身、传动装置、主轴和叶轮组成。

机身装液压升降和回转装置，液压升降由齿轮油泵提供压力油使机头上升，下降时靠自重，下降速度由行程节流阀控制。回转装置可使机头回转360° ，转动后有手柄锁紧定位。传动装置由电机通过V形带传动，电机可三速或双速，或带式无级调速、变频调速等。转速由每分钟几百转到上万转，功率几十上百千瓦不等。

高速分散机的关键部件是锯齿圆盘式叶轮，如下图。

叶轮直径与搅拌槽选用大小有直接关系，经验数据表明，搅拌槽直径由ϕ=2.8～4.0D（D为叶轮直径），分散效果最理想。

叶轮的高速旋转使漆浆呈现滚动的环流，并产生一个很大的旋涡。在叶轮边缘2.5～5cm处，形成一个湍流区，在这个区域，颜料粒子受到较强的剪切和冲击作用，很快分散到漆浆中。

叶轮的转速以叶轮圆周速度达到大约20m/s时，便可获得满意的分散效果。过高，会造成漆浆飞溅，增加功率消耗。v_{max}=20～30m/s。

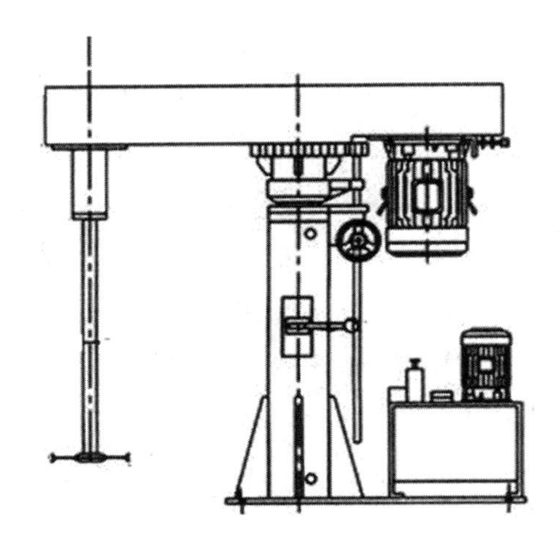

图2-3-1　落地式高速分散机外形图

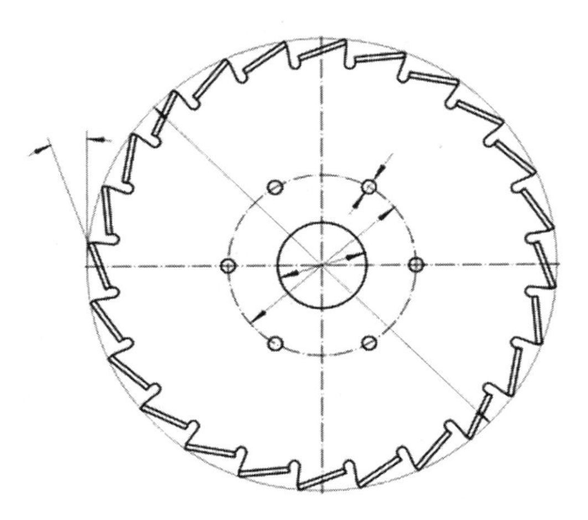

图2-3-2　高速分散机叶轮示意图

分散机的安装方式分：落地式，适合于拉缸作业，另一种安装在架台上，可以一个分散机供几个固定罐使用。

现阶段，高速分散机出现了不少改型产品，有其各自特点，使得分散机的应用范围更广。如：双轴双叶轮高速分散机，如图2-3-3所示；双速高速分散机（双轴单叶轮分散机、双轴双速搅拌机）等。

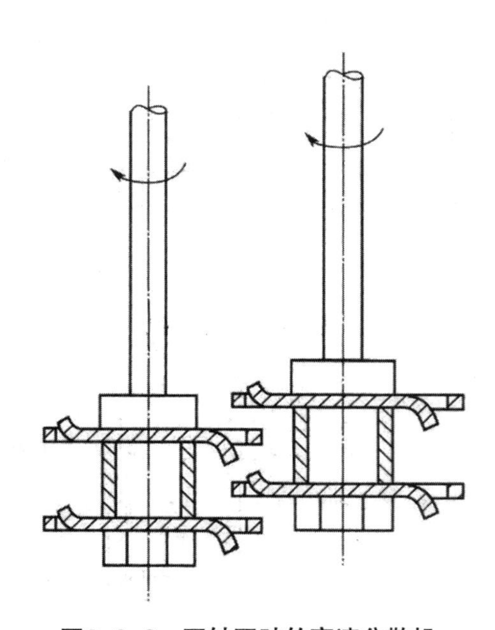

图2-3-3　双轴双叶轮高速分散机

2. 研磨及其设备

研磨分散使颜料混合均匀、得到充分湿润和细化，得到合格漆浆。

研磨分散设备是色漆生产的主要设备，有带自由运动的研磨介质（或称分散介质），如砂磨机、球磨机；也有不带研磨介质，依靠抹研力进行研磨分散，像三辊机、单辊机等。砂磨机分散效率高，使用于中、低黏度漆浆，辊磨可用于黏度很高甚至成膏状物料的生产。

砂磨机、球磨机依靠研磨介质在冲击和相互滚动时产生的冲击力和剪切力进行研磨分散，由于效率高、操作简便，成为当前最主要的研磨分散设备。

砂磨机主要有立式砂磨机和卧式砂磨机两大类。立式砂磨机研磨分散介质容易沉底，而卧式砂磨机研磨分散介质在轴向分布均匀。

砂磨机具有生产效率高、分散细度好、操作简便、结构简单、便于维护等特点，因此成为了研磨分散的主要设备，但是进入砂磨机必须要有高速分散机配合使用，而且深色和浅色漆浆互相换色生产时，较难清洗干净，目前主要用于低黏度的漆浆。

球磨机机体内装有钢球、鹅卵石或瓷球等研磨介质，运转时，圆筒中的球被向上提起，然后落下，球体间相互撞击或摩擦使颜料团粒受到冲击和强剪切作用，分散到漆料中。球磨机无需预混作业，完全密闭操作，适用于高挥发分漆及毒性大的漆浆的分散，而且操作简单、运行安全，但其效率低，变换颜色困难，漆浆不易放净；不适宜加工过于黏稠的漆浆。

辊磨利用转速不同的辊筒间产生的剪切作用进行研磨分散，能加工黏度很高的漆浆，适宜于难分散漆浆，换色时清洗容易，以三辊磨使用最普遍。

在各种研磨分散设备中，三辊机和五辊机是加工黏稠漆浆的，与之配套的预分散设备通常是搅浆机，常用的有立式换罐式混合机、转桶式搅浆机等。

三辊机结构通常由电动机、传动部件、滚筒部件、机体、加料部件、冷却部件、出料部件、调节部件、电器仪表及操纵系统组成，如图2-3-4所示。

三辊以平放居多，可斜放或立放，辊间距离可调节，调节一般调整前后辊，中辊固定不动，通过转动手轮丝杆来实现，有的用液压调节。三辊转动时，速度并不一致，前辊快，后辊慢，前、中、后辊的速度比大多采用1∶3∶9。

辊筒一般用冷硬低合金铸铁制成，要求表面有很高的硬度，耐磨。辊筒中心是空的，在工作中通冷却水冷却，以降低辊筒工作温度，尽量减少由于温升引起的漆浆黏度降低和溶剂挥发，并防止辊筒变形。

漆浆在后辊和中辊之间加入，后辊与中辊间隙很小，10～50μm，漆浆在此受到混合和剪切，颜料团被分散到漆浆中。通过前辊与中辊的间隙时，因间隙更小，加上前辊中辊速度差更大，漆浆受到更强烈的剪切，颜料团粒被再一次分散，最后被紧贴安装于前辊上的刮刀刮下到出料斗，完成一个研磨循环。若细度不够，可再次循环操作，直到合格为止。

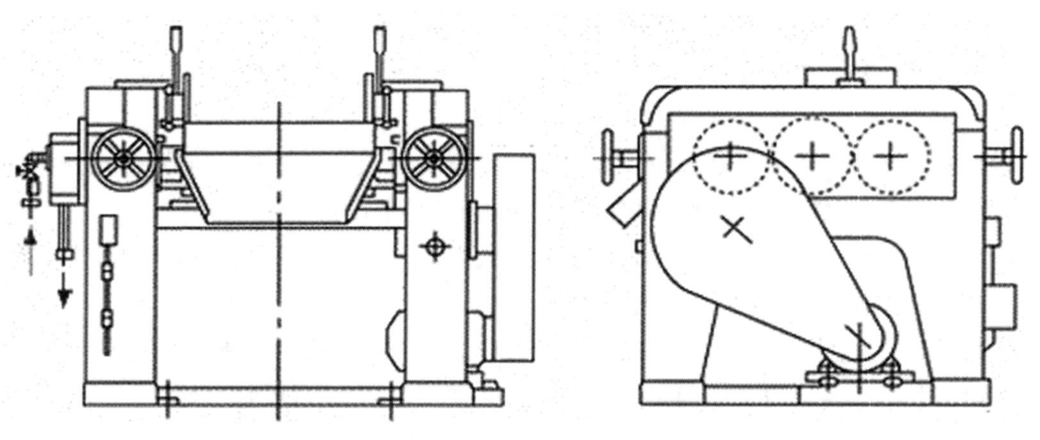

图2-3-4　三辊机结构简图

3. 过滤及其设备

在色漆制造过程中，仍有可能混入杂质，如在加入颜、填料时，可能会带入一些机械杂质，用砂磨分散时，漆浆会混入碎的研磨介质如玻璃珠，此外还有未得到充分研磨的颜料颗粒。

用于色漆过滤的常用设备有罗筛、振动筛、袋式过滤器、管式过滤器和自清洗过滤机等，一般根据色漆的细度要求和产量大小选用适当的过滤设备。

（1）袋式过滤器

袋式过滤器如图2-3-5所示，由一细长筒体内装有一个活动的金属网袋，内套以尼龙丝绢、无纺布或多孔纤维织物制作的滤袋，接口处用耐溶剂的橡胶密封圈进行密封，压紧盖时，可同时使密封面达到密封，因而在清理滤渣，更换滤袋时十分方便。

过滤器的材质有不锈钢和碳钢两种。为了便于用户使用，制造厂常将过滤器与配套的泵用管路连接好，装在移动式推车上，除单台过滤机外，还有双联过滤机，可一台使用，另一台进行清查。

这种过滤器的优点是适用范围广，既可过滤色漆，也可过滤漆料和清漆，适用的黏度范围也很大。选用不同的滤袋可以调节过滤细度的范围，结构简单、紧凑、体积小、密闭操作；操作方便。缺点是滤袋价格较高，虽然清洗后尚可使用，但清洗也较麻烦。

（2）管式过滤器

管式过滤器也是一种滤芯过滤器。如图2-3-6所示。待过滤的油漆从外层进入，过滤后的油漆从滤芯中间排出。它的优点是：滤芯强度高，拆装方便，可承受压力较高，用于要求高的色漆过滤。但滤芯价格较高，效率低。

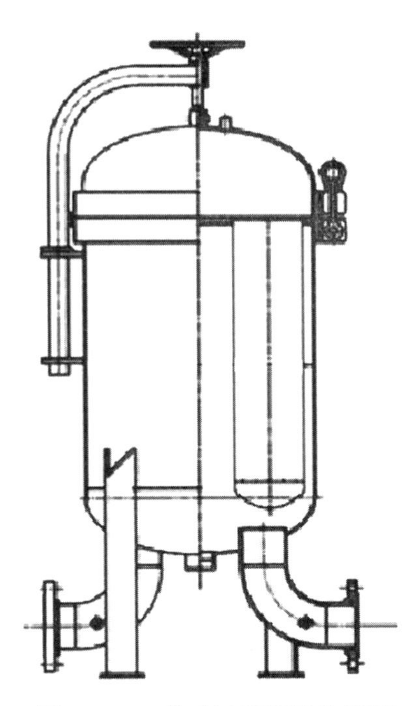

图2-3-5　袋式过滤器结构简图

涂料生产过程中，原料、半成品、成品往往需要运输，这就需要用到输送设备，输送不同的物料需要不同的输送设备。常用的输送设备有：液料输送泵，如隔膜泵、内齿轮泵和螺杆泵，螺旋输送机，粉料输送泵等。

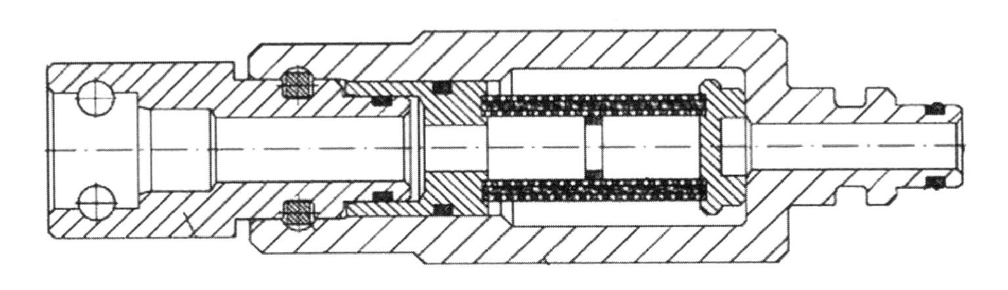

图2-3-6　管式过滤器结构简图

二、涂料生产工艺过程

涂料品种繁多，但不管涂料品种的形态如何，基本上由成膜物质、有机溶剂或水、颜料和填料、助剂组成。由于生产涂料的原料多为外购，所以涂料的典型制造流程为：预分散、研磨、混合调整、调色、检测、过滤罐装。

从本质上来讲，涂料生产的过程就是把颜料固体粒子通过外力进行破碎并分散在树脂溶液或者乳液中，使之形成一个均匀微细的悬浮分散体。其生产过程通常采用四个步骤。

（1）预分散：将颜料在一定设备中先与部分漆料混合，以制得属于颜料色浆半成品的拌合色浆，同时利于后续研磨。

（2）研磨分散：将预分散后的拌合色浆通过研磨分散设备进行充分分散，得到颜料色浆。

（3）调漆：向研磨的颜料色浆加入余下的基料、其他助剂及溶剂，必要时进行调色，达到色漆质量要求。

（4）净化包装：通过过滤设备除去各种杂质和大颗粒，包装制得成品涂料。

涂料生产的主要设备有分散设备、研磨设备、调漆设备、过滤设备、输送设备等。

1. 传统的溶剂型涂料制造工艺

溶剂型涂料制造工艺过程是指将原料和半成品加工成色漆成品的过程，基本是物理过程。工序包括配料混合、研磨分散、调漆、过滤、包装、成品入库等。另外要和仓储、运输、计量等工艺手段有机组合，确定整个工艺流程。

（1）配料与混合：按配方规定的醇酸漆料和溶剂分别加入配料预混合罐中（按工艺要求，一般要预留部分漆料和溶剂），用高速分散机将其混合均匀，然后在搅拌下逐渐加入配方量的颜料，加大高速分散机的转速，进行充分的湿润和预分散，制得待研磨分散的白色漆浆。

（2）研磨分散：研磨分散设备有球磨、辊磨、砂磨等，但以砂磨机使用最多。将预混合好的漆浆用砂磨机分散至细度合格，置于漆浆槽中储存备用。

（3）调漆：将拉缸中的漆浆，通过手工移动或泵送的方式，加入调漆罐中。边搅拌边加入配方工艺中规定预留的部分漆料及催干剂、防结皮剂，混匀后加入预留溶剂调整黏度合格（如果是生产复色漆就要按配色要求加入其他颜色的色浆调色合格）。

（4）过滤包装：经检验合格的色漆成品，经振动筛过滤后，进行计量包装、入库。

这是一种间歇式、半封闭式、半自动化的生产工艺，在加料、物料运送、中控等手工操作较多，生产不连续，混料、拉缸、分散、调漆等工序多不密闭，是我国涂料企业普遍采用的传统生产工艺。全自动、全密闭、连续化溶剂型涂料生产工艺是技术进步的方向。

2. 粉末涂料制造工艺

粉末涂料的制造工艺与传统的溶剂型涂料和水性涂料完全不同，需使用专用设备才能制造；粉末涂料的制造方法很多，大体上可分为干法和湿法两大类；干法又可分为干混合法、熔融挤出混合法和超临界流体混合法；湿法分为蒸发法、喷雾干燥法、沉淀法和水分散法。

蒸发法工艺，首先配制溶剂型涂料，然后蒸发或抽真空除去溶剂，接着冷却、破碎、细粉碎，最后分级过筛成产品；喷雾干燥法工艺，先是配制溶剂型涂料，然后研磨、调色，最后喷雾干燥制成产品；沉淀法工艺，也是配制溶剂型涂料，然后研磨、调色、液体中造粒、分级、过滤，最后干燥制成产品；水分散法工艺有两种，第一种首先将原料预混合，熔融挤出混合后，冷却、破碎、细粉碎，最后分散在树脂水溶液中制成产品；第二种水分散法工艺，首先将原料的水分散溶液进行研磨，在水中喷雾造粒，然后洗涤过滤，最后在水中研磨分散制成产品；湿法制造粉末涂料的工艺应用不多，主要用于特殊粉末涂料的制造，用喷雾干燥法和蒸发法，如制造丙烯酸粉末涂料。

干法生产工艺中，干混合法在粉末涂料开发初期使用过，在制造高熔点的热塑性树脂粉末涂料时也使用，目前很少使用；干法中的超临界流体混合法是最近几年开发的新的粉末涂料制造法，虽然还没有在工业生产中推广应用，但是可望今后成为很有发展前途的制造方法。熔融挤出混合法是目前绝大部分粉末涂料采用的制造工艺。

干法工艺中的干混合法，其工艺流程是先进行原料的预混合，然后粉碎，最后过筛制成产品；熔融混合法，其工艺是先进行原料的预混合，然后熔融挤出混合、冷却、破碎、细粉碎，最后分级过筛制成产品；超临界流体混合法的工艺流程，先进行原料的预混合，然后超临界流体混合，最后喷雾干燥造粒制成产品。

熔融挤出混合法是工业中粉末涂料生产应用最广泛的制造工艺，采用此法制造的粉末涂料有热塑性和热固性两类。

热塑性粉末涂料是由热塑性树脂、颜料、填料、增塑剂、抗氧剂和紫外光吸收剂等组成。主要制造工艺是原材料先预混合，然后熔融挤出混合、冷却、剪切造粒、粉碎，最后过筛分级和包装。粉碎前面的工艺跟塑料加工工艺类似，用高速混合机将原材料进行预混合，然后用塑料加工用挤出机熔融挤出，挤出来的条状物料经冷却水冷却，用造粒机剪切成粒状物，最后用粉碎机粉碎，经过筛分级得到产品；在粉末涂料总产量中，热塑性粉末涂料产量少，主要是热固性粉末涂料，故重点介绍热固性粉末涂料的熔融挤出混合制造工艺。

热固性粉末涂料采用熔融挤出混合法工艺，首先是预混合，按配方量将树脂、固化剂、颜料、填料和助剂等所有成分准确称量，然后加入到高速混合机中预混合；其次是熔融混合，经预混合的物料，通过加料器输送到熔融挤出混合机，使各种成分在一定温度条件下熔融混合和分散均匀；接着对熔融混合挤出的物料进行冷却、压片、粉碎，经冷却设备压成薄片状、易粉碎的物料，再经破碎机破碎成小片状物料；然后是对片状物进行粉碎、分级与筛分，这种片状物料经供料器输送到空气分级磨（ACM磨）中进行细粉碎，经过旋风分离器除去超细粉末涂料，捕集大部分被细粉碎的半成品，再通过放料阀输送到筛粉机进行过筛，通过筛网的就是成品；未过筛网的是粗粉，可以重新进入空气分级磨粉碎处理，也可以和回收粉一起回收、循环使用，超细粉末涂料用袋式过滤器捕集回收，干净的空气排放到大气中去。

熔融挤出混合制造工艺优点很多，容易实现自动化连续生产，生产效率高；可以直接使用固体和粉末状原材料，不使用有机溶剂和水，不存在排放有机溶剂、废水和废渣三废问题；可生产不同树脂品种和各种涂膜外观的粉末涂料，使用范围很宽；颜料、填料和助剂在树脂中的分散性好，产品质量稳定，可以生产高品质的粉末涂料；粉末涂料的粒度容易控制，可以生产不同粒度分布，适用于各种涂装工艺要求的粉末涂料产品。这种工艺缺点也不少，在改换涂料的树脂品种、颜色品种和纹理品种时比较麻烦；不易生产固化温度低（130℃以下）的粉末涂料产品；不易生产粒子形状接近球形、粒径很小的适用于薄涂型的粉末涂料。

3. 水性涂料制造工艺

清漆生产中，由于不涉及颜、填料分散，工艺相对比较简单，包括树脂溶解、调漆（主要是调节黏度、加入助剂）、过滤、包装。

色漆生产工艺是指将颜、填料均匀分散在基料中加工成色漆成品的物料传递或转化过程，核心是颜、填料的分散和研磨，一般包括混合、分散、研磨、过滤、包装等工序。通常依据产品种类、原材料特点及其加工特点的不同，首先选用适宜的研磨分散设备，确定基本工艺方法，制定生产工艺过程；一般来说，色漆生产工艺流程要考虑四个方面：色漆产品或研磨漆浆的流动状态，颜料在漆料中的分散性，漆料对颜料的湿润性，对产品的加工精度；选定研磨分散设备，确定工艺过程。

水性涂料中水可稀释涂料含阴离子或阳离子的树脂，应先溶于助溶剂（醇、醇醚及酯等）中，然后用水稀释，其制造工艺和溶剂型涂料制造工艺基本相同，多采用砂磨分散的制造工艺；对于合成树脂乳液涂料，又称乳胶漆，其制造工艺包括颜料填料分散、乳胶漆的调制、配色、过滤、灌装和质量控制等工序。如果不合成乳液，乳胶漆的生产没有化学反应，只是物理的分散混合过程。在配方确定以后，剩下的问题就是准确地计量、有效地分散、均匀地混合、稳定地储存和严格地控制等。在各组分的混合过程中，由于乳液和颜料填料的数量最大，所以这两种组分的混合方法应该重视。

乳胶漆发展非常快，产量剧增，成为重要的涂料品种，下面重点介绍乳胶漆的的调制工艺。

乳胶漆的调制与传统的油漆生产工艺大体相同，一般分为预分散、分散、调合、过滤、包装等。但是就传统油漆来说，漆料作为分散介质在预分散阶段就与颜料填料相遇，颜料填料直接分散到漆料中，而对乳胶漆而言，由于乳液对剪应力通常较为敏感，在低剪力混合阶段，使之与颜料填料分散浆相遇才比较安全。因而颜料填料在分散阶段仅分散在水中，水的黏度低，表面张力高，因而分散困难，所以在分散作业中需加入润湿剂、分散剂、增稠剂。由于分散体系中，有大量的表面活性剂，容易产生气泡而妨碍生产进行。因而分散作业中，还必须加消泡剂。显然乳胶漆的调制较复杂。

乳胶漆是颜料的水分散体和聚合物的水分散体（乳液）的混合物，已含有多种表面活性剂，为了获得良好的施工和成膜性质，又添加了许多表面活性剂。这些表面活性剂间有相互作用，如使用不当，有可能导致分散体稳定性的破坏，因此，在颜料和聚合物两种分散体进行混合时，投料次序就显得特别重要。典型的投料顺序为：①水；②杀菌剂；③成膜溶剂；④增稠剂；⑤颜料分散剂；⑥消泡剂、润湿剂；⑦颜填料；⑧乳液；⑨pH调整剂；⑩其他助剂；⑪水和（或）增稠剂溶液。

操作步骤是：将水先放入高速搅拌机中，在低速下依次加入杀菌剂、成膜溶剂、增稠剂、颜料分散剂、消泡剂、润湿剂，混合均匀后，将颜、填料用缓缓加入叶轮搅起的旋涡中。加入颜填料后，调节叶轮与调漆桶底的距离，使旋涡成浅盆状，当所有的颜料和填料加完以后，将转速提高，使分散盘周边线速度为20～25m/s。

一般认为，在该转速下颜料填料分散最好。研磨分散时间一般为15min左右，具体应以达到分散细度要求为度，注意分散时磨料的温度，温度太高，如超过45℃时，黏度下降，分散将无法进行，可暂停下来，待冷却后，再分散。分散细度合格后，在低速搅拌情况下，加入乳液，成膜助剂，部分增稠剂和另外约1/2消泡剂。

至于pH调节剂，如是AMP-95（2-氨基-2-甲基-1-丙醇），在颜料填料分散前加入；如是氨水，可在乳液加入后加入；如是NaOH、KOH，可在颜料填料分散后，乳液加入前加入。

也有将成膜助剂在颜料填料分散前加入的，这对乳液比较安全。但有可能被颜料和填料黏着吸入了一部分。这是一般的加料次序，具体可根据原料性能、分散设备、实际操作情况和对分散的要求等而定。

制备好的而未加乳液的颜填料浆放置时间一般不超过24小时，以防止絮凝、结块和不稳定等，制浆未加防腐剂、防霉剂时，由于温度较高，甚至有可能被细菌污染而报废的危险。

4. 生产过程中应注意的问题

（1）絮凝

当用纯溶剂或高浓度的漆料调稀色浆时，容易发生絮凝；其原因在于调稀过程中，纯溶剂可从原色浆中提出树脂，使颜料保护层上的树脂部分为溶剂取代，稳定性下降，当用高浓度漆料调稀时，因为有溶剂提取过程，使原色中颜料浓度局部大增加，从而增加絮凝的可能。

（2）配料后漆浆增稠

色漆生产中，会在配料后或砂磨分散过程遇到漆浆稠的现象。其原因，一是颜料由于加工或贮存的原因，含水量过高，在溶剂型涂料中出现了假稠现象；二是颜料中的水溶盐含量过高，或含有其他碱性杂质，它与漆料混合后，脂肪酸与碱反应生成皂而导致增稠，解决方法：增稠现象较轻时，加少量溶剂，或补加适量漆料。增稠情况严重时，如原因是水分过高，可加入少量乙醇等醇类物质。如是碱性物质所造成的，可加入少量亚麻油酸或其他有机酸进行中和。

（3）细度不易分散

研磨漆浆时细度不易分散的原因主要有以下几点。

①颜料细度大于色漆要求的细度，如云母氯化铁、石墨粉等颜料的原始颗粒大于色漆

细度的标准，解决办法是先将颜料进一步粉碎加工，使其达到色漆细度的要求。此时，单纯通过研磨分散解决不了颜料原始颗粒的细度问题。

②颜料颗粒聚集紧密难以分散。如炭黑、铁蓝在其中就很难分散，且易沉淀。解决办法是分散过程中不要停配料罐搅拌机，砂磨分散时快速进料过磨，经过砂磨机过一遍后，再正常进料，二次分散作业，此外还可以配料中加入环烷酸锌对颜料进行表面处理，提高颜料的分散性能，也可加入分散剂，提高分散效率。

③漆料本身细度达不到色漆的细度要求，也会导致不易分散，应严格把好进漆料的检验手续关。

（4）调色在贮存中变胶

某些颜料容易造成调色贮存中变胶，最易产生变胶现象的是酞菁蓝浆与铁蓝浆。解决方法：可采用冷存稀浆法，即配色浆研磨后，立即倒入冷漆料中搅拌，同时加松节油稀释搅匀。

（5）细度不合格

细度不合格的主要原因有：研磨漆浆细度不合格，调漆工序验收不严格；调色浆，漆料的细度不合格，调漆罐换品种对没刷洗干净、没放稀料或树脂混溶性不好。

（6）复色漆出现浮色和发花现象

浮色和发花是复色漆生产时常见的两种漆膜病态；浮色是由于复色漆生产时所用的各种颜料的密度和颗粒大小及润湿程度不同，在漆膜形成但尚未固化的过程中向下沉降的速度不同造成的。粒径大、密度大的颜料（如铬黄钛白、铁红等）沉降速度快，粒径小、密度小的颜料（如炭黑、铁蓝、酞菁等）的沉降速度相对慢一些，漆膜固化后，漆膜表面颜色成为以粒径小、密度小的颜料占显著色彩的浮色，而不是工艺要求的标准复色。

发花是由于不同颜料表面张力不同，漆料的亲和力也有差距，造成漆膜表面出现局部某一颜料相对集中而产生的不规则的花斑。

解决上述问题的办法是在色漆生产中，加入降低表面张力的低黏度硅油或者其他流平助剂。

（7）凝胶化

涂料在生产或贮存时黏度突然增大，并出现具弹性凝胶的现象称为凝胶化。聚氨酯涂料在生产和贮存过程中，异氰酸酯组分（又称甲组分）和羟基组分（又称乙组分）都可能出现凝胶化现象，其原因有：生产时没有按照配方用量投料；生产操作工艺（包括反应温度、反应时间及pH等）失控；稀释溶剂没有达到氨酯级要求；涂料包装桶漏气，混入了水分或空气中的湿气；包装桶内积有反应活性物质，如水、醇、酸等。

预防与解决的办法：原料规格必须符合配方、工艺要求；严格按照工艺条件生产，反应温度、反应时间及pH控制在规定的范围内。

（8）发胀

色浆在研磨过程中，浆料一旦静置下来就呈现胶冻状，而一经搅拌又稀下来的现象称为发胀。这种现象主要发生在羧基分中，产生羧基组分发胀的原因主要有：羧基树脂pH偏低，采用的是碱性颜料，两者发生皂化反应使色浆发胀，聚合度高的羧基树脂会使一些活动颜料结成的颜料粒子团而显现发胀。可以在发胀的浆料中加入适量的二甲基乙胺或甲基二乙醇胺，缓解发胀；用三辊机对发胀的色浆再研磨，使絮凝的颜料重新分散；在研磨料中加入适量的乙醇胺类，能消除因水而引起的发胀。

（9）沉淀

由于杂质或不溶性物质的存在，色漆中的颜料出现沉底的现象叫沉淀。产生的原因主要有：色漆组分黏度小，稀料用量过大，树脂含量少；颜料相对密度大，颗粒过粗；稀释剂使用不当；贮存时间长。可以加入适量的硬脂酸铝或有机膨润土等涂料常用的防沉剂，提高色漆的研磨细度避免沉淀。

（10）变色

清漆在贮存过程中由于某些原因颜色发生变化的现象叫变色。这种现象主要发生在羧基组分中，其原因有：羧基组分pH偏低，与包装铁桶和金属颜料发生化学反应；颜料之间发生化学反应，改变了原来颜料的固有显色；颜料之间的相对密度相差大，颜料分层造成组分颜色不一致。可以通过选用高pH羧基树脂，最好是中性树脂避免变色；在颜料的选用上须考虑它们之间与其他组分不发生反应。

（11）结皮

涂料在贮存中表层结出一层硬结的漆膜的现象成为结皮。产生的原因有：涂料包装桶的桶盖不严；催干剂的用量过多。可加入防结皮剂丁酮肟以及生产时严格控制催干剂的用量解决。

思考题

1. 涂料的连续性生产工艺有何特点。

2. 涂装新技术有哪些?

实训任务　工艺分析与试验准备

能力目标：能够熟练查询涂料的相关应用热点，运用现代职业岗位的相关技能，完成涂料生产技术、设备、涂装应用技术的检索、归纳和总结任务，包括生产新技术动态、新设备应用、施工工艺新进展等；能够运用化工工艺试验工岗位的相关技能，完成涂料研发任务的试验准备工作，包括原料的准备、设备的调试等。

知识目标：了解涂料的相关应用知识，掌握实验决策的方法，掌握生产设备、技术、涂装工艺进展等知识的获取途径，了解涂料试验准备的相关知识，掌握设备使用方法，了解涂料的生产技术和典型生产工艺，掌握配方知识的获取途径，以及对准备工作进行方案设计的方法与要点。

实训设计：公司涂料车间试验小组开发涂料，要求成本低廉，工艺合理；按照车间组织构成，分为若干班组（项目组），选出组长，由组长协调组员进行项目化的工作和学习，完成涂料试验试验方案选择和试验准备任务，汇报演讲，以项目考核方式进行考评。

一、生产和涂装工艺的分析

项目小组通过对涂料生产技术、设备、涂装应用技术的检索和学习，了解生产新技术动态、新设备应用、施工工艺新进展等情况，初步确定将要开发的涂料品种，包括所要开发的涂料应用方向、范围、特点和前景，重要的是在技术上有所突破，对环境友好，在成本上有所降低；然后对近些年来该类涂料品种的主要生产、应用情况进行分析，选择有大规模生产应用前景的工艺和涂装方案，分析该类产品的工艺技术创新点，开展新产品试验项目的技术分析。

二、试验准备内容

首先是试验室准备，按照行业规范，通风，安全设施到位，公用工程完备，远离居民区，具备开展试验资质的场所。

然后是试验器具准备，各类设备造册，检修完成。

其次是人员准备，必须具备相关研发资质，辅助人员应该受过专业培训。

最后是完善试验管理制度，各类登记制度，事故处理预案等。

三、实训任务

对该类产品的生产、应用和涂装等方面进行分析后，确定产品的主要成分，列出三个以上工艺路线和研究方案，对比试验研究方案，阐述方案的优缺点，提交新产品技术研究报告，如有必要，可以展开新产品试验项目的可行性研究。

合理安置各类试验设备，检查原料、试剂库存，规整耗材，检查试验场室安全设施，公用工程是否到位，建立试验登记制度，规范记录数据表格等。

课后任务

1. 查询环境友好型涂料的种类。
2. 建立开发试验数据登记制度。

参考文献

[1] 刘登良. 涂料工艺[M]. 第4版. 北京：化学工业出版社. 2012.

[2] JG/T 298—2010. 建筑室内用腻子[S]. 北京：中国标准出版社. 2011.

第三章　涂料的评价指标

随着社会经济文化的发展，绿色环保成为时代主题，涂料评价指标也随之丰富起来，一般来说对涂料的评价有三大方面的指标，即经济指标、技术指标与环保指标，经济指标又分为宏观指标、微观指标，宏观指标是针对涂料行业的，微观指标是针对具体涂料企业或涂料品种的；技术指标包括生产指标和涂装指标等；而不同的应用场所有不同的环保要求和监测指标。

涂料的研发，首先要考虑技术领域的创新，其次是满足环保的要求，最后进行经济成本的核算和市场调研，涂料新材料成为研究热点，在强调技术创新的同时，节能减排、安全环保和提高行业的经济运行质量仍将是行业的工作重点和方向。

第一节　技术指标

涂料在生产和使用过程中，涉及到涂料的很多性能，关系到涂料产品质量的优劣，必须按照国家标准来进行检测，这种表达性能优劣的的数值就是指标。随着涂料品种和用途的扩大，涂料的各种检测指标也日益增多。

一、液体涂料性能指标

有些指标是定性的，如外观、均匀等；有些是定量的，如固体分、黏度等，下面作简要介绍[1]。

1. 清漆透明

漆应具有足够的透明度，清澈透明，无任何机械杂质和沉淀物。

2. 颜色与外观

对于清漆，颜色越浅越好。真正水白透明无色的清漆很难达到，多数清漆都带有微黄色；对于色漆，呈现的颜色应与其颜色名称一致，纯正均匀。在日光照射下，经久不褪色。

3. 固体分含量

固体分在涂料组成中的含量比例即固体分含量，用百分比表示，可用下式计算。

$$S=\frac{G}{M}\times 100\%$$

式中　G——固体分质量（g）；

　　M——涂料质量（g）；

　　S——固体分含量（%）。

不同漆种固体分含量如下：聚氨酯漆：40%～50%；挥发型硝基漆：15%～20%；无溶剂型不饱和聚酯漆和光敏漆：100%。

4. 黏度

黏度即流体内部阻碍其相对流动的一种特性，也称黏（滞）性或内摩擦，也就是液体涂料的黏稠或稀薄的程度；不同涂装方法要求不同的涂料黏度，比如手工刷涂、高压无气喷涂、淋涂、滚涂，可使用黏度高些的涂料；而空气喷涂法，要求涂料黏度较低。

涂料的黏度分为原始黏度（出厂黏度）和施工黏度（工作黏度）。工作黏度是用稀释剂调配涂料，适合某种涂饰方法使用，并能保证形成正常涂层的黏度；涂料黏度与周围环境气温以及涂料本身温度有关，当涂料被加热时，黏度自然降低。在施工过程中，随着溶剂的挥发，涂料的黏度会变高。要注意随时测量涂料的黏度。

根据其不同的工作条件，有不同的黏度要求，大致可分为储存黏度（Brookfield黏度）、搅拌黏度（KU黏度）、涂刷黏度（ICI黏度）；Brookfield黏度的大小会关系到其保存期的长短，要求涂料在储存状态下，要保持较高的黏度，来防止沉降。KU黏度大小会关系到其使用性能，直接反映出用户搅拌涂料时的难易程度，在搅拌情况下，涂料黏度应该偏低，混合更方便。ICI黏度的大小直接反映出涂料在涂、刷、喷、滚等使用条件下的表现性能。黏度越低，使用性能越佳。

黏度是涂料性能中的一个重要指标，对于涂料的储存稳定性，施工性能和成膜性能有很大影响。例如对于乳胶漆，黏度15～30Pa · s能保证适当的沾漆量；黏度在2.5～5.0Pa · s保证刷涂性和最佳漆膜性能。在刷涂后如果黏度能够大于250Pa · s则能很好地控制流挂，因此测定涂料的黏度成为涂料生产和检验中的常规项目。

涂料黏度的测定方法很多，包括使用流出杯、斯托默黏度计、落球黏度计、旋转黏度计、毛细管黏度计、锥板黏度计等测定。在国家标准中的四种方法（GB / T 1723—1993涂料黏度测定法、GB / T 6753.4—1988色漆和清漆用流出杯测定流出时间、GB / T 9269—1988建筑涂料黏度的测定斯托默黏度计法和GB / T 9751—1988涂料在高剪切速率下黏度的测定）各有其优缺点，通过这些方法所得的黏度值可以通过一定的方法互相换算，但是换算关系有些是经验公式，不能很好地反应涂料黏度，所以应该根据实际情况选择合适的方法来测定涂料黏度。

5. 干燥时间

涂料涂饰于制品表面，由能流动的湿涂层转化成固体漆膜的时间即干燥时间，它表明涂料干燥速度的快慢。

影响因素包括地域、季节、适度和涂层厚度，通风条件以及涂料品种等；在整个涂层干燥过程中，要经历表面干燥、实际干燥、完全干燥；表面干燥也称表干、指干、指触干燥。表面形成微薄漆膜；实际干燥指涂层已完全转变成固体漆膜，具有一定硬度；完全干燥也称彻底干燥，是指漆膜已干透，已达到最终硬度，具备了漆膜的全部性能。

重涂时间指允许重涂的最短时间间隔。当采用“湿碰湿”工艺连续喷涂时，需要确定重涂时间，过早重涂可能咬起下层涂膜。

可打磨时间即涂层干燥至可打磨的时间。此时打磨爽滑方便，否则容易糊砂纸。

干硬是指漆膜已具备相当的硬度，对于面漆干至此时已经可以包装出货，产品表面不怕挤压。

表干时间可以用吹棉球法、指触法进行测定；实干时间可以用指触法和压棉球法进行测定，具体可参看相关检测标准。

6. 施工时限

也称配漆使用期限，是指多组分漆当按规定比例调配混合后能允许使用的最长时间；施工时限长短对于方便施工影响很大。时限过短，便来不及操作或黏度增加而影响施工和涂料的流平，成膜易出现各种缺陷等。

7. 贮存稳定性

涂料不是可以长期贮存的材料，一般来讲，从生产日期算起，至少有半年至一年以上的使用贮存期，在此期限内贮存应是稳定的；涂料的贮存稳定性与存放的外界环境、温度、日光直接照射等因素有关。

8. 流平性

定义：涂料经某种涂饰方法（刷、喷、淋等），涂饰到某表面上后，液体涂层能否很快流动分布均匀平整的性能；涂料流平性与其黏度、所含溶剂的沸点高低、表面张力、涂料本身温度有关。

二、粉末涂料的性能指标

1. 粉末涂料的胶凝时间

粉末涂料的胶凝时间是在一定温度下粉末涂料从干态固体转变成胶状物所需要的时间，以秒来表示。粉末涂料的胶化时间与其化学性能有关，可用以预测粉末涂料在给定的固化时间和温度下是否能够很好地固化。凝胶时间是表示在某一温度下，粉末涂料固化速度的数据，与粉末涂料熔融黏度的关系不明显，但能在一定程度上表示粉末涂料的熔融流动程度。

2. 粉末涂料的倾斜板流动性

粉末涂料的倾斜板流动性是压制成规定尺寸的粉末涂料在一定温度下，65° 倾斜放置后，融化至固化流动的距离，以毫米表示。倾斜板流动性能够反映出粉末涂料的熔融黏度，与胶凝时间数据配合分析可用于配方的调整，能较好平衡粉末涂料的流平性与边角覆盖性，对粉末涂料的化学特性、涂膜平整性也有影响。

3. 粉末涂料的密度

粉末涂料的密度是在一定温度和压力条件下粉末密度与水密度的比值。粉末涂料的密度与它的喷涂性能有很大关系，密度过小则粉末容易飞扬，密度过大也不易上粉，而且会发生附着于工件的粉末掉落的现象。

4. 粉末涂料的相容性

在涂装不同颜色和化学组成的粉末涂料时，对其相容性有一定要求。不同的粉末涂料由于化学组成、反应活性、熔融特性的不同造成它们之间不相容。不相容的粉末混合时将导致光泽、表面外观、物理性能的变化，以及颜色污染。通常在涂装粉末涂料之前检查粉末的相容性，而不是在涂装进行时才发现。

5. 粉末涂料的粒径分布

粉末涂料的粒径分布和平均粒径对粉末涂料的施工性能和固化后粉末涂膜外观影响很大。对每一项涂装作业而言，最佳粒径分布或平均粒径均因被涂工件的构形、所需涂膜厚度、所需涂膜外观、粉末涂料的化学特性和涂装设备的不同而不同。

6. 粉末涂料的输送和喷雾特性

粉末涂料的输送和喷雾特性是在一定的载气压力、温度和流速下粉末自由、均匀、连续流动的能力。粉末涂料的传输和喷涂性能很大程度上取决于粉末的流动性和结块性。该方法比用于评估粉末流动性的流动角方法更有意义。流动角测定法是测定粉体在水平面上形成的锥体与水平面之间的夹角。流动性好的粉末其流动角比流动性差的粉末小。

7. 粉末涂料加速稳定性试验

对于热固性粉末涂料，可根据加速贮存稳定性试验，预测粉末涂料的物理和化学稳定性，确定粉末涂料在不同温度和时间下的长期适用性，如将装有粉末涂料的容器在加载一定负荷的情况下放入恒温箱中，在规定温度下储存一定时间后观察粉末结块的情况，并通过制作涂膜样板进行理化性能的测试，与试验前的数据进行比对、评判。

8. 粉末涂料的沉积率

粉末涂料的沉积率是工件表面沉积的粉末涂料与使用粉末量之比，就是我们通常说的上粉率，用百分率表示。现场施工经验表明，一次上粉率越高，涂装生产效能越好。实验室可以比较两种以上粉末涂料的一次上粉率，确定喷涂施工性能已知的对照粉末；被测试粉末涂料在同一实验室和相同的时间内，得到的试验结果与对照粉末的结果比较，所以不同实验室的测定结果无可比性。

三、漆膜检测指标

涂膜性能是涂料产品质量的最终表现，也是涂料价值的体现，一般包括机械性能、外观、热性能、耐候性等；涂膜外观包括颜色、表面平滑性、光泽等；机械性能是涂膜的基本性能，包括附着力、硬度、柔韧性、抗冲击等；涂膜的热性能包括耐热、耐寒性、温变性；耐介质性包括耐水性、耐酸性、耐碱性和耐溶剂、耐汽车油、耐化学药品等性能；另外，涂膜对光作用的稳定性称为涂料的耐光性。

涂装后的质量检测包括涂膜的机械性能（如附着力、柔韧性、冲击强度、硬度、光泽等）和具有保护功能的特殊性能（如耐候性、耐酸碱性、耐油性等）两个方面。其中机械性能是涂装质量检测中必须检测的基本常规性能，涂装后质量检测是评判涂装质量的最终依据和确保质量的重要环节，涉及涂装后质量检测的标准可以参见附录1；下面就检测指标进行重点介绍。

1. 附着性

也称附着力，是指涂层与基材表面之间或涂层之间通过物理与化学作用相互牢固黏结的能力。提高附着力应使成膜物质分子充分流动，铺展，使基材表面能被成膜物质溶液充分润湿。

可以使用附着力试验仪来测定，一般通过十字切割法测定漆膜附着力的性能试验，其技术特征是以格阵图形切割并穿透漆膜，按六级分类评价漆膜从底材分离的抗性。

也可以使用漆膜附着力试验仪，通过划圆轨迹法测定漆膜附着力性能试验，其技术特征是以圆滚线划痕范围内的漆膜完整程度，按七个等级评价漆膜对底材黏结的牢固。

2. 硬度

硬度是材料的一种机械性质，是材料抵抗其他物质刻画、碰撞或压入其表面的能力；漆膜硬度并非越高越好，过硬的漆膜柔韧性差，容易脆裂，抗冲击强度低，也影响附着力。

常用测定仪有硬度试验仪、漆膜划痕试验仪、巴克霍尔兹压痕试验仪、摆式硬度计、便携式铅笔法硬度计等。

漆膜划痕试验仪测定涂层抗划透能力大小评价涂膜硬度，其技术特征为硬度以划针划破涂膜时承载砝码的最小荷重（抗划痕值）表示。

摆杆阻尼试验仪测定油漆涂料皮膜的硬度，其技术特性为硬度以阻尼时间，即以摆杆在规定角度内的摆动次数与摆动周期的乘积表示。

便携式铅笔法硬度计通过犁破漆膜的铅笔硬度等级测定漆膜硬度试验，其技术特征：硬度以在规定试验条件下通过犁破漆膜的铅笔硬度等级表示。

3. 耐液性

指漆膜接触各种液体（水、溶剂、饮料、酸、碱、盐以及其他化学药品等）时的稳定性。耐液性测定方法：用浸透各种试液的滤纸放在试样表面，经规定时间移去，根据漆膜损伤程度评级。

4. 耐热性

指漆膜经受了高温作用而不发生任何变化的性能；在检测漆膜耐热性时常分为耐干热

与耐湿热两种方法。耐热性测定方法：用一铜试杯（内盛矿物油），加热至规定温度置于试样板漆膜上，经规定时间移走，检查漆膜状态与光泽变化情况评级（干热测定）。

5. 耐磨性

耐磨性指漆膜在一定的摩擦力作用下，成颗粒状脱落的难易程度。耐磨性测定方法：采用漆膜磨耗仪。以一定负载下不露白的研磨转数与漆膜在规定转数（一般100转）下的失重克数表示，以此来评定漆膜耐磨性等级。

常用耐洗刷测定仪测定建筑涂料涂层的耐洗刷性能。其技术特征是在规定试验条件下，通过设定、变更毛刷往复运动的洗刷次数，测定建筑涂料涂层表面的抗擦洗性能。

6. 耐温变性

也称耐冷热温差变化性能，是指漆膜能经受温度突变的性能，即能抵抗高温与低温异常变化。耐温变性差的漆膜就有可能开裂损坏。

耐温变性测定方法：将涂漆干透的样板连续放入高温（40℃）恒温恒湿箱与低温（-20℃）冰箱，观察漆膜的变化，以不发生损坏变化的周期次数表示。

7. 耐冲击性

指涂于基材上的涂膜在经受高速率的重力作用下可能发生变形但漆膜不出现开裂以及从基材上脱落的能力。使用漆膜冲击器利用重物从高处落下，冲击漆膜，以测定漆膜的耐冲击强度。

8. 光泽

光泽是物体表面对光的反射特性。决定一个表面光泽高低的主要因素是该表面粗糙不平的程度。

9. 柔韧性

常用的仪器有柔韧性测定仪、腻子柔韧性测定仪、漆膜圆柱弯曲试验仪等；其中漆膜圆柱弯曲试验仪通过在规定的标准条件下漆膜随底材一起变形而不发生损坏的能力，评价漆膜的柔韧性试验；其技术特征是在标准规定下，以试板在1～3s内绕轴棒弯曲180°后不引起漆膜开裂的最小轴棒直径表示。

10. 耐紫外光老化性

常使用耐紫外光老化测定仪来测定，这种装置适用于涂料等非金属材料的有水暴露老化实验，由于日光中的紫外线是引起高聚物氧化降解的主要因素，而水分又是加速老化的重要因素，所以本装置具有快捷、简便地模拟户外暴晒老化的特点，对测试不同试件的相对耐候性具有实用价值。

11. 漆膜粉化率

常使用漆膜粉化率测定仪来测定漆膜受紫外线、水汽、氧等作用引起粉化地程度，其试验技术特征是漆膜与相纸光面结合，经施加规定的均匀负荷后，取出相纸，观察相纸印痕并与标准粉化率等级样板比较，评定漆膜粉化率的等级。

12. 抗开裂测定

常常使用涂层杯突试验仪来测定，主要用于评价色漆、清漆等涂层在标准条件下逐渐变形后，其抗开裂或抗与底材分离的能力。

在上述这些检测项目中，使用者应按照要求的制备方法制备标准试验样板，检测常规的涂膜机械物理性能，用以评判涂膜的基本性能。

第二节　环保指标

随着我国经济快速发展，环保压力持续增大；持续雾霾、PM2.5引起大家的高度重视，某些钛白粉生产企业等都因为生产过程中的污染排放问题被停产整顿，面临更加严厉的管控，涂料行业只重视产品而忽视环保的传统粗放经营管理模式必将成为过去。在严苛的政策之下，涂料行业及上下游产业都面临着重新定义发展战略，面临着处理“环保与生存”的关系。除了涂料产品环境友好化外，行业普遍忽视生产过程的节能减排问题，目前环保措施的实施更偏向于涂料成品及下游使用行业，而忽视了涂料生产过程的监控，但这并不代表涂料行业可以成为节能减排的旁观者，对于各类涂料生产制造过程中产生的废气、废水将会重新立项制订标准；在未来的发展中，涂料企业除了在环保涂料特别是水性涂料开发上下功夫的同时，也应该协调发展生产过程中的“节能减排”工作。只有这样，才是真正意义上的环保；也只有这样，才能改变外界对涂料行业“高污染高排放”的不良印象，增强企业自身在环保制度压力下的市场竞争能力。下面简要介绍涂料相关政策法规及标准[2]。

一、国内涂料行业相关政策和法规

①中国《涂料行业行为准则》

②危险化学品涂料产品生产许可证

③国家质量监督检验检疫总局2009年第9号公告

④2008年涂料“双高”产品名录

⑤国家质总局对外贸易经济合作部海关总署公告2001年第14号

⑥国家质量监督检验检疫总局文件国质检检[2002]134号

二、国外相关政策和法规

①WTO通报美国建筑和工业维护涂料VOC含量控制新法案

②WTO通报美国禁止含铅涂料最终规则将实施

③欧盟加强涂料污染控制

④美国船级社修订涂料规范

⑤欧盟限制使用及销售全氟辛烷磺酸立法情况介绍

⑥加拿大公布建筑涂料挥发性有机化合物浓度限量法规提案

⑦欧盟REACH法规

⑧国际海运危规和GHS

⑨欧盟化学品分类、标签及包装法案

三、涂料中常见环保性能测试项目与标准

涂料的环保性已经越来越受各国政府、企业和消费者的高度关注。美国消费品委员会在很早就已经对儿童用品上的涂料重金属含量进行了严格的管控；欧盟也对电子/玩具等产品上的涂料有害物质限量进行了严厉的把关；中国政府在2008年，2009年陆续对各种涂料上的有害物质进行了限制。涂料生产企业不仅仅需要面临各种法规的约定，更需要对他们的产品进行改进，向“零甲醛”“零VOC”“无铅”这样的环保性涂料靠拢，否则将面临着企业的淘汰。

（一）强制性国家标准

①GB 18582—2008《室内装饰装修材料内墙涂料中有害物质限量》

②GB 18581—2009《室内装饰装修材料溶剂型木器涂料中有害物质限量》

③GB 21177—2007《涂料危险货物危险特性检验安全规范》

④GB 24613—2009《玩具用涂料中有害物质限量》

⑤GB 24409—2009《汽车涂料中有害物质限量》

（二）其他标准

①香港环保标志标准

油漆（HKEPL—004—2002）

水性涂料（HKEPL—01—004）

②环境标志产品技术要求水性涂料（HJ 2537—2014）。

（三）国外标准

①消费者安全规范：玩具安全 ASTM F963

②美国FDA 175.300：涂料中的有毒有害物质指重金属和一些有机化合物（以挥发性有机化合物为主），一些国家对涂料中有机溶剂的成分及毒性较大的溶剂在干膜中的残留量也有严格的控制指标，表3-2-1中列举常见涂料的环保测试项目及标准。

表3-2-1 涂料中常见环保性能测试项目及标准

行业	常见环保性能测试项目	标准
汽车用涂料	挥发性有机化合物含量（VOC）	GB 24409—2009
	限用溶剂含量	
	重金属含量：Pb，Cd，Hg，Cr^{6+}	
玩具用涂料	总铅含量	EN71 ASTMF963 CPSIA GB 24613—2009
	可溶性元素含量：Pb，Cd，Hg，Cr，Se，As，Sb，Br	
	邻苯二甲酸盐：DBP，BBP，DEHP，DINP，DIDP，DNOP	
	挥发性有机化合物VOC含量	
	苯含量	
	甲苯，乙苯，二甲苯总含量	
内墙用涂料	挥发性有机化合物含量（VOC）	GB 18582—2008
	苯，甲苯，乙苯，二甲苯总含量	
	游离甲醛	
	可溶性重金属含量：Pb，Cd，Hg，Cr	
	空气中二异氰酸酯（TDI，HDI）的含量	
外墙用涂料	挥发性有机化合物含量（VOC）	GB 24408—2009
	苯含量	
	甲苯，乙苯，二甲苯总含量	
	游离甲醛含量	
	游离二异氰酸酯（TDI，HDI）总和	
	乙二醇醚及醚脂含量总和	
	重金属含量：Pb，Cd，Hg，Cr^{6+}	
木器用涂料	挥发性有机化合物含量（VOC）	EN71 GB 18581—2001
	苯含量	
	甲苯，乙苯，二甲苯总含量	
	游离二异氰酸酯（TDI，HDI）总和	
	甲醇含量	
	卤代烃含量	
	可溶性元素含量：Pb，Cd，Hg，Cr，Se，As，Sb，Br（儿童家具）	
	可溶性重金属含量：Pb，Cd，Hg，Cr	
其他用涂料	REACH	
	单位面积硅含量测试	

续表

行业	常见环保性能测试项目	标准
其他用涂料	REACH	
	单位面积硅含量测试	
	RoHS六项	
	卤素	
	富马酸二甲酯（DMF）	
	PBB&PBDE	
	锌含量测试	
	PAHS	

重金属类有害物质通常是指含有锑、砷、钡、镉、铬、铅、汞、硒等常见元素的物质，其中砷、硒为准金属元素。重金属对人体的毒害性是多方面的。生物药理效率数据表明，人体每日摄入的重金属含量不应超过以下限值：

锑Sb≤0.2μg；砷As≤0.1μg；钡Ba≤25μg；镉Cd≤0.6μg；铬Cr≤0.3μg；铅Pb≤0.7μg；汞Hg≤0.5μg；硒Se≤5.0μg。

有机溶剂品种繁多，而且绝大多数有机溶剂或多或少都有一定的毒性，其中常见且毒性较大的有机溶剂主要有三大类：芳烃溶剂、乙二醇醚类溶剂、某些酮类溶剂；此外，还有芳胺化合物、一些可迁移的有机单体类物质（丙烯酰胺、甲醛、苯乙烯等）、阻燃剂类（多溴联苯PBB、多溴联苯基醚PBDE）等有害物质都应在禁用之列。

四、涂料环保标准解读

（一）室内装饰材料有害物质限量标准GB 18581—2001

本标准由中国石油和化学工业协会提出，本标准规定了室内装修用硝基漆类、聚氨酯漆类、醇酸漆类木器漆料中对人体有害物质容许限值的技术要求、试验方法、检验规则、包装标志、安全涂装及防护等内容。

表3-2-2 GB 18582—2001技术要求

项目	单位	限量值
VOC	克/升	≤200
游离甲醛	克/千克	≤0.1
可溶性铅	毫克/千克	≤90
可溶性镉	毫克/千克	≤75
可溶性铬	毫克/千克	≤60
可溶性汞	毫克/千克	≤60

1. VOC

VOC是挥发性有机化合物的英文缩写，挥发性有机化合物是指涂料中不形成涂膜而最终挥发到大气中的有机物质。如汽油也是一种挥发性有机化合物。

挥发性有机化合物挥发到空气当中之后会与空气中的氧气发生反应生成臭氧，低空臭氧对大气环境及人体健康是有害的。

2. 苯、甲苯及二甲苯

苯属于剧毒物质，甲苯、二甲苯属于低毒性物质，吸入一定量苯、甲苯、二甲苯会引起中毒，甚至会破坏造血系统、神经系统。

国标要求是苯≤0.5%，甲苯和二甲苯总和（PU类）≤40%。

3. 游离TDI（甲苯二异氰酸酯）

游离的TDI，来源于PU漆固化剂的合成。

TDI是一种致癌的有毒物质，长期接触或吸入会导致皮肤过敏、头痛等，严重的会引起支气管炎、过敏性哮喘、肺炎等。

国家标准中TDI的限量是0.7%。

4. 可溶性铅、镉、铬、汞

由色漆的色浆、色母带入。

铅是可以在人体和动物组织中蓄积的有毒金属，铅的主要毒性效应是导致贫血症、神经机能失调和肾损伤；镉中毒导致骨质疏松、萎缩、变形等；铬中毒可导致肝癌；汞中毒主要是影响神经系统。

（二）室内装饰装修材料

内墙涂料中有害物质限量标准GB 18582—2008；本标准由中国石油和化学工业协会提出，本标准规定了室内装修用墙面涂料中对人体有害物质容许限值的技术要求、试验方法、检验规则、包装标志、安全涂装及防护等内容。

五、涂料产品的环保认证

为了杜绝有毒物质存在于涂料产品中，为消费者提供健康环保的绿色产品，国际标准化组织（ISO）颁布了ISO14021、ISO14024、ISO14025等标准，提出了认证、验证、检测产品并授予三种不同型式环境标志的原则规定。

“十环认证”是目前国内最权威的环保产品认证，对产品的环保性能和指标要求较高，严于GB 18582—2001，目前可进行环境标志认证的涂料产品只有乳胶漆和水性木器漆，认证所依据的产品标准为HBC 12—2002；针对于涂料市场，目前权威的认证当数中国Ⅰ型环境标志（水性涂料）及中国Ⅲ型环境标志（PU涂料），其次是需严格执行中国国家标准管理委员会制订的十项强制性国家标准。

第三节 经济指标

工业经济效益指标是对工业投入与产出进行数量比较的尺度，它在一定范围内，从某一方面表明了工业经济活动的成果，虽然经济效益的实质是产出大于投入的盈余或增值，但是由于投入的量与质的不同，很难直接用盈余额来评价和比较不同经济单位的经济效益。于是，有必要选择若干个指标，建立科学的指标体系[3]。

一、评价工业经济效益的理论依据

1. 用社会劳动实现率评价

社会劳动实现率是指一定的经济活动中社会必要劳动时间与个别劳动时间之比。它表示单位个别劳动消耗可折合的社会必要劳动的量。在市场经济条件下，既然价值的增值是经济活动的直接目的，那么，反映价值增值程度的资金收益率就必然地成为经济效益的基本内容。资金的收益率越高，说明价值的增值程度越高，经济效益越好；反之，则越差。

2. 用资金收益率评价

资金收益率是指一定时间内全部收入减去成本后的余额与全部预付资金之比。它表示在一定时间内单位资金量所带来的增值额。在市场经济条件下，既然价值的增值是经济活动的直接目的，那么，反应价值增值程度的资金收益率就必然地成为经济效益的基本内容。资金的收益率越高，说明价值的增值程度越高，经济效益越好；反之，则越差。

3. 用劳动生产率评价

劳动生产率是指一定时间内全部产品或全部产品价值与获得这些成果所耗费的活劳动之比。它表示单位活劳动消耗所创造的财富或成果。用劳动生产率表示经济效益时，产出是全部产品或全部产品价值，投入是活劳动消耗量。这时，把产出全部看成是活劳动带来的成果。

4. 用机会收益率评价

机会收益率是指经济活动中实际获得的或可获得的收益与所放弃的收益之比。它表示每在另一方面放弃单位收益可获得的收益量。在现实的经济活动中，为获得一定的成果所付出的代价，不仅包括经济活动本身的投入，还应包括所放弃的收益。只有在实际获得的成果或可能获得的收益大于所放弃的收益，即二者的比值大于1时，经济活动才是有效益的，或者说经济效益才是好的。因此，评价经济效益，不仅要看经济活动的成果与经济活动本身投入之比，还要看获得的或可获得的收益与所放弃的收益之比。

二、工业经济效益指标体系

经济效益的大小，是通过一定的指标来反映的。由于工业经济活动的复杂性，要全面地评价工业经济效益，就需要制订一系列指标，建立指标体系，以便从不同方面、不同角度反映工业活动中的经济效益。工业经济效益考核指标体系于1998年起在全国正式实行。新工业经济效益考核指标体系依照具有宏观导向性、科学合理性、综合性和可操作性等原则，形成了由总资产贡献率、资本保值增值率、资产负债率、流动资产周转率、成本费用利润率、全员劳动生产率、产品销售率七项指标组成的新体系，指标的选择和设置，反映了企业盈利能力、发展能力、偿债能力、营运能力、产出效率、产销衔接等方面的情况。各项指标的涵义和计算方法为：

（1）总资产贡献率：反映企业全部资产的获利能力，是企业管理水平和经营业绩的集中体现，也是评价和考核企业盈利能力的核心指标。计算公式为：总资产贡献率（%）=（利润总额+税金总额+利息支出）÷平均资产总额×12÷累计月数×100%。

（2）资本保值增值率：反映企业净资产的变动状况，是企业发展能力的集中体现。计算公式为：资本保值增值率（%）=报告期期末所有者权益÷上年同期期末所有者权益×100%。

（3）资产负债率：该指标既反映企业经营风险的大小，又反映企业利用债权人提供的资金从事经营活动的能力。计算公式为：资产负债率（%）=负债总额÷资产总额×100%。

（4）流动资产周转率：指一定时期内流动资产的周转次数，它既反映企业的经营状况，也反映资金利用效果和再生产循环的速度。计算公式为：流动资产周转率（次）=产品销售收入÷全部流动资产平均余额×12÷累计月数。

（5）成本费用利润率：是企业全部生产投入与实现利润之比，既反映工业投入的生产成本及费用的经济效益，也反映企业降低成本所取得的经济效益。计算公式为：成本费用利润率（%）=利润总额÷成本费用总额×100%。式中成本费用总额指产品销售成本、销售费用、管理费用和财务费用的总和。

（6）工业全员劳动生产率：是平均每个职工在单位时间内创造的工业生产最终成果，反映企业的生产效率和劳动投入的经济效益。其计算公式为：工业全员劳动生产率（元/人）=工业增加值÷全部从业人员人数×12÷累计月数。为消除价格变动因素，式中工业增加值应采用与标准值可比的工业增加值。

（7）产品销售率：反映工业产品已实现销售的程度，是分析工业产销衔接情况，研究工业产品满足社会需求的重要指标。其计算公式为：工业产品销售率（%）=工业销售产值÷现价工业总产值×100%。

工业经济效益综合指数是综合衡量工业经济效益各个方面在数量上总体水平的一种特殊相对数，是反映工业经济运行质量的总量指标，它可以用来考核和评价各地区、各行业乃至各企业工业经济效益的实际水平和发展变化趋势，反映整个工业经济运行质量和效益状况的全貌。计算方法是以各单项工业经济效益指标报告期实际数值分别除以该项指标的全国标准值并乘以各自权数，加总后除以总权数求得。计算公式为：工业经济效益综合指数=∑（某项指标报告期数值÷该项指标全国标准值×该项指标权数）÷总权数。

表3-3-1　七项指标的权数和标准值

指标	单位	标准值	权数
综合指数	%	—	—
总资产贡献率	%	10.7	20
资本保值增值率	%	120	16
资产负债率	%	60	12
流动资产周转率	次	1.52	15
成本费用利润率	%	3.71	14
全员劳动生产率	元/人	16500	10
产品销售率	%	96	13

三、评价工业经济效益的方法

在工业经济活动中，小到开发一个新的工业产品，大到制订一项工业发展总体规划，都应该进行经济效益的评价，以利于选择最佳方案。为正确有效地开展经济效益的评价工作，从政治、技术、经济三个方面通盘考虑，应贯穿于经济活动的全过程，通过不同方案的比较来选择最优方案，这些方案之间必须具有可比性，否则就失去了相比较的意义。

在进行经济效益评价时，总希望求得最优方案。尤其是从定量分析的角度看，通过定量分析模型的求解，可得到最优解，即最优方案。这些都是必要的，也是必须的。但从对社会经济系统的认识论上说，要寻求一个真实的最优方案是不容易的，一般是不可能的。强调定量分析的重要性，强调通过定量分析寻找最优方案，以便得到最好的经济效益。但是，这种要求是有一定条件的，当不具备客观条件时，只能以比较满意的方案为满足。

一项工业经济活动的劳动消耗是反映在很多方面的，其劳动成果也是反映在很多方面的，而且有些方面可定量，有些方面是不可定量的，或很难精确定量的。因此，评价经济效益很难用一个指标来衡量。所以在进行经济效益评价时，要把定性分析和定量分析两种方法结合起来，要采用定量和定性两种指标。一般采用的定性指标有：满足国民经济需要的程度；产品性能的改进；劳动条件的改善；环境保护的改善等。一般采用的定量指标有：属于反映劳动成果的，如产品产量、总产值或净产值、质量、利润等；属于反映劳动消耗的，如工时、原材料消耗、固定资产占用、产品成本、投资等。通过劳动成果指标和劳动消耗指标可以计算出反映某一方面经济效益的指标，如劳动生产率，即平均一个工业人员在一定时间内生产的产品数值或产值；成本利润率，即销售利润额同销售成本总额之比；资金利润率，即年度利润总额同年度平均企业资金总额之比；投资效益系数，即平均年利润同投资总额之比，等等。以上这些指标在具体应用时要根据评价对象灵活选择。

评价工业经济效益的方法很多，这里只介绍其中的一部分。

1. 评分法

这是一种简单、粗略的评价方法，适合于工程项目方案拟定之初采用。此时，评价因素的指标不能定量计算，或者定量计算的指标较少，数据不确切。

评分法又分为简单评分法和综合评分法两种。

（1）简单评分法

组织评分小组，成员应该具有广泛性和代表性；确定评分因素，一般包括产品结构特点、未来市场趋势、销售能力、技术开发能力、生产能力、收益性等；确定评分等级与标准；规定分值和计算方法；最后算出每个方案的总得分，以得分高为优先择用。

（2）综合评价法

当工程项目评价因素中既有定量指标，又有定性指标，而且每一因素反映工程项目的经济效益的程度又不一样时，可以采用定性指标换算定量化，并加上权重因素进行综合评价。

2. 投资回收期法

在评价一个工程项目或一项技术革新措施的经济效益时，经常采用投资回收期方法，是通过一些指标的计算和比较，衡量一下投资是否合算，也就是评价其经济效果如何。

在应用投资回收期方法时，使用的评价指标有：投资额、利润总额或年度平均利润、经营费用或生产成本、投资回收期或追加投资回收期、投资效益系数。

（1）投资额的计算

投资额就是建设一个工程项目的一次性投资，通常包括工程建设投资、设备投资及额定流动资金投资。

在计算投资额时，除了计算工程项目的直接投资外，还要计算为该工程项目特定需要的相关投资。

（2）经营费用的计算

所谓经营费用，是指工程项目建成后投入使用过程中发生的活劳动消耗和物化劳动消耗的总和。对新建企业来说，就是未来产品的生产成本。在建设新的工程项目的时候，对未来产品的成本，一般采用估算的方法。即参考同类企业的产品成本水平，考虑到新建企业技术装备先进、生产效率高等方面的因素进行修正，做出估计值。

（3）投资回收期的计算及投资经济效益评价

投资回收期，是指某一个新建工程方案，其投资金额以该工程项目投产后的利润来补偿的时间。

对于不同的工业部门，由于工程项目使用寿命不一样，技术进步速度不一样，衡量投资回收期标准也不同。许多国家都制订了不同工业部门的标准投资回收期。新建工程项目的投资回收期如小于标准投资回收期，则认为该方案是可行的；否则，就是不可行的。

3. 费用效益法

费用效益法也叫成本效益法。主要研究费用或成本同效果之间的关系，也就是研究分析劳动消耗与劳动成果之间的关系，是一种常用的经济效益分析方法。它可用于新建工程项目的经济效益分析，也可用于生产经营方案的经济效益分析。

费用效益法的基本思路是，对费用或成本指标要求越小越好，对效果指标要求越大越好。通常的做法，以效果指标作为约束条件，寻求费用指标小的方案；或以费用指标为约束条件，寻求效果指标大的方案。

费用效益法有两种形式，一种叫临界产量法，适用于两种以上方案的评价优选；另一种叫盈亏平衡点法，适用于对既定方案的经济效益评价。

（1）临界产量法

工业产品的成本是工业生产中物化劳动和活劳动消耗，在合算中以成本项目分别计算。成本项目有：原材料、外购件；燃料；动力；生产工人工资；废品损失；车间经费；企业管理费等。前五项费用直接同产量多少有关，称为变动费用。后二项费用同产量多少直接关系，一般不因产量增减而变化，或变化甚微，称为固定费用。

（2）盈亏平衡点法

盈亏平衡点法也叫保本点法。这种方法是用于分析某一工程建设或生产经营方案在多少产量情况下才能采用。分析中用到的指标有3个：产品总成本、销售额、利润。

盈亏平衡点有两种情况，一种情况是只有一个平衡点，此时成本方程式和销售额方程式是线性的；另一种情况是有两个平衡点，此时成本方程式和销售额方程式是非线性的。

四、涂料产品成本核算

为了加强成本管理，正确反映企业的经营成果，不断降低产品成本，提高经济效益，便于进行成本对比分析，企业一般要进行成本核算。成本核算的主要任务是反映和监督企业生产经营全过程所发生的费用支出，及时计算产品总成本和单位成本，分析经济活动，提供定量、定向分析资料，挖掘降低成本潜力，努力降低产品成本[4]。

（一）成本项目

根据涂料工业的生产特点，成本项目有原材料、包装材料、燃料和动力、工资、各类保险金、车间经费和企业管理费。

（二）生产费用核算

企业所发生的生产费用，通过“基本生产”“辅助生产”“自制半成品”“车间经费”“企业管理费”“待摊费用”“预提费用”等会计科目进行总分类核算，对成本核算对象进行明细核算。基本生产包括核算产成品、半成品、自制材料、包装桶的总成本和各种规格花色品种的单位成本。辅助生产包括核算水、电、气的成本，自制备品配件的成本和劳务工时成本，生产车间可按照其生产特点和管理需要，确定辅助生产成本的核算对象。

（三）产品成本核算

对于间歇式生产工艺过程，涂料产品成本核算一般采用分批法。根据生产设备容量，分花色品种每投料一次为一份。生产同一花色品种进行多次投料时，每月结算一个批次，在原始记录上要记明生产批量及份数。

各生产车间每月终将分别花色、品种、数量、成本项目的成本核算表报送企业财务部门核算产成品实际成本。

（1）根据材料核算提供的原材料、包装材料、燃料的材料成本计算每个品种产成品耗用原材料的实际价格成本。

（2）根据辅助生产提供的水、电、气、劳务工时成本差异额，计算每个花色品种产成品的实际费用成本。

（3）企业财务部门按规定计算企业管理费，于每月终将全部发生额按各车间生产成品的产值，分摊给各车间以后，再按费用分配系数分摊给每个花色品种产品。

（4）企业财务部门按规定计算销售费用，在一般情况下本期发生额全部摊入销售成本。

企业财务部门计算每个品种产成品的全部工企业成本和单位成本，做出可比产品成本与上年对比的分析和全部产品成本与计划成本的对比分析资料。

思考题

1. 涂料评价的技术指标有哪些？
2. 涂料研发要做哪些准备工作？

实训任务 试验决策

能力目标：能够熟练查询涂料的相关评价指标，运用现代职业岗位的相关技能，完成涂料经济、环保、技术指标资讯的检索、归纳和总结任务，包括质量检测指标的确定、当前行业经济运行参数、环保要求、政策指南和试验须知等资料的总结等。

知识目标：了解涂料的相关指标内容，掌握行业资料查询的方法，掌握涂料的指标、试验场所规章制度和试验计划安排的内容，以及对资讯进行归纳、总结的方法与要点。

实训设计：公司涂料车间试验小组开发涂料，要求成本低廉，工艺合理；按照车间组织构成，分为若干班组（项目组），选出组长，由组长协调组员进行项目化的工作和学习，完成涂料开发决策和准备任务，以项目考核方式进行考评。

一、决策机构

一般企业都有新产品研发决策过程，或根据市场中应用热点、技术热点做前瞻性试验，或根据某类产品的潜在缺点进行开发，但是决策延误却很普遍，比如要求所开发新产品要得到各部门的一一确认，或者面向不同听众做冗长的汇报，效率十分低下；常见的做法是成立新产品决策审批委员会，有权在开发周期内的具体决策环节通过给新产品拨付资金或修改新产品的途径来批准或拒绝新产品的研发；委员会负责审批新产品开发计划来实施企业的发展战略，凭借资源分配权，来推动新产品的开发与试验。

一般通过多个阶段评审流程做出决策和进行资源分配，只有一个评审流程是不够的，委员会可以直接授权项目研发小组分阶段地开发产品，而项目研发小组为新产品制订详细的建议，提交新产品开发计划，并申请下一阶段所需的资源，委员会批准工作小组的各项建议，赋予项目研发小组以权力、责任以及实施计划下一阶段所需要的资源。

二、决策依据

企业新产品开发是企业竞争力的体现，开发新产品有利于企业成长，有利于企业更好地适应环境的变化，获得长期的经济效益和社会效益，但是新产品开发又是一项高风险的活动，为了减少新产品的开发风险，降低新产品开发的失败率，企业就要对新产品开发进行决策，选择符合企业长远规划的项目进行开发和研究。

一般来说，企业首先采取市场策略，然后是工艺方案的选择；在以市场为导向的研发策略中，企业常常考虑市场热点技术、畅销产品，注重改善涂装施工工艺，开发安全、环保、有价格竞争力的新产品，那么水性涂料、粉末涂料、特殊功能涂料就是首选，在涂料市场份额中，如何抢占有力的地位，就是决策者最先考虑的问题，经济、环保、技术指标需要全面衡量。

三、实训任务

按照前面实训任务中列出的三种工艺研究方案和工艺路线，对近五年来该品种主要经济指标完成情况进行分析，选择盈利能力比较强的涂料产品，对其是否符合环保要求做出评价，然后分析该产品的技术创新点，评判技术指标是否满足要求；确定将要开发涂料的品种和应用范围，说明决策理由和最终目标；然后确定该产品最合理的工艺路线，制订出试验计划和具体可行的试验方案，做好人员和试验软硬件的准备。

课后任务

1. 查询新产品开发的决策理论。
2. 查询新产品开发有几个阶段。
3. 查询降低试验开发成本的方法。

参考文献

[1] http://www.zzqmade.com 涂料工程联盟.

[2] 屠振文，忻尉. 提高涂料的生产质量[J]. 上海涂料，2008. 12.

[3] 张东海. 涂料生产中节能降耗的技术途径[J]. 节能，2008. 12.

[4] 曾培源. 汽车涂料生产环节VOCs的排放特征及安全评价[J]. 环境科学，2013. 12.

第四章　溶剂型涂料

溶剂型涂料是以有机溶剂作为成膜物的分散介质的涂料，在涂料发展的历史长河中一直雄踞首位，亦称作传统溶剂型涂料，俗称“油性涂料”或“油性漆”。最早期的涂料是不用有机溶剂的，如大漆，是我国使用最早的一种无溶剂涂料，可以追溯到4000多年以前，随后大量使用的我国另一特产桐油也是如此。

随着经济的发展和社会的进步，对涂料品种花色要求越来越多、性能要求越来越高，逐步发展了改性天然产品、早期合成产品的涂料。农副产物加工业发展，以及煤化工的进步，为涂料合成树脂提供了众多的原料，加上科技的进步，促进了涂料合成树脂的发展。涂料中的溶剂使用也逐步增多。

1927年醇酸树脂问世，使涂料工业开始向现代化工发展，使涂料制造者从手工作坊的生产方式向现代化工企业模式过渡。20世纪50年代后期石油化工大发展，为合成树脂提供了丰富原料，促进了涂料合成树脂的蓬勃发展，工业涂料、建筑涂料、特种功能性涂料品种层出不穷，满足了国民经济、国防工业和高科技产业发展的要求，使涂料工业发展成为重要的精细化工行业，这个时期涂料工业的发展是以溶剂型涂料为主。

经济的发展，社会文明的进步，一些先进工业国从“先污染、后治理”的沉痛教训中觉醒，认识到在发展经济的同时，要保护环境的重要性。1966年美国洛杉矶州率先颁布限制有机溶剂挥发的环保法令，规定溶剂型涂料中有机溶剂（尤其是易产生光化学烟雾的溶剂）含量要低于17%（体积），这是很严格的。其他先进的工业国陆续效仿，相继出台环保法规，规定有机挥发物（VOC）限值。环保法规颁布促进了环境友好型涂料的发展，使涂料中有机溶剂用量逐渐减少。涂料经历了“无溶剂-有溶剂-无溶剂”的循环发展过程。当然，这种历史的循环发展不是机械地重复，而是质的不断飞跃的发展过程。现在涂料工业是站在历史的新起点，要在保持和提高传统溶剂型涂料优点的前提下，发展省资源、省能源的环境友好型涂料，跟上建设环境友好型和资源节约型社会的步伐。

在涂料的制造与施工过程中，有机溶剂具有不可或缺的地位，能改善颜料润湿与分散性能，特别是调整成膜物树脂和涂料的黏度，使其适合制漆要求和施工要求，改善涂料流动性，使涂料形成平整光滑的涂膜，充分发挥其功能，满足不同的要求。即使是水性涂料，也需要使用少量的醇醚、酯类溶剂与成膜助剂。但是，涂料施涂后在成膜过程中，有机溶剂挥发，造成对环境污染，多数有机溶剂对人、畜、生物，甚至对植物有毒有害。

涂料工业中，常用的分散介质有两种，即水和有机溶剂（以下简称溶剂），其主要作用有以下几点：①溶解或分散成膜物成均用分散体系；②与颜料相互作用，与助剂和成膜物形成稳定的分散体系；③成膜过程中逐步挥发，调节最低成膜温度帮助成膜物流平成膜。涂料按分散介质可分为如下三类：①水性涂料（水溶型、水分散型、水乳化型）；②溶剂型涂料；③无溶剂涂料。其中水性涂料和无溶剂涂料的VOC挥发分较少或不含VOC，已成为今后涂料行业的发展趋势，本章主要介绍溶剂型涂料[1]。

第一节　溶剂分类

涂料中几乎所有的有机溶剂，对于人体来说都是毒性物质。涂料用溶剂，除水以外，一般都是挥发性的有机溶剂，由于分类方法不同可以划分为不同的系列。如按沸点高低可以分为低沸点溶剂、中沸点溶剂和高沸点溶剂。按来源划分，可以分为石油溶剂、煤焦溶剂等；按化合物类型划分，可分为脂肪烃溶剂、芳香烃溶剂、萜烯类溶剂、醇类溶剂、酮类溶剂、酯类溶剂、醇醚及醚酯类溶剂和取代烃类溶剂八个系列三大类。下面以化合物类型分类方法为序，对涂料常用的有机溶剂特性及其应用进行介绍[2]。

一、烃类溶剂

（一）脂肪烃类溶剂

脂肪烃类溶剂的化学组成主要是链状烃类化合物，系石油分馏的产物，涂料中常用石油醚、溶剂油和抽余油等。

石油醚是石油的低沸点馏分，为低级烷烃的混合物，在涂料中作为成膜物溶剂的用途不大，却往往被采用为萃取剂和精制溶剂。

溶剂汽油是由含C_4～C_{11}的烷烃、烯烃、环烷烃和少量芳香烃组成的混合物，主要成分是戊烷、已烷、庚烷和辛烷等。200号油漆溶剂油是溶剂汽油中的一种，其沸程范围为145～200℃，但很少一部分可达210℃。200号涂料溶剂油开始是代替松节油在涂料工业中广泛使用的，故历史上也称作“松香水”，在国外也称作矿油精。可与很多有机溶剂互溶。可溶解生油、精制油，也可溶解低黏度的聚合油。酚醛树脂漆料、酯胶漆料、醇酸调合树脂及长油度醇酸树脂可以全部用200号涂料溶剂油溶解。甘油松香脂、改性酚醛树脂、均玛树脂、天然沥青和石油沥青都可以溶于200号涂料溶剂油，所以它在涂料工业中用途很大。

抽余油系石油裂解的烷烃经铂重整后，抽提芳香烃和萘烃后余下的组分，故称作抽余油。其成分是C_6～C_9的脂肪烃。主要是庚烷和辛烷，芳烃占2.07%～10%。在涂料工业中主要是代替苯和甲苯，在硝基漆中做稀释剂使用，以便降低溶剂的毒性。

（二）芳香烃类溶剂

芳香烃溶剂是目前涂料工业用溶剂中使用品种最多、用量最大的一类。根据来源不同，可将芳香烃分为焦化芳烃和石油芳烃两大类。焦化芳烃系由煤焦油分馏而得，石油芳烃系由石油产品经铂重整油、催化裂化油及甲苯歧化油精馏而得。

焦化芳烃和石油芳烃又根据其碳原子的多少，进一步分为轻芳烃和重芳烃，一般C_8（包括C_8）以下的称作轻芳烃，C_8以上的，主要是C_9～C_{10}的组分称作重芳烃。焦化芳烃的轻芳烃溶剂，包括焦化苯、焦化甲苯、焦化二甲苯和溶剂石脑油。石油芳烃的轻芳烃包括石油苯、石油甲苯和石油二甲苯，在涂料中得到广泛的应用。

溶剂石脑油为无色或浅黄色液体，系煤焦轻油分馏所得的焦化芳香烃类混合物。沸程为120～200℃，主要由甲苯、二甲苯异构体、乙苯、异丙苯等组成。密度为（20℃/4℃）0.85～0.95g/cm^3，闪点为35～38℃，化学性质和甲苯、二甲苯相似，能与乙醇、丙酮等混溶，能溶解甘油松香酯、沥青等。主要用作煤焦沥青和石油沥青的溶剂，在石脑油中加入脂肪烃溶剂可提高其溶解能力，其中高沸点馏分也可用作合成树脂及纤维树脂的稀释剂。

石油芳烃的重芳烃是提取C_8馏分以后，余下的C_9～C_{10}等高沸点馏分的混合物。开始是以“重芳烃”的名称在涂料中应用，后来称作“高沸点芳烃溶剂”，主要目的是替代二甲苯，在溶解能力及挥发速率方面优于二甲苯。

高沸点芳烃溶剂具有以下的特点：

①主要含量为芳香烃，在涂膜干燥、溶剂挥发的全部过程中都能保持高度溶解力；

②在溶剂挥发的最后阶段，仍保持高度溶解力，故使涂膜无橘皮形成，并具有光泽；

③可与二甲苯混合，在保持溶解能力的前提下，调整挥发速率，也可与200号溶剂油混合，在保持挥发速率的情况下提高溶解性；

④闪点较高，较安全。

高沸点芳烃溶剂对醇酸树脂的溶解力比二甲苯低，故代替二甲苯用于醇酸树脂漆中仅具有经济价值。但对于丙烯酸树脂、氨基醇酸树脂、丙烯酸醇酸树脂等有较强的溶解能力。对于汽车涂料、自行车涂料、家用电器涂料、卷材涂料、罐头涂料等烘烤型漆，则有突出的溶解能力、适宜的挥发速率和后期涂膜的流平性能。因此，易得到平整高光泽的涂膜，使用时需认真考虑混合溶剂的组成和各组分的相对比例。

（三）萜烯类溶剂

萜烯来源于松树，它是涂料中使用最早的溶剂。在涂料中有使用价值的有松节油和双戊烯，萜烯类溶剂主要有松节油、双戊烯、松油等。

根据生产方法不同，可将松节油分为四类：松树脂松节油、木材松节油、分解蒸馏木材松节油和硫酸木材松节油。涂料生产中使用的为前两类。松节油曾是传统涂料产品中广为应用的溶剂，但是由于它比来源于石油的脂肪烃类溶剂价格高，资源也相对少，加之气味较大、溶解力范围窄，故近年逐渐为200号油漆溶剂油所取代。但松节油的溶解力比200号溶剂油稍强，有促进涂料干燥的作用，因为松节油所含的枯烯能和氧结合成过氧化物而促进干燥。目前松节油尚少量用于油基涂料和醇酸树脂涂料中，以提高涂料的贮存稳定性。

双戊烯是由木材松节油分馏而得，分子式和蒎烯相同，随着烃类溶剂的发展和防止结皮剂的应用，双戊烯在涂料中已很少应用。

松油是通过松树干、松树籽和松针的蒸汽蒸馏和分解蒸馏而得，其成分比较复杂，主要成分是萜二醇。松油的沸点比双戊烯高（204～218℃），因而具有相对低的挥发速率及较高的溶解力，在涂料中的应用主要是提高涂膜的流平性，然而，往往要和挥发速率快的溶剂混合使用。

（四）氯代烃类溶剂

取代烃类溶剂通常仅在特殊场合下才能独立使用，其中有价值的为氯化烃、硝基烃。1，1，1-三氯乙烷是涂料中经常会遇到的氯代烃类溶剂；2-硝基丙烷应用量较大，其挥发速率和醋酸正丁酯基本相当，具有较高的溶解度参数和较低的氢键值；1，1，1-三氯乙烷会进行无光化学反应，氯代烃溶剂的一个优点是不易燃烧，它是比脂肪烃溶剂溶解力较强，而又具有较低氢键值的溶剂，缺点是挥发较快。

二、含氧溶剂

醇、酮、酯和醇醚这四类溶剂常常被统称为含氧溶剂，就是分子中含有氧原子的溶剂。它们是涂料用溶剂中极其重要的一部分，因为它们能提供范围很宽的溶解力和挥发性。很多树脂不能溶于烃类溶剂中，但能溶于含氧溶剂，这些溶剂具有更大的极性，通过混合可以得到理想的溶解度参数和氢键值的混合溶剂。

含氧溶剂除个别情况外，很少单独使用。它们常和其他化合物混合而得到适宜的溶解力、挥发速率及较廉价的成本。

（一）醇类溶剂

甲醇为无色透明有特殊气味的液体，有吸水性，与水和许多有机溶剂可以任意比相混溶，几乎不溶于脂肪和油，与脂肪烃溶剂仅部分相溶。大量的无机物（许多盐）溶于甲醇。甲醇对于极性树脂、硝基纤维素和乙基纤维素有良好的溶解力，也能溶解油改性醇酸树脂、聚醋酸乙烯酯、聚乙烯基醚、聚乙烯吡咯酮，但不能溶解其他聚合物。

乙醇一般很少单独使用，乙醇和醚类溶剂混合可以提高对硝基纤维素的溶解能力，在硝基纤维素涂料中用作稀释剂可以降低溶液黏度。

异丙醇和水能以任何比例混合，溶解力、挥发速率和乙醇相似。但它的臭味更强烈，现主要用作硝基纤维素和醋酸纤维素涂料的助溶剂。异丙醇与芳烃的混合物能溶解乙基纤维素。

正丁醇为无色透明液体，有特异的芳香气味，它能和醇、醚、苯等多种有机溶剂混溶，能溶解尿素甲醛树脂、三聚氰胺甲醛树脂、聚醋酸乙烯树脂、短油度醇酸树脂等。正丁醇和二甲苯的混合溶剂广泛用于氨基烘漆及环氧树脂漆中。正丁醇是硝基纤维素树脂的助溶剂，由于其沸点较高、挥发较慢，故有“防白作用”。用在水性涂料中，可以降低水的表面张力，促进涂膜干燥，增加涂膜的流平性。正丁醇的一个弊端是具有较高的黏度，这对溶液的黏度影响较大。

己醇较重要的异构体是正己醇、2-乙基-1-丁醇和4-甲基-2-戊醇。己醇是高沸点溶剂，故可用于提高涂料的流动性和表面性质。

2-乙基己醇是无色液体，有特殊气味。实际上不溶于水，可与常用的有机溶剂混溶，是许多植物油和脂肪、染料、合成和天然树脂原材料的良溶剂。它也作为颜料的研磨助剂、表面浸渍剂使用，有利于颜料在非水溶剂中的分散。作为高沸点溶剂少量加入涂料配方中，可以提高烤漆的流平性和光泽度。

苄醇能与除脂肪烃外的有机溶剂混溶。它可以溶解纤维素酯和醚、脂肪、油、醇酸树脂和着色剂等。对聚合物都不溶解（低分子量聚乙烯基醇醚和聚醋酸乙烯酯除外）。较少的苄醇可以提高涂料的流动性和光泽，延长其他组分溶剂的挥发时间，并且在涂料的物理干燥过程中有增塑效应。它可用于圆珠笔油墨，可以降低双组分环氧体系的黏度。

甲基苄醇几乎无色，中性液体，与水混溶度有限，略带苦杏仁味。对醇溶性硝酸纤维素、醋酸纤维素酯、醋酸丁基纤维素酯、许多天然和合成树脂、脂肪以及油有很高的溶解力。与苄醇相比，它可与200号溶剂油混溶。

甲基苄醇可像苄醇一样使用，在烤漆中具有使用优势。在硝酸纤维素和醋酸纤维素清漆中，甲基苄醇可以帮助提高涂膜生成的流动性，阻止在相对高的空气湿度环境下涂膜发白。鉴于其溶解特性和较长的挥发时间，它也是非常有效的脱漆剂中的添加剂。甲基苄醇对着色剂的溶解力与苄醇类似。

环己醇具有像樟脑一样的味道，在水中溶解度为2%，可与其他溶剂混溶，可溶解脂肪、油、蜡和沥青，但不溶解纤维素衍生物。环己酮用于硝酸纤维素漆以及油基涂料中，可延长干燥时间，阻止发白，提高流平性和光泽。在面漆和清漆中，环己醇可能防止对底漆的溶解。甲基环己醇可以提高涂料对涂装前不能完全脱脂的底材的黏结。

（二）酮类溶剂

酮类溶剂是另一类含氧溶剂。涂料用重要的酮类溶剂有丙酮、甲乙酮、甲基异丁基酮、环己酮、异佛尔酮和二丙酮醇等。

丙酮是一种沸点低，挥发速率快的强溶剂，是挥发性涂料，如硝基纤维素涂料、过氯乙烯涂料、热塑性丙烯酸树脂涂料的良好溶剂。但是由于其快速挥发的冷却作用，常和能起防白作用的低挥发醇类和醇醚类溶剂共同使用。

甲乙酮（MEK）是广泛应用于涂料中的一种酮类溶剂。它的溶解能力和丙酮相同，但其挥发速率较慢，是硝基纤维素、丙烯酸树脂、乙烯树脂、环氧树脂和聚氨酯树脂常用的溶剂之一。

甲基丁基酮微溶于水，与有机溶剂混溶。作为中沸点溶剂可溶解硝酯纤维素、乙烯基树脂和其他天然和合成树脂等。它能增加非溶剂与稀释剂的稀释作用。作为涂料溶剂，甲基丁基酮仅在热喷涂和卷材涂料中使用较多。因为它为光化学惰性，故作溶剂使用时，不会有“光雾”生成。

甲基异丁基酮（MIBK）是一种中沸点的酮类溶剂，用途和甲乙酮相似，但挥发速率稍慢一些，是一种溶解力强、性能良好的溶剂。甲基异丁基酮作为中沸点溶剂广泛用于涂料工业，它可赋予硝基纤维素清漆良好的流动性和光泽度，提高抗泛白能力，允许含有高比例廉价稀释剂的高浓缩溶液的生产。甲基异丁基酮与醇和芳香烃溶剂配合，是所有环氧树脂配方中的一个重要组分，是低分子量PVC和氯乙烯共聚物的良溶剂，可用来制备具有较高的芳烃可稀释度的低黏度溶液。甲基异丁基酮也作为中沸点溶剂组分用于钢、马口铁板或铝材的压花漆，可降低醇酸树脂漆的黏度，并用于丙烯酸漆中，是聚氨酯涂料中非常重要的无水和不含羟基的溶剂。

甲基戊基酮和甲基异戊基酮是高沸点溶剂，溶解力良好，与甲基异丁基酮有相似的溶解特性。

乙基戊基酮不溶于水，与有机溶剂混溶，属于高沸点溶剂，有良好的溶解力，可提高涂料的流动性。

二异丙基酮是高沸点溶剂，用于涂装皮革的硝基纤维素乳液的生产和氯化橡胶涂料中，是聚氯乙烯有机溶胶的稀释剂。

二异丁基酮为无色低黏度液体，由2，6-二甲基-4-庚酮和2，4-二甲基-6-庚酮这两个异构体的混合物组成。与水不相溶，但与所有常用有机溶剂可以任意比例相溶，为高沸点溶剂，对硝基纤维素、乙烯基树脂、蜡和许多天然合成树脂有良好的溶解力。

环已酮也是一种强溶剂，挥发速率较慢，对多种树脂有良好的溶解能力，主要用于聚氨酯涂料、环氧树脂涂料和乙烯树脂涂料。它可提高涂膜的附着力，并使涂膜平整美观。当用作硝基喷漆的溶剂时，能提高涂料的防潮性及降低溶液的黏度。甲基环已酮是一种工业异构体的混合物，与环已酮的溶解力和混溶性相似，但不溶解醋酸纤维素酯；二甲基环已酮为工业品，为顺、反异构体混合物，与甲基环已酮有相似的溶解力和混溶性；三甲基环已酮为无色高沸点溶剂，具有薄荷醇的芳香余味，与水部分相溶，与所有有机溶剂可以任意比相混溶。三甲基环已酮可溶解硝酸纤维素酯、低分子量级PVC、聚醋酸乙烯酯、氯乙烯-醋酸乙烯酯共聚物、氯化橡胶、醇酸树脂、不饱和聚酯树脂、环氧树脂、丙烯酸树脂等。

在涂料工业中，它用作气干和烘干体系的流平剂，以减少气泡和缩孔的生成，提高流动性和光泽。它的添加，使得有高含水量稀释剂存在的低分子量聚氯乙烯或氯乙烯共聚物的乙烯基涂料表现出良好的贮存稳定性。三甲基环己酮配合适宜的稀释剂也作为聚氯乙烯加工过程中的暂时增塑剂。在由聚氯乙烯和增塑剂组成的厚膜型涂料中，它作为具有低凝胶倾向的稀释剂使用。三甲基环己酮也用作涂装皮革的硝酸纤维素酯乳液中的溶剂，杀虫剂配方中的共溶剂。三甲基环己酮在气干型涂料中有防结皮作用。

异佛尔酮（Isophorone）简称IP，化学名称为3，5，5-三甲基-2-环己烯-1-酮。为一种淡黄色的液体，有类似樟脑的气味，具有较高的沸点，很低的吸湿性，较慢的挥发速率和突出的溶解能力，能与大部分有机溶剂和多种硝基纤维素涂料混溶。特别是对硝化纤维素、乙烯树脂、三聚氰胺树脂、聚酯树脂、醇酸树脂、环氧树脂溶解力强，能赋予涂膜很好的流平性。因此，作为酮类溶剂应用范围很广。

（三）酯类溶剂

酯类溶剂也是含氧溶剂的一种。涂料中常用的酯类溶剂大多数都是醋酸酯，也有少量其他有机酸的酯类。酯是由醇和酸通过酯化反应而生成的，因此低碳醇的酯易水解。作为溶剂常用的醋酸酯类化合物，其溶解力随分子量增大及分子中支链的增加而降低。而挥发速率则随分子量的增加而降低，但随着分子中支链的增加而增加，下面介绍常见的几种脂类溶剂。

甲酸异丁酯微溶于水，溶解脂肪、油、许多聚合物和氯化橡胶，但不溶解醋酸纤维素酯。商业上它作为涂料的混合溶剂中的组分。

醋酸甲酯与水部分混溶，易与大多数有机溶剂混溶，对纤维素酯和醚、松香、脲醛、三聚氰胺甲醛、酚醛树脂、聚醋酸乙烯酯、醇酸树脂以及其他树脂有良好的溶解力。但不溶解虫胶、达玛树脂、古巴树脂或聚氯乙烯。醋酸甲酯单独作为高挥发性溶剂与醇、其他酸混合可降低涂料的黏度。

醋酸乙酯系一种无色透明液体，有水果香味，能与醇、醚、氯仿、丙酮、苯等大多数有机溶剂混溶，能溶解植物油、甘油松香酯、硝化纤维素氯乙烯树脂及聚苯乙烯树脂等。在涂料中可以用作硝化纤维素、乙基纤维素、聚丙烯树脂及聚氨酯树脂的溶剂。醋酸乙酯是快干涂料（硝酸纤维素木材漆）中最重要的溶剂之一，常用于聚氨酯涂料，能增加非溶剂与稀释剂的可稀释度。

醋酸正丁酯是无色液体，能与醇、醚等一般有机溶剂混溶，对植物油、甘油松香酯、聚醋酸乙烯树脂、聚丙烯醋酸酯、氯化橡胶等有良好的溶解能力，系硝基纤维素涂料、聚丙烯酸酯涂料、氯化橡胶涂料及聚氨酯涂料中常用的溶剂。系醋酸酯类溶剂中应用比较广泛的一种；而醋酸异丁酯的性质和涂料中的用途与醋酸正丁酯类似，仅是闪点比较低（17.8℃，而醋酸正丁酯为27℃），因此火灾危险性比前者大。

醋酸己酯、醋酸庚酯和醋酸癸酯是碳醇的醋酸酯，作为高沸点的酯类溶剂，它既有含氧溶剂的较高的溶解力，又保持有机烃类溶剂的性质。

用醋酸己酯和醋酸庚酯合成高固体分丙烯酸树脂时，不仅可以改进对树脂分子量大小及分子量分布的控制，以获得低分子量和较窄的分子量分布，从而得到交联能力高、涂膜光泽度高和耐久能力强的高固体分涂料。另外，含有这类溶剂的配方也可以获得较高的电阻率，同时又可获得烃类溶剂难以提供的溶解能力。

乳酸丁酯又称2-羟基丙酸正丁酯，系由乳酸和正丁醇在硫酸催化下酯化的产物，乳酸丁酯是一种有轻微气味的无色液体，溶解能力好，挥发速率慢，对多种溶剂及稀释剂的互溶性好。在涂料中使用可以提高涂膜的流平性，有利于得到高光泽、柔韧性好、附着力好的涂膜，对于清漆还可以提高涂膜的透明度，可以应用于氨基醇酸烘漆、氨基固化丙烯酸树脂漆和硝基纤维素漆中。

（四）醇醚及醚酯类溶剂

将乙二醇和乙醇醚化反应，可制得乙二醇乙醚，如将乙二醇乙醚上的羟基（—OH）再与醋酸进行酯化反应，则会制得乙二醇乙醚醋酸酯。这是目前我国涂料工业常用的一类醇醚和醚酯类溶剂。

另一类则是以二乙二醇代替乙二醇而发展起来的，比如二乙二醇乙醚、二乙二醇丁醚、二乙二醇乙醚醋酸酯及二乙二醇丁醚醋酸酯等。如果以丙二醇代替乙二醇，则会发展出丙二醇乙醚、丙二醇丁醚、丙二醇乙醚醋酸酯及丙二醇丁醚醋酸酯等一类醇醚和醚酯类溶剂，尽管乙二醇醚及醚酯类溶剂目前尚在我国的涂料产品中应用，但乙二醇醚及其酯类溶剂的毒性是十分严重的，它对血液循环系统、淋巴系统及动物的生殖系统均有极大危害，会导致雌性不育、胎儿中毒、畸形胎、胚胎消融、幼子成活率低及先天低智能等病状，值得注意的是，丙二醇醚及其醚酯类溶剂在涂料中应用性能与乙二醇醚极为相似，而其毒性要比乙二醇乙醚小得多。

乙二醇乙醚又称甘醇乙醚或乙基溶纤剂。为无色液体，有温和的香味，能与水、醇、醚、丙酮等多种溶剂混溶。能溶解硝化纤维素、醇酸树脂、聚醋酸乙烯酯树脂，但不溶解醋酸纤维素及聚甲基丙烯酸甲酯。对松香、虫胶、甘油松香酯等也有一定的溶解能力。

乙二醇乙醚用作涂料溶剂，由于对水溶解能力大，单独使用容易发生乳化现象，因此在溶剂型涂料中往往和其他溶剂混合使用，它的作用是可以容忍较大量的稀释剂，并可在大多数溶剂挥发以后，来保持湿涂膜的流动性，而在水性涂料中则是很好的助溶剂。主要用作硝基纤维素涂料、电绝缘用硅氧烷改性聚酯涂料的溶剂及作为助溶剂用于水性涂料。

乙二醇丙醚和乙二醇异丙基醚与乙二醇乙醚有相当的溶解性和混溶性，但挥发更慢，并且对低极性树脂有较好的溶解力。比乙二醇乙醚毒性小，故正逐步替代乙二醇乙醚。

乙二醇乙醚醋酸酯又称甘醇乙醚醋酸酯、乙基溶纤剂醋酸酯或醋酸-2-乙氧基乙酸。为无色液体，微有芳香味，能与多种溶剂相混溶。能溶解油脂、松香、氯化橡胶、硝基纤维素、醇酸树脂、酚醛树脂、三聚氰胺甲醛树脂、聚醋酸乙烯酯、聚甲基丙烯酸甲酯及聚苯乙烯等多种涂料产品。由于其高溶解力及与其他溶剂的高比例混溶性.以及挥发速率较慢，因而便于涂膜的流平，使涂膜均匀、光泽及附着力提高。

由于乙二醇乙醚醋酸酯在水中溶解性能较好（20℃时在水中溶解度为22.9%，质量分数），对水相和油相都具有突出的亲和性，因而具有表面活性剂的作用，而成为水性涂料良好的助溶剂。乙二醇乙醚醋酸酯还是一种非光化学反应性的溶剂。

乙二醇丁醚醋酸酯又称甘醇丁醚醋酸酯、丁基溶纤剂醋酸酯或醋酸-2-丁氧基乙酯。为无色液体，在水中溶解度比乙二醇乙醚醋酸酯低，20℃在水中溶解1.1%，水在其中溶解1.6%，能溶解乙基纤维素、聚醋酸乙烯酯、聚苯乙烯等，但不能溶解醋酸纤维素、聚甲基丙烯酸甲酯、聚乙烯醇缩丁醛等。

丙二醇醚类溶剂主要包括丙二醇甲醚、丙二醇乙醚、丙二醇丁醚及其酯类，是提倡使用的溶剂；丙二醇醚与相应的乙二醇醚类溶剂化学性质相似，但是毒性却低得多。作为溶剂可以提高涂膜的流平性、光泽和丰满度，克服某些涂膜常见的病态。可用作硝化纤维素涂料、氨基醇酸涂料、丙烯酸树脂涂料、环氧树脂涂料的良好溶剂。丙二醇醚可以与水以任何比例互溶，因此又是水性涂料最佳的助溶剂及成膜助剂。在水溶性电泳漆中以丙二醇醚作为助溶剂，可以开发出高性能的电泳涂料。作为乳胶漆的成膜助剂可以显著地降低乳液的最低成膜温度。

三乙二醇乙醚为无色、中性、气味温和的液体，低吸水性，溶于水和大多数有机溶剂，但与芳香烃及脂肪烃仅部分相溶。三乙二醇乙醚可溶解硝酸纤维素、虫胶、松香、酮树脂、马来酸树脂、氯化橡胶、醇酸树脂以及许多其他涂料用树脂。但不溶解醋酸纤维素酯、聚氯乙烯、氯乙烯共聚物、脂肪、油和橡胶。

三乙二醇乙醚的用途与二乙二醇乙醚相似。它还可以作为不相溶液体的增溶剂，也可用于杀虫剂、手洗洗涤剂的制造。它也用于印刷油墨。木材漆中加入少量三乙二醇乙醚可以阻止涂刷过程中表面的木材纤维倒立。

三乙二醇丁醚为无色、中性、气味轻微的液体，溶于水和大多数有机溶剂，但仅与芳香烃和脂肪烃溶剂部分相溶。其溶解性可与二乙二醇丁醚相比。三乙二醇丁醚可作为互不相溶液体的增溶剂，用于家具漆的生产、金属清洁剂以及木材防腐。它适宜作为高沸点溶剂用于烘漆，作为流平剂、木材漆中的助溶剂来阻止木材纤维从表面倒立。

3-乙氧基丙酸乙酯是一种高性能的醚酯类溶剂，分子式为$C_2H_5OC_3H_4OOC_2H_5$。相对分子质量146.29，密度0.95g/cm^3，相对挥发速率0.12（醋酸正丁酯=1），表面张力（23℃）27.0mN/m，电阻20MΩ，溶解度参数为8.8，黏度（20℃）1.0mPa · s，沸程为165～172℃。3-乙氧基丙酸乙酯是配制优质烘漆及空气干燥涂料的有效溶剂，具有下述优良性能。

①挥发速率慢可防止纤维素涂料发白，提高涂膜流平性及投影光泽，以便获得高质量的涂膜。

②溶解能力强溶解范围广，作为线型醚酯类溶剂对硝化纤维素、醋酸纤维素、环氧树脂、丙烯酸树脂、三聚氰胺甲醛树脂、无油聚酯树脂、聚氨酯树脂都有很好的溶解性。加

之，其溶解能力强及自身黏度低的原因，所得的树脂溶液黏度也较低。

③表面张力低及溶剂释放快，可以提高涂膜的防缩孔性、流平性、重涂性及对底材的湿润性，提高附着力，由于溶剂释放快，可提高涂膜“干”阶段的干燥性能，减少溶剂残留。

④电阻高可以弥补高固体分涂料在静电喷涂时，由于配方中极性溶剂电阻低，而使涂料电阻达不到喷涂所要求的最佳电阻范围缺陷，方便地调整电阻值。因此，是一种值得推广应用及开发的溶剂品种。

β-丁氧基丙酸丁酯（BPB），是一种具有线型结构的醚酯类溶剂。分子式为$C_4H_9OC_2H_3COOC_4H_9$。密度为0.9g/cm^3，沸程为170～230℃（纯品为220～230℃）的无色液体，对丙烯酸树脂、氨基树脂、醇酸树脂、环氧树脂、聚氨酯树脂、硝基纤维素等都具有良好的溶解性能。由于挥发速率慢，一般仅适用于烘烤，对改善涂膜流平性、提高光泽有明显的效果。

三、其他溶剂

除了上述溶剂外，还有其他一些溶剂在涂料中广泛使用，比如1，1-二甲基乙烷，是中性液体，与水和有机溶剂混溶。它能溶解硝酸纤维素、纤维素醚、一些氯乙烯共聚物、合成和天然树脂，但不溶解聚氯乙烯、聚苯乙烯、氯化橡胶和醋酸纤维素酯，可用于涂料、黏合剂的生产。

N，N-二甲基甲酰胺（DMF）与水和除脂肪烃外的所有有机溶剂混溶，是纤维素酯和醚、聚氯乙烯、氯乙烯共聚物、聚醋酸乙烯酯、聚丙烯腈、聚苯乙烯、氯化橡胶、聚丙烯酸酯和酚醛树脂等的良好的高沸点溶剂。但不溶解聚乙烯、聚丙烯、脲醛树脂、橡胶和聚酰胺。常作为溶剂用于印刷油墨、聚丙烯腈纺织溶液和乙炔的合成中。

N，N-二甲基乙酰胺（DMA）与水和有机溶剂混溶，对许多树脂和聚合物有非常好的溶解力。用于丙烯酸纤维、薄膜、板材和涂料的生产，并且作为有机合成中的反应介质和中间体。

二甲亚砜（DMSO）为无色透明液体，有吸湿性。能与水、乙醇、乙醚、丙酮、乙醛、吡啶、乙酸乙酯、苯二甲酸二丁酯、二噁烷和芳烃化合物等任意互溶，不溶于乙炔以外的脂肪烃类化合物。是纤维素酯和醚、聚醋酸乙烯酯、聚丙烯酸酯、氯乙烯共聚物、聚丙烯腈、氯化橡胶和许多树脂的良好高沸点溶剂。也可用于聚丙烯腈纺丝溶液和脱漆剂，用作分散液的成膜助剂以及提取剂和有机合成中的反应介质。

1-硝基丙烷为无色、非吸水性液体，气味温和。能溶解硝酸纤维素、纤维素醚、醇酸树脂、氯化橡胶、聚醋酸乙烯酯、氯乙烯共聚物等。但不溶解聚氯乙烯、松香、聚丙烯肪、蜡、橡胶和虫胶。作为共溶剂用于涂料中用来提高颜料的润湿、流动性和改善静电工艺，可减少涂料的干燥时间。

N-甲基吡咯烷酮相当温和，氨味，能与水和大多数有机溶剂混溶。对纤维素醚、乙二醇-丙烯腈共聚物、聚酰胺、聚丙烯腈、蜡、聚丙烯酸酯、氯乙烯共聚物和环氧树脂有良好的溶解力。用于脱漆剂以及涂料可以降低涂料的黏度，提高涂料体系的润湿力。

1，3-二甲基-2-咪唑烷酮无色、高沸点、高极性、惰性质子溶剂。低毒，具有良好的化学和热稳定性，与水和大多数有机溶剂混溶，是制造甲油、圆珠笔油和涂料的原料。

六甲基磷酸三胺碱性、高极性、非可燃溶剂，有非常好的溶解能力。其溶解性可与DMSO和DMA相比，也可作为抗冻剂和抗静电剂。

第二节　溶剂型涂料配方调色

涂料还有一个主要的功能就是装饰作用，可使被装饰物绚丽多彩，美化了人们的生活。由于颜色所具有的特性，使它对人们的视觉、心理、生理等都有强烈的影响。颜色并不是单一的，生活中使用的大多是复色，下面介绍颜色概念、颜色评测和调色因素[3]。

颜色是大脑经过眼和视觉神经所刺激的感觉。物体的表面性质不同，一束入射光照射到表面上会有不同的结果。入射光可能部分或全部被反射、透射或吸收。如白色表面能反射所有波长的入射光，黑色表面能吸收所有波长的入射光，绿色表面只能反射入射光的绿色部分，而吸收其他部分射线。

同一有色物体受到不同的光源照射，会出现不同的颜色。正常的人眼能分辨出100多万种不同的颜色，很容易区分相近的颜色，影响正常的人眼对物体颜色判断的因素有物体本身的性质、光源种类和明暗程度、物体大小及环境背景、眼睛对环境的适应性、观察角度等。

合理的色彩布置在作业、工作和生活环境中具有重要的意义。色彩调节可使环境变得更加明亮；减轻眼睛和全身的疲乏；增强工作的乐趣，提高劳动效率；创造一个特定的环境，体现某种风格和情趣；减少事故和灾害，提高工作质量；增强对物质的爱护心理等。

一、配方的调色原理

在这绚丽多彩的世界里，颜色品种看起来是无穷尽的，简单归类大致可分为红、橙、黄、绿、青、蓝、紫及黑、白诸色。各种颜色之间存在一定的内在联系，每一种颜色可用三个参数来确定，即色调、饱和度和明度。

色调是色彩彼此相互区别的特征，决定于光源的色谱组成和物体表面所发射的各波长对人眼产生的感觉，可区别红、橙、黄、绿、青、蓝、紫等特征；明度，也称亮度，是表示物体表面明暗程度变化的特征值，通过比较各种颜色的明度，颜色就有了明亮和深暗之分；饱和度，也称为彩度，是表示物体表面颜色浓淡的特征值，使色彩有了鲜艳与阴晦之别。色调、明度和饱和度构成了一个立体，用这三者建立标度，就可用数字来测量颜色。自然界的颜色千变万化，但最基本的是红、黄、蓝3种，称为原色。以这3种原色按不同的比例调配混合而成的另一种颜色，成为复色。

在配色中，加入白色将原色或复色冲淡，就可得到“饱和度”不同的颜色，加入不同量的黑色，可得到“明度”不同的各种色彩。补色加入复色中会使颜色变暗，甚至变为灰色或是黑色。复色、成色、补色的关系，见表4-2-1。

表4-2-1　复色、成色、补色的关系

复色	成色	补色
红与蓝	紫	黄
蓝与黄	绿	红
黄与红	橙	蓝
紫与绿	橄榄	橙
绿与橙	柠檬	紫红
橙与紫	赤褐	绿

二、配方的调色因素

（一）选择合适的成膜物质

在调色配方设计前，先应根据客户对涂膜性能、涂料施工方式、涂膜干燥方式、安全卫生和价格诸方面的要求综合衡量，通过试验筛选合适的成膜物质。

成膜物是组成涂料的基础，具有黏结涂料中其他组分并形成涂膜的功能，可分为两大类：一类是非转化型成膜物质，如硝基纤维素、热塑性树脂等，它们在涂料的成膜过程中其组成结构不发生变化，即成膜物质与涂膜的组成结构相同；另一类是转化型成膜物质，如醇酸树脂、聚氨酯树脂、环氧树脂、丙烯酸树脂等，它们在成膜过程中组成结构发生变化。按成膜物质的干燥方式可分为：氧化聚合成膜（即空气自干型）、烘烤聚合成膜、双组分反应交联成膜、挥发成膜及电子束固化成膜等不同类型。

（二）着色颜料的用量

颜料分为有机颜料和无机颜料。无机颜料是以天然矿物或无机化合物制成的颜料，纯度低、色泽较暗、着色力低，许多品种具有毒性，但价格便宜、遮盖力高、耐光耐候性好；有机颜料色泽鲜艳、色光纯正、着色强度高，多数品种符合环保要求。

颜料用量的确定方法有2种，一种方法是通过计算颜料体积浓度（PVC）和临界颜料体积浓度（CPVC）来确定。PVC的概念可以用下式表示：

PVC=（颜料和填料的体积）/（颜料和填料的体积+成膜物体积）×100%

另外，还可以通过下式，以吸油量为依据计算该颜料的CPVC：

$$\mathrm{CPVC}=\frac{1}{1+0.01P_{\mathrm{OA}}\cdot\rho/0.935}\times 100\%$$

式中　P_{OA}——颜料的吸油量（对于混合颜料应是其实测值）；

ρ——颜料的密度，g/cm^3；

0.935——精制亚麻油的密度，g/cm^3。

在色漆配方中，当颜料数量相对比较低的情况下，色漆涂膜中的PVC＜CPVC时，颜料表面吸附满基料，颜料颗粒之间被基料隔离，颗粒间隙也被基料填充，没有空气存在，所以涂膜的致密性及封闭性都好；当PVC=CPVC时，涂膜刚能维持连续的状态；一旦PVC＞CPVC时，因颜料太多，基料不足，涂膜就会出现空隙，影响涂膜的性能。

另外一种确定颜料用量的方法是计算颜基比，即颜基比=颜料质量/基料质量。这种方法计算简单，也更直观。对常用的色漆配方进行分析可知，用途不同的色漆配方中采用不同的颜基比。比如一般面漆的颜基比为（0.25～0.90）：1，底漆的颜基比为（2.0～4.0）：1。

（三）调色助剂的选择

涂料调色过程中，还会使用到多种助剂，常用的有以下几种类型：

润湿分散剂：其作用是使颜填料等能很好地分散在涂料中，防止颜料絮凝而引起涂料的沉淀或变稠，同时提高涂料的遮盖力、流平性和涂膜表面的平滑性等。

消泡剂：其作用是降低液体的表面张力，在生产涂料时能使因搅拌和使用分散剂等表面活性物质而产生的大量气泡迅速消失。

流平剂：其作用是降低涂料与底材之间的表面张力，解决涂料黏度上升而引起的缩孔、橘皮现象，还可减少涂膜的摩擦系数、改善耐磨性、增进平整性等。

防沉剂：其可增加涂料的触变性能，防止颜料的沉淀，尤其是铝粉和珠光粉的沉淀。

附着力促进剂：可以提高涂膜在各种难附着底材上的附着性。

助剂的添加量一般很少，可参考原材料供应商提供的参考数据，通过试验确定具体的用量。

三、配方的调色技巧

配色是一项比较复杂而细致的工作，人工配制复色漆主要凭实际经验，按需要的色漆样板来识别出由几种单色组成，各单色的大致比例多少，做小样调配试验。调色过程有如下技巧。

（1）先加入主色（在配色中用量大、着色力小的颜色），再将染色力大的深色（或配色）慢慢地、间断地加入，并不断搅拌，随时观察颜色的变化。

（2）“由浅入深”，尤其是加入着色力强的颜料时，切忌过量。

（3）在配色时，涂料和干燥后的涂膜颜色会存在细微的差异。各种涂料颜色在湿膜时一般较浅，当涂膜干燥后，颜色会加深。因此，如果来样样板是干板，则配色漆时需等干燥后再进行测色比较；如果来样样板是湿板，就可以直接进行比较。

（4）调配复色涂料时，要选择性质相同的涂料相互调配，溶剂也应互溶。

（5）由于颜色常带有各种不同的色相，如要配正绿色时，一般采用带绿相的黄与带黄相的蓝；配紫色时，应采用带红相的蓝与带蓝相的红；配橙色时，应采用带黄相的红与带红相的黄。

（6）利用色漆漆膜稍有透明的特点，选用适宜的底色可使面漆的颜色比原涂料的色彩更加鲜艳，这是根据自然反射吸收的原理，底色与原色叠加后产生的一种颜色，涂料工程中称之为“透色”。如黄色底漆可使红色鲜艳，灰色底漆使红色更红，正蓝色底漆可使黑色更黑亮，水蓝色底漆使白色更洁净清白。奶油色、粉红色、象牙色、天蓝色，应采用白色作底漆。

目前国内涂膜颜色的检测大多数还是使用目测法，规定在相同条件下将涂料刮涂于纸上，或者用喷枪将涂料喷于ABS板或马口铁等底材上，用烘箱烘干，然后在自然日光条件下，或在比色箱人造日光条件下与标准样品进行平行对比，色光差异的评级分为：近似、微、稍、较4级。这种目测法无法区分不同色调颜色的饱和度的细微差距，其观测结果也很难保存。

用仪器测色可以将颜色的表达规范化，对颜色的质量进行控制，还可以降低配色成本，提高调色人员的工作效率。不足之处是有些时候在一些色谱上仪器测定的色差和目测还有差别，仪器配色的效果常常靠目测做最后的鉴定。

涂料样板调色过程是一项比较烦琐的过程，目前主要还是靠配色经验，结合调色的基本原理和一些调色技巧来进行调色。

第三节　涂料的选用

选用涂料应该在工艺性能、漆膜性能、价格等方面综合考虑，不能随便更换，要做好充分的准备和调研，对报价进行综合分析，选择潜在的合格供方，并进行必要的测试和工艺试验、跟踪，最后再逐步推广使用。

首先根据产品涂层设计要求提出选用涂料技术参数，不同要求的涂层体系对涂料的种类、性能要求不一样，工艺、采购人员要对涂层的设计要求或相关企业标准、涂装工艺及设备等进行综合分析，并提出相关的涂装工艺方案及涂料技术要求。对涂料的要求要细化，对各项指标要量化。

其次要考虑价格，进行实地调研，对调研企业进行评价，建立合理的涂料供方评价体系，对评价合格企业的涂料进行试样测试，可采取招标的方式进行，也可以直接谈判，了解同类涂料的大致成本以及掌握同期市场价格，以便做出合理的判断。

然后要求涂料企业提供第三方权威机构检测报告，或者选用企业直接将涂料样品委托给第三方权威检测机构进行检测。更重要的是进行现场工艺试验，直接测试涂料的工艺性以及在实际产品上的涂装质量，通过多次的工艺试验，在结果都稳定的情况下进入到小批量试用环节。

小批量试用及跟踪合格后，才能进行批量推广使用，当然，小批量试用也会是多次、分不同产品进行。对涂装产品的跟踪也是长期的，室内使用的产品时间可稍短，对于室外产品在具体工况下的时间应不低于1年。

涂料是一类专业性强的化工产品，而涂装不仅是一门涉及材料、化工、机械等多门学科的边缘学科，而且还是一项系统工程，需要从材料、工艺、设备、管理等多个方面下功夫，才能取得设计的涂层。涂料是涂装的关键要素之一，能否正确选择和使用对涂装质量有着直接的影响。

溶剂型涂料虽然在施工过程中会对空气造成一定的污染，但由于其性能、成本及工艺方面的优势，仍然被广泛采用，而且由于溶剂的不断改进和无毒性溶剂的采用，使得溶剂型涂料具有了新的活力。

由于在技术、工艺、设备等方面的差距，不同企业生产的溶剂型涂料质量存在较大差距。不少机械企业在更换涂料时出现了许多问题，比如工艺性差，工人不适应溶剂气味、出现涂装质量事故等，因此，对于溶剂型涂料的选择，更应该注重生产企业和涂料性能的考察。

一、生产企业的甄别

生产和销售涂料的企业在技术、质量上水平参差不齐，选择生产技术高、质量控制手段齐全的厂家是选择优质涂料的前提。选择涂料厂家可从生产条件、原料、质量控制条件、生产现场管理、生产规模及仓储能力、研发力量、服务、用户认证等相关方面进行评价选择。

涂料生产企业必须具备一定的生产条件，包括厂房设施、生产设备等。不同种类和用途的涂料对生产设备的要求也不一样。由于底漆细度较大，对研磨设备要求不高，普通的砂磨机就能满足生产要求。但是对于面漆，细度一般要求在25μm以下，就需要采用研磨介质为氧化锆的研磨设备。现在有的企业涂料生产采用了成套的工艺设备，即生产设备中分散、研磨、调漆、包装等不是独立的，而是自成一整套的全工序生产线。

产品质量受生产原料的影响，质量好的原料是涂料质量好的前提。选择涂料供方时，要看其原料采购渠道是否正规，并看其采购原料的品牌、质量等级等；质量控制包括原材料的质量把关、生产工艺、检测设备等。涂料生产厂家应该对采购原材料具有检测手段，生产中按工艺进行实际操作。对成品的质量控制极为重要，只用涂料生产企业对成品涂料有着相应的质量检测手段，涂料使用企业才能放心。

现场管理反映出一个企业的综合水平，混乱的生产现场生产不出合格的产品，只有现场管理到位的企业才有可能提供稳定的合格产品。在选择涂料供方时，尽可能选择那些在5S方面做得好的企业，看其生产规模的大小，并与采购规模进行比较，使两者在一个合理的比值范围内。研发力量决定着一个涂料企业的产品开发能力，也影响到一个企业的市场服务能力。有的涂料企业对用户现场出现的问题会非常快地拿出有效的解决方案，而有的企业却反应缓慢，不是不想解决，但限于技术、研发能力限制，拿不出有效的解决方案。在采用涂料时，涂料生产厂家必须提供一定时间的使用培训和现场服务，以避免出现质量问题和造成不必要的损失。可以选择具有较多用户、长期用户、同类用户的涂料企业，最好是为某些用户长期供货且评价较高的企业。相关部门颁发的资质是企业能力的一个表现以及对企业产品的一种认可，一定程度上反映出企业的实力，因此也是选择企业时需要关注的问题。对于国外厂家，也需要从品牌、国内使用状况、经销商供货、服务等方面进行考察后才能进行试用。

二、指标与性能要求

涂料使用企业应先根据自己的产品特点制订涂装用涂料的技术标准，选择在价格、性能上适合于自己的产品。涂料的不同性能指标对涂装产品的质量、成本影响程度不同，要依据被涂产品的要求进行选择。

（一）涂膜性能

涂膜性能包括颜色、光泽、附着力、耐冲击性和柔韧性、硬度、耐候性能、防腐蚀性等，下面逐一介绍。

颜色是产品外观的一个重要表现，合适的颜色运用不仅能表达出产品的风格特点，还能更好地塑造产品的整体外观造型，对人的视觉造成不同的冲击，并影响到用户的购买意愿。选用的涂料在颜色上应符合设计要求，并保证颜色的均匀性，即避免色差。

光泽是产品外观的另一个重要表现，是产品整体设计的表达。产品表面漆膜光泽过高或过低都不能表达设计意图，并影响到人们对产品的外观感受乃至对产品的接受意愿。因此，涂料的选用及涂装工艺必须依据设计来选择。

附着力是漆膜与被涂制品之间、漆膜与漆膜之间的结合强度。附着力差，漆膜可能出现起皮或脱落现象，使漆膜失去应有的保护和装饰性能。底漆要考虑与基材之间的附着力，中涂漆要考虑与底漆及腻子之间的附着力，面漆则要考虑与底漆、腻子、中涂漆之间的附着力。要想使漆膜真正发挥防腐蚀及装饰性，附着力均要求达到必要的等级。

耐冲击性和柔韧性是在涂装产品受外来冲击或力量发生变形时漆膜保持外观和防护能力的衡量指标。根据涂装产品的使用条件或工况，应选择耐冲击性和柔韧性满足一定标准的产品。

硬度是在漆膜表面受到刮擦时影响损伤程度的一项指标，硬度越低受刮擦时越容易损伤，损伤的程度越高。硬度越高，越不容易损伤，损伤的程度越低。但是，漆膜的硬度过高可能会导致耐冲击性和柔韧性降低。因此，需要根据涂装产品的用途、功能、环境等特点选择合适的漆膜硬度。

耐候性能是漆膜保持出厂外观的能力，耐候性越好，漆膜光泽、颜色随时间的变化越小，使产品不会过快变“旧”。耐候性的要求与涂装产品的环境有关，湿热、紫外线照射强的地区，对耐候性能的要求高，室外工作设备的耐候性要高，因为室外湿热、紫外线照射强条件下漆膜易失光、褪色。

防腐蚀性是金属产品涂装必须要具备的一项性能。防腐蚀性受到涂装前处理、附着力的影响，也与涂料的种类及涂料本身有关。对不同的金属制品，用途与环境不同，对涂层体系防腐蚀的能力要求不同，沿海地区环境腐蚀性较强，应采用防腐蚀性能好的涂层体系和选用防腐蚀性能好的涂料。

（二）涂料性能

涂料的性能包括黏度、固含量、干燥时间、遮盖力、细度和配套性。下面重点进行介绍。

涂料的黏度反映涂料在一定温度条件下的黏稠度和流动性。黏度大则使用时需要添加的溶剂较多。一般来说，溶剂的价格远远低于涂料的价格，因此选购涂料时必须明确黏度范围。另外，保证涂料黏度的稳定性，有利于涂料使用单位的正确调配。

固含量反映的是涂料涂膜干燥后不挥发的成膜部分的多少。溶剂型涂料在喷涂后，溶剂将随着漆膜的干燥而挥发。对于涂料使用企业来说，固含量高意味着单位质量的涂料可以获得面积较大的或厚度较大的涂膜。因此，固含量对涂料成本是十分重要的。

干燥时间是重要的工艺性能，反映了涂料喷涂后在一定温度条件下的干燥速度。在满足其他工艺及机械性能的前提下，干燥时间越短，施工作业效率会越高。干燥分为表干和实干。表干时间短有利于提高作业效率，减小环境对漆膜造成的影响。但是表干过快会使涂膜流平时间缩短，出现橘皮或其他现象，影响涂装质量。实干是在一定温度条件下漆膜完全硬干所需要的时间。在一定温度下，干燥时间越短，所需的能耗越小，作业效率越高。在选用涂料时，要依据本身所具备的涂装条件，比如烘干温度不能超出现有设备能达到的烘干温度的上限。面漆必须在保证流平效果的前提下再考虑缩短表干时间。

遮盖力主要是对涂装施工效率和涂装成本的影响，遮盖力差则需要喷涂的遍数多，厚度大（会超出设计厚度），施工的时间长，涂料消耗多，涂装成本高。因此，对于色漆，尤其是面漆，遮盖力应尽可能好。

细度指涂料中各种成分颗粒度的大小。细度越小，涂料的综合性能会越好，但生产难度增大，生产成本增加。细度越大，即涂料的颗粒度越大，在涂装时就会出现橘皮或其他漆膜弊病。另外，细度越小，遮盖力越好，漆膜越致密，防护和装饰效果都会越好。一般来说，底漆的细度较大，而面漆的细度要小，使用企业可以根据自己被涂物品的特点制订相应标准并进行相关选择。

选择涂料时，必须考虑底漆、中涂、面漆之间的配套性。使用涂料如果不是全部更换，必须进行与现用涂料的配套性试验。配套性不好，就会出现咬底、起泡等现象，影响生产和增加原料及人工成本。

第四节　溶剂型涂料分析

一、溶剂型涂料的环保分析

溶剂型涂料对环境产生多方面的影响，包括生产中溶剂的释放、涂料施工中溶剂以及有毒物质的释放、在涂层的使用期限、脱漆过程和处理过程中溶剂的释放等，对环境造成了不同程度的污染。

大多国家和组织对VOC的定义是指沸点低于或等于250℃的任何有机化合物，主要成分为芳香烃、卤化烃、氧烃、脂肪烃、氮烃等，多达900多种，其中部分已被列为致癌物，如氯乙烯、苯、多环芳烃等；另外，涂料中颜填料含有重金属离子（铅、镉、铬、汞），其成分是接触性有害，在涂料成膜以后不会产生任何挥发、迁移和扩散，但生产配料的粉尘、施工过程与操作人员的身体接触以及清理打磨所产生的粉末等均能造成重金属被吸入人体的各种机会，所以应该对施工人员的劳动保护制订具体和严格的要求。因此国内外都有对涂料VOC标准的相关法规要求。

各个国家都在寻求降低涂料VOC的途径和办法，积极研发水性产品，降低溶剂型涂料中的溶剂含量，降低水性涂料中的VOC含量，分阶段降低VOC限值以及立法禁用高毒性CAC溶剂。

二、溶剂型涂料的污染分析[4]

随着工业的发展，大气中的二氧化碳及碳氢化合物等气体浓度不断增加，不仅导致全球气温升高，对环境产生一次性污染，而且一些有机物与空气中的氮氧化合物间发生光化学反应产生有毒害的臭氧等，引起比一次性污染更大的二次性污染毒害，1990年美国环保局制订的大气净化法规中确定189种有机溶剂为空气的污染物，其中包括涂料工业中常用的甲苯、二甲苯、甲乙酮、乙二醇单乙醚、甲基异丁基酮和甲醇等，并对其排放量（VOC）作了限定。限用甲苯和二甲苯等有机溶剂，对涂料工业将产生猛烈冲击和巨大压力。据统计，全世界每年向大气释放碳氢化合物约为2000万吨，其中有机溶剂为350万吨，大部分是涂料行业所为。涂料制造时排放到大气中的有机溶剂为涂料产量的2%，涂料涂装过程中挥发到大气中的有机溶剂为涂料量的50%～80%。因此，涂料施工是造成有机溶剂污染大气的主要污染源之一。

目前大量应用的传统溶剂型涂料，不可避免地使用大量有机溶剂。涂料在形成涂膜过程中，有机溶剂及毒害性低分子化合物等释放到大气中，不仅造成对人体毒害、污染生态环境、增加涂装场所火灾及爆炸危险性，并且也造成能源和资源的浪费。溶剂型涂料中常用的固化剂、颜料（铅系、铬系及镉系颜料）和助剂等，也会产生毒害和污染。因此，探寻溶剂型涂料低污染化途径，开发应用高性能及低污染的涂料是造福人类的一项艰巨的任务。

了解掌握溶剂型涂料组分毒性及污染性的目的在于采取科学、有效、可靠的防护措施，更加合理地构成溶剂型涂料的每个组分，避免对人体毒害，减少对环境污染。为保护和善待人类赖以生存的生态环境，应下大力量研究和使用无污染性溶剂及无毒害性材料，将溶剂型涂料推向高固体化低污染的发展轨道，无疑会给人类社会带来福音。

溶剂型涂料中可能有毒性的组分有固化剂及助剂、有机溶剂、颜料、助剂等，固化剂包括异氰酸酯类固化剂、胺类和酸酐固化剂、氨基树脂交联固化剂等。

所以应采取低污染化的措施，取代污染性有机溶剂，采用无“三苯”溶剂体系，改变环氧涂料的溶剂组成，取代高温装饰涂料中的二甲苯，推荐二价酸酯溶剂，减少有机溶剂用量，安全使用固化剂，尽量选用无毒助剂，正确选用固化剂及助剂，应用低毒颜料，加强应用基础研究等。

由于传统涂料对环境与人体健康有影响，所以现在人们都在想办法开发环境友好型涂料。第一，人们努力降低涂料总有机挥发量（VOC），有机挥发物对我们的环境和人类自身构成直接的危害。除交通运输业带来的污染外（比如汽车尾气、油品渗透等），涂料是现代社会中的第二大污染源。因此，涂料对环境的污染问题越来越受到重视。第二，大家更加关注溶剂的毒性，那些和人体接触或吸入后可导致疾病的溶剂，如大家熟知的苯、甲醇便是有毒的溶剂，乙二醇醚类正逐步被淘汰。20世纪70年代以前，几乎所有涂料都是溶剂型的。70年代以来，由于溶剂的昂贵价格和降低VOC排放量的要求日益严格，越来越多的低有机溶剂含量和不含有机溶剂的涂料得到了快速发展。尽管为满足日益苛刻的环保要求，低VOC的乳胶漆、水性涂料、UV光固化涂料及粉体涂料得到了迅速的发展，但溶剂型涂料以其性能和施工优势仍在涂料领域中占有相当重要的地位。在中国涂料工业，溶剂正朝着无毒化、溶剂高效化、无苯化的方向发展。

思考题

1. 溶剂型涂料有没有发展前景?

2. 溶剂型涂料配方的调色因素有哪些?

实训任务　溶剂型涂料配方试验

能力目标： 能够熟练操作试验仪器与设备，运用化工工艺试验工的相关技能，完成溶剂型涂料配方试验任务。包括原料的预处理，配方用量计算，涂料制备，涂膜质量测试等。

知识目标： 理解主料配比的相关理论和机理，掌握主料配比的计算方法；包括溶剂型涂料主料的分类、配方等知识，应用计算方法，设计试验方案。

实训设计： 公司涂料车间试验小组开发溶剂型涂料，要求成本低廉，工艺合理。按照车间组织构成，分为若干班组（项目组），选出组长，由组长协调组员进行项目化的工作和学习，完成任务，技能比赛，汇报演讲，以绩效考核方式进行考评。

一、溶剂型涂料生产工艺

近年来，随着我国经济建设和生产技术突飞猛进，涂料生产在数量、品种和质量方面都有很大变化。虽然涂料在向着无害化、环境友好方向发展，但是，由于功能的需要和客观市场的实际需求，溶剂型涂料仍在中国占据较大的市场份额，即便是欧美等发达国家，溶剂型涂料也仍占30%左右。

溶剂型涂料生产中首先是树脂、填料、溶剂按工艺配方要求，定量加入，搅拌均匀后进行研磨，等研磨达到工艺要求后，进入制漆或者调漆工序，就是加入颜料、助剂搅拌进行调色，颜色合格后进行过滤，检验合格后计量包装、入库，基本是物理过程，与仓储、运输、计量等组合起来，确定了整个工艺流程。

（1）配料与混合：按配方规定的醇酸漆料和溶剂分别加入配料预混合罐中（按工艺要求，一般要预留部分漆料和溶剂），用高速分散机将其混合均匀，然后在搅拌下逐渐加入配方量的颜料，加大高速分散机的转速，进行充分的湿润和预分散，制得待研磨分散的白色漆浆。

（2）研磨分散：研磨分散设备有球磨、辊磨、砂磨等，但以砂磨机使用最多。将预混合好的漆浆用砂磨机分散至细度合格，置于漆浆槽中储存备用。

（3）调漆：将拉缸中的漆浆，通过手工移动或泵送的方式，加入调漆罐中。边搅拌边加入配方工艺中规定预留的部分漆料及催干剂、防结皮剂，混匀后加入预留溶剂调整黏度合格（如果是生产复色漆就要按配色要求加入其他颜色的色浆调色合格）。

（4）过滤包装：经检验合格的色漆成品，经振动筛过滤后，进行计量包装、入库；值得注意的是，这种间歇式、半封闭式、半自动化的生产工艺，在加料和物料输送中手工操作较多，生产不连续，效率低；混料、拉缸、分散、调漆等工序不密闭，对环境不友好，但这是我国涂料企业普遍采用的生产工艺，因此，全自动、全密闭、连续化溶剂型涂料生产工艺是技改研发的方向。

二、实训任务

参照前述生产工艺，本次实训选用附录二配方一的热固性氟碳建筑涂料来实施，在三个配方中任选一组，按照配方要求准备好氟碳树脂、固化剂、颜填料、催化剂、溶剂等原料和试验方案，进行人员分组，完成试验任务；试验仪器与原料准备：100～300ml具塞量筒1套；刮板细度计（100μm）1台；小型砂磨机（2L）1台；保温烘箱1台；试验设备一套（搅拌、电炉等）1套；光泽计1台；自动酸价滴定仪1台；250ml棕色小口瓶1箱；比色纸1套；黏度计（涂料4号铜杯）1台；40倍放大镜1个；烧杯8个，天平4台，搅拌器4套，黏度计1台，涂覆板若干，小刷4把，配备投影仪等教学设备的实训室。

课后任务

1. 查询溶剂型涂料施工设备的技术进展。
2. 查询溶剂型涂料助剂的新进展。

参考文献

[1] 刘登良. 涂料工艺[M]. 第4版. 北京：化学工业出版社，2009.
[2] 胡志滨，刘为，张涛. 溶剂型涂料用助剂的性能比较[J]. 中国涂料，2001，6.
[3] 周荣华，李志保. 溶剂型涂料样板配方设计中调色因素分析[J]. 现代涂料与涂装，2008，6.
[4] 苏春海. 溶剂型涂料低污染化的措施[J]. 现代涂料与涂装，2001，4.

第五章　粉末涂料

能涂敷于底材表面并形成坚韧、连续涂膜的液体或固体高分子材料称为涂料。固体粉末状的涂料称为粉体涂料。粉末涂料的含义不仅在于粉末涂料的产品为粉末状态的，即使在涂装过程也是以粉末状态来使用的，只有在烘烤成膜时它才有一个熔融形成液态的过程。粉末涂料是没有挥发分的，成膜物就是涂料，理论上产品的利用率近乎100%。由于没有液态介质的挥发，没有环境污染，具有良好的生态环保性、极高的生产效率、优异的涂膜性能、具有突出的经济性。

粉末涂料的发展始于20世纪50年代初期，科学家发明了乙烯类树脂（PVC）的热塑性粉末涂料。随后聚乙烯（PE）、尼龙等热塑性粉末涂料相继问世；20世纪50年代后期，出现了热固性环氧粉末涂料，但由于分散均匀程度过差，性能并不理想。直到1962年，壳牌化学公司在英国和荷兰的实验室开发了挤出工艺，从而改善了其分散均匀性差的问题，该工艺沿用至今，依然是粉末涂料最主要的生产工艺。早期的粉末涂料涂装是使用流化床装置，先将被涂工件预热，热工件在流化床中将雾化的粉末粒子熔结黏附于表面形成一定厚度的黏附层，再经烘烤熔融流平，形成连续的涂膜。1962年，第一台用于有机粉末涂料的静电涂装设备在法国诞生，这一发明对于高装饰性的热固性粉末涂料的使用和发展起到了关键作用，使得粉末涂料的涂层达到了“薄涂”的目的，而且涂层更加均匀。不仅如此，这一发明还给今后的美术型粉末涂料品种的开发和使用奠定了基础。

由于环氧树脂/双氰胺体系的粉末涂料涂层受紫外光辐射的影响，涂层在日光照射下很快粉化被破坏，产生黄变而只能用于户内，为克服以上问题，20世纪70年代，研究者相继开发了三聚氰胺/聚酯体系、环氧和聚酯混合型树脂体系的粉末涂料，真正具有实际意义的技术突破是羧基聚酯树脂与双酚A型环氧树脂共混融的体系（混合型）和羧基聚酯与异氰尿酸三缩水甘油酯（TGIC）体系（纯聚酯型）的粉末涂料，克服了耐黄变和装饰性效果较差的问题，而且羧基聚酯/TGIC体系优异的户外耐久性使之成为最重要的户外使用的粉末涂料产品。时至今日，这两种体系的粉末涂料依然占有最重要的地位。同一时期，研究者开发了热固性丙烯酸树脂体系的粉末涂料。

我国是在20世纪70年代开始进行粉末涂料研发工作的，发展较为缓慢，80年代是我国家用电器大发展的时期，在这一庞大的粉末涂料应用市场的激发下，于80年代后期国内通过引进外资、进口较先进的粉末涂料生产设备和应用设备。国内的粉末涂料开始进入规模化的发展。与此同时粉末涂料所使用的羧基聚酯也在进行国产化的发展，在这一阶段粉末涂料助剂（流平剂、TGIC固化剂等）也开始了工业化的发展。进入90年代后，我国的粉末涂料进入了高速发展的阶段，特别是在90年代后期，无论是粉末涂料的生产和使用方面，还是粉末涂料的原材料、生产设备以及粉末涂料的涂装设备方面的质量和技术日趋成熟，工业规模也迅速扩大。进入21世纪后国内的粉末涂料产量依然保持较快速度的增长，已成为全球最大的粉末涂料生产国。从国内的粉末涂料品种结构来看，环氧树脂/聚酯树脂混合型占53%，聚酯树脂/TGIC型占23%，聚酯树脂/羟烷基酰胺型占4%，纯环氧型占19%，其他体系为1%。

国内具有自主知识产权的粉末涂料和涂装技术非常少。虽然目前我国粉末涂料的产量居世界第一，然而产品质量和技术水平却不高。随着我国经济和科技水平的发展以及对环境保护要求的提高，粉末涂料的使用范围也会越加宽广，粉末涂料将向低能耗、高性能、高附加值方向发展[1]。

第一节　主要组分

粉末涂料主要由成膜物质、颜填料、助剂等组成。成膜物质一般是树脂，它是涂料成膜的基础，又叫基料。树脂是黏结颜填料形成坚韧连续膜的主要组分；颜料的功能是赋予粉末涂料遮盖性和颜色，填料在一定情况下可以增加粉末涂料涂膜的耐久性和耐磨性，降低涂膜的收缩率和降低成本；助剂是用以增加粉末涂料的成膜性，改善或消除涂膜的缺陷，或使涂膜形成纹理；还有功能组分能赋予涂膜某种特殊功能，如导电、伪装、阻燃等。

一、成膜物及其种类

粉末涂料品种很多，性能和用途各不相同。粉末涂料可以按照成膜物质、涂装方法、涂料功能和涂膜外观进行分类[2]。

粉末涂料按主要成膜物的性质分为热塑性粉末涂料和热固性粉末涂料两大类。粉末涂料按涂装方法和存在的状态可以分为静电粉末喷涂粉末涂料、流化床浸涂粉末涂料、电泳粉末涂料、紫外光固化粉末涂料和水分散粉末涂料等。

粉末涂料按其特殊功能和用途可以分为装饰型粉末涂料、防腐粉末涂料、耐候性粉末涂料、绝缘粉末涂料、抗菌粉末涂料和耐高温粉末涂料等。

粉末涂料按涂膜外观可以分为高光粉末涂料、有光粉末涂料、半光粉末涂料、亚光粉末涂料、无光粉末涂料、皱纹粉末涂料、砂纹粉末涂料、锤纹粉末涂料、绵绵纹粉末涂料、金属粉末涂料和镀镍效果粉末涂料等。

粉末涂料的生产厂家一般还是以成膜物的种类分类，以方便产品的命名和管理，主要成膜物是热塑性树脂的称作热塑性粉末涂料，主要成膜物是热固性树脂的称作热固性粉末涂料。首先开发的是热塑性粉末涂料，热固性粉末涂料由于其涂膜具有各种优异的物理、化学性能及外观装饰性等优点，从而迅速占据市场成为粉末涂料的主流品种。

表5-1-1 热固性粉末涂料和热塑性粉末涂料的性能特性比较

比较项目	热塑性粉末涂料	热固性粉末涂料
树脂分子量	高	中等以下
树脂软化点	很高	较低
颜料分散性	稍差	较容易
树脂粉碎性能	较差，需常温或冷冻粉碎	较容易，可以常温粉碎
对底漆的要求	需要	不需要
涂装方法	流化床浸涂为主和其他涂装方法	静电粉末涂装和其他涂装方法
涂膜外观	一般	很好
涂膜薄涂性	困难	容易
涂膜物理性能的调节	不容易	容易
涂膜耐溶剂性	较差	好
涂膜耐污染性	不好	好

以热塑性树脂（准确名称应称为聚合物，人们习惯称为树脂）为主要成膜物的粉末涂料称为热塑性粉末涂料。热塑性树脂具有加热熔化、冷却变硬（这一过程可重复进行）的特性，人们就是利用其这一特性来生产粉末涂料并使之成膜的。从理论上来讲，只要是玻璃化温度（指树脂由玻璃态向黏弹态转化时的温度，用T_g表示）高于涂膜使用环境温度一定程度的热塑性树脂都可用于粉末涂料。然而由于粉末涂料加工工艺条件和成膜条件的限制，以及对涂膜性能的要求。对树脂的选用还是有相应要求的。对于热塑性粉末涂料来说，成膜树脂的分子量足够大并有一定高的结晶度时才能保证涂膜具有一定的机械强度，如此一来却给粉末涂料的生产和涂膜性能带来了一些缺点，如熔融温度高、颜料添加量小、着色力低、耐溶剂性差以及和金属的附着力差而必须使用底漆等。然而热塑性粉末涂料的制作和使用方法比较简单，成膜过程不涉及复杂的固化机理。有些产品的特殊性能，如聚氯乙烯产品具有柔润的手感和性价比、聚偏二氟乙烯产品的重防腐性和超耐候性、尼龙（聚酰胺）产品的耐磨性等，而使得一些产品在目前依然得到了很好的应用。

表5-1-2 热塑性粉末涂料的种类及性能

品种	主要成膜物	性能	主要应用范围
聚氯乙烯（PVC）粉末涂料	聚氯乙烯树脂	原料来源广泛、耐腐蚀较好、手感好、耐洗涤、耐低温、不易燃、耐气候；不耐温、脆性大等	洗碗机、冰箱网架、汽车内饰及手柄、安全带扣、金属丝架和金属网、金属家具以及电气和电子工业等
聚偏二氟乙烯（PVDF）粉末涂料	聚偏二氟乙烯PVDF	抗冲击强度高、耐磨耗、韧性好、具有较高的耐热性、不燃性，长期使用温度为-40～150℃，具有突出的耐气候老化性、耐臭氧、耐辐照、耐紫外光，且介电性能优异。耐腐蚀性能优良，室温下不被酸、碱、强氧化剂、卤素所腐蚀	PVDF粉末涂料在建筑上主要用在建筑屋顶的方格、墙壁的包覆层、铝材的门窗框架；还用于化工耐蚀衬里的涂覆
聚乙烯（PE）粉末涂料	聚乙烯树脂	优良的力学性能、绝缘性、耐寒性、化学稳定性、吸水性和透气性低，无毒。能抗多种有机溶剂和多种酸碱腐蚀	化学容器、管道和运输不同化学物质和溶剂的管线上
聚丙烯（PP）粉末涂料	聚丙烯树脂	表面硬度高，好的耐划伤和摩擦性、耐化学药品和耐溶剂性能好，极好的透明性；耐候性不高	主要用于家用电器部件和化工厂的耐腐蚀衬里等
尼龙（聚酰胺）（PA）粉末涂料	尼龙-11和尼龙-12	非常高的硬度，低温下抗冲击性能突出，非常低的摩擦系数和异乎寻常的抗摩擦性能，耐候与耐化学、防潮、高冲击性能，优异的耐溶剂性和绝热性能。无毒、无气味、无味道和不受真菌侵蚀	植保机械的铝泵体零件，机床设备和仪器设备的导轨，印刷机钢墨辊，农机具和机械零件维修，织布机的轴，货车，医院设备主轴等零件，用于食品工业中机械部件和管路的涂覆、食品直接接触部位的涂装，工具把手、门把手、方向盘等
热塑性聚酯粉末涂料	饱和的热塑性聚酯树脂	更具有优良的绝缘性和户外耐候性、韧性、耐久性、耐磨性和耐化学品性能	主要用于涂装钢管、变压器外壳、贮槽、马路安全栏杆、户外标识文字、货架、家用电器、机器零部件的涂装；用于防腐蚀和食品加工有关设备等

热固性粉末涂料由热固性树脂、固化剂（或交联树脂）、颜料、填料和助剂等组成。热固性树脂在固化前具有可溶可熔和热塑性，通过加入某种化学品加热或催化、辐射等条

件下进行交联反应生成不溶的三维网状结构的高聚物。利用热固性树脂固化前的热塑性和一定温度下的流动性来进行粉末涂料的加工和形成涂膜。热固性粉末涂料的品种有纯环氧型粉末涂料、环氧/聚酯混合型粉末涂料、纯聚酯型粉末涂料、丙烯酸型粉末涂料、辐射固化粉末涂料等。

（一）热塑性粉末涂料

以热塑性树脂为主要成膜物的粉末涂料是热塑性粉末涂料，是指能反复加热软化和反复冷却硬化的树脂。该树脂在形态变化时，不发生化学反应。这种树脂在软化温度以上时有可塑性和流动性，冷却至软化温度以下时是固态的，主要包括以下几类。

1. 乙烯基类粉末涂料

（1）聚氯乙烯（PVC）粉末涂料

聚氯乙烯粉末涂料的主要成膜物是聚氯乙烯树脂，是由氯乙烯单体（VCM）通过自由基聚合而成的高分子化合物，是含有少量不完整晶体的无定形聚合物。PVC支化度较小，但对光和热的稳定性差，在100℃以上或经长时间阳光暴晒，就会分解而产生氯化氢，并进一步自动催化分解，引起变色，物理力学性能也迅速下降，在实际应用中必须加入稳定剂以提高对热和光的稳定性。PVC材料在实际使用中经常加入稳定剂、润滑剂、辅助加工剂、色料、抗冲击剂及其他添加剂。PVC的流动特性相当差，其工艺范围很窄。特别是大分子量的PVC材料更难以加工（这种材料通常要加入润滑剂改善流动特性），因此通常粉末涂料使用的都是小分子量的PVC材料。PVC对光、氧、热都不好，很容易发生降解，引起PVC制品颜色的变化，PVC树脂的脆性比较大，在粉末涂料生产时必须加入增塑剂以降低其脆性，从而改善涂膜的柔韧性和耐冲击性能。但同时也降低了涂膜的拉伸强度、模量和硬度。通过仔细选择增塑剂的种类和用量可以使硬度和柔韧度之间达到一个平衡点。增塑剂加量超过一定值时，将会影响粉末贮存的稳定性。增塑剂的种类有邻苯二甲酸酯类、磷酸酯类、脂肪族二元酸酯类、液态聚合物或低聚物和多元醇酯类等。通常使用邻苯二甲酸二辛酯、邻苯二甲酸二异辛酯或链长在C_{15}～C_{25}的氯化石蜡作增塑剂。由于PVC热稳定性差，它在空气下100℃时就开始有轻微降解，150℃时则降解加剧，放出能起进一步催化降解作用的氯化氢。如果不抑制氯化氢的产生则继续降解，直到聚氯乙烯大分子被裂解成各种小分子为止，因此对聚氯乙烯树脂来说必须添加适当的热稳定剂。热稳定剂按化学结构可分为碱式铅盐、金属皂类、有机锡、复合稳定剂等主稳定剂和环氧化物、亚磷酸酯等副稳定剂，主副稳定剂之间配合使用常能起到协同作用，通常在每百份树脂中加4～5份热稳定剂。无机铅盐稳定剂是最早的PVC有效热稳定剂。至今仍占重要地位，它们有廉价和有效的优点，但它有硫污（与硫生成黑色PbS）、毒性的缺点。有机锡则有非硫污和制品透明的优点，硫醇锡对PVC有很高的稳定效果。钡/镉和钡/镉/锌复合稳定剂是当前重要的一类稳定剂，它们具有协同效应。所谓协同效应是指两种热稳定剂配合使用时的热稳定效果明显地大于各自单独使用时所能得到效果的总和。

在PVC粉末涂料的配方中经常添加润滑剂，它们不仅影响粉末涂料的加工行为而且还影响产品的性能。润滑剂分为内润滑剂和外润滑剂，内润滑剂有长链的脂肪酸、硬脂酸钙、烷基化脂肪酸和长链的烷基胺等。外润滑剂通常是无极性或者极性较低的有机化合物，外润滑剂有脂肪酸酯、合成蜡和低分子量聚乙烯等。外润滑剂的用量一般控制在PVC量的0.8%～1.5%（包括稳定剂中的金属皂类）。外润滑用量过多会延长物料的塑化进程，降低生产效率；用量太少，易使涂膜发脆。内部润滑剂的选择使用应根据其他助剂以及挤出设备的具体情况灵活掌握，其加入量应少于外部润滑剂。

基本配比如下（质量份）：聚氯乙烯：1000；抗氧剂：3～4；增塑剂：350～450；颜料、填料：100～300；热稳定剂：30～50。

早期PVC粉末涂料的生产就是简单的物料混合过筛即可，这种方法虽然简单、设备投资少，但形成的涂膜效果不理想。随后采用的熔融挤出后再磨粉的方法现在依然在采用。由于PVC颗粒很难粉碎，常温粉碎难以达到较小的粒径，生产效率也不高。而目前所采用的深冷磨粉工艺很好地解决了这一问题。PVC粉末涂料基本生产过程如图5-1-1。

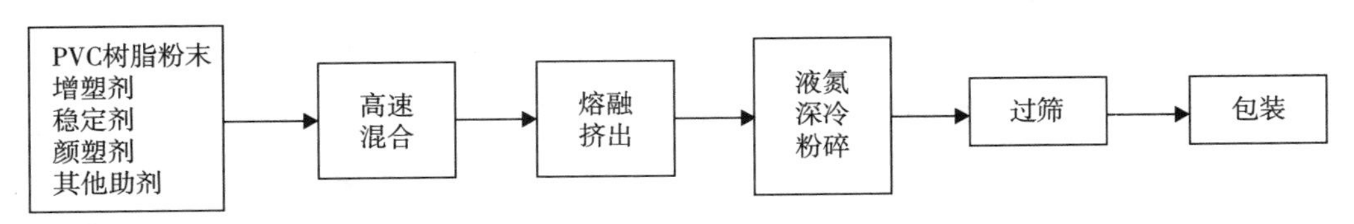

图5-1-1　PVC粉末涂料基本生产过程

目前，PVC粉末涂料应用范围已不再那么广泛，然而它良好的耐腐蚀性和耐洗涤性、减噪性、耐低温性、柔滑的手感、良好的介电性等，使得该产品依然有相应的市场，如洗碗机、冰箱网架、汽车内饰及手柄、安全带扣、金属丝架和金属网、金属家具以及电气和电子工业等方面。

（2）聚偏二氟乙烯（PVDF）粉末涂料

PVDF是透明或是半透明的结晶性聚合物，结晶度68%左右，氟含量59%，相对分子质量25万～100万。PVDF涂膜抗冲击强度高、耐磨耗、耐蠕变、韧性好，表面摩擦力很低、不结冰、对流体吸收非常弱，具有较高的耐热性，不燃性，长期使用温度为-40～150℃，具有突出的耐气候老化性、耐臭氧、耐辐照、耐紫外光，且介电性能优异。耐腐蚀性能优良，室温下不被酸、碱、强氧化剂、卤素所腐蚀。

PVDF是由偏二氟乙烯的自由基聚合反应得到的，用过氧化物作为引发剂，或者是和齐格勒-纳塔（Ziegler-Natta）催化剂一起使用。聚偏二氟乙烯是一种熔点在158～197℃的结晶聚合物，它存在两种不同的晶体结构：一种是所谓的α型，具有螺旋形构造；另一种是其有平面锯齿构造的β型。聚偏二氟乙烯的特点是具有良好的力学和冲击性能，以及非常好的耐磨性能与优秀的柔韧性和硬度相结合，它可以抵抗大多数腐蚀性化学品，如酸、碱、强氧化剂等的侵袭，同时它也不溶于涂料工业中常用的溶剂。一些高极性的溶剂只能临时软化聚偏二氟乙烯涂膜的表面，能够破坏聚偏二氟乙烯涂膜的仅有的化学品是发烟硫酸和强溶剂N，N-二甲基乙酰胺。聚偏二氟乙烯符合美国食品药物管理局（FDA）的要求，可以作为应用于食品加工工业的材料以及获准与食品相接触。

聚偏二氟乙烯粉末涂料曾经被认为是具有异常性质的材料，这些性质包括低摩擦和磨损、憎水和憎油性、极好的室外耐候性、优秀的柔韧性、抗腐蚀和粉化、抗化学品和抗富含SO_2的强腐蚀性的工业气体，由于极低的吸附污染的性质，聚偏二氟乙烯涂膜很容易保持清洁。聚偏二氟乙烯能够单独作为基料制造粉末涂料，特别是对耐候性有特殊要求的情况下，但在实际应用中并不完全这样，主要的原因包括薄涂时由于聚偏二氟乙烯的高黏度而导致针孔、对金属相当差的附着力和相对较高的价格。

为了改善聚偏二氟乙烯的熔融流动性、对金属的附着力和涂膜的美观，通常将丙烯酸树脂加入到PVDF中。PVDF基料中经常加入30%的丙烯酸树脂，更高的丙烯酸树脂含量将使涂膜的耐候性降低，尽管如此涂膜的性能仍然优于到目前为止所知的其他人造的有机涂料材料。

聚偏二氟乙烯粉末涂料的光泽较低，在30% ± 5%的范围之内（60℃），这也许是聚偏二氟乙烯粉末涂料在应用范围中用于装饰目的受到限制的原因。

PVDF粉末涂料的生产过程和其他粉末涂料没有什么不同，这个过程包括用单或双螺杆挤出机将预混合树脂和颜料的挤出，随后是造粒和粒子的干燥，下一步是冷冻粉碎和过筛以获得50μm以下的颗粒。

PVDF非常低的表面能使涂膜具有低污染性，但同时也是导致对底材附着力差的原因。一般来说这是热塑性粉末涂料的共同缺点，但对于PVDF来说显得尤为突出。为了克服附着力差的问题，可使用PVDF体系的两层涂膜方法，底漆是这样处理的，将粒径范围在60～200目的PVDF颗粒和150～325目的硅石粉物理混合，或者采用同样粒度的石墨代替硅石制成底漆，其成分由PVDF、填充剂、颜料和黏合剂组成；第二层是纯PVDF，能给出最大的化学耐蚀性。这样在化学耐蚀性和附着性方面是无比优越的。

PVDF粉末涂料在建筑方面的应用主要是用在有纪念意义类型的建筑上，建筑屋顶的方格、墙壁的包覆层、突出的铝材的门窗框架等部分的表面是其主要的应用场所，但此材料价格较贵，易于涂覆和耐化学药品性好，所以主要用于化工耐蚀衬里等的涂覆。

2. 聚烯烃粉末涂料

聚烯烃（polyolefin，PO）是烯烃的均聚物和共聚物的总称，主要包括聚乙烯、聚丙烯和聚1-丁烯及其他烯烃类聚合物。用于粉末涂料的聚烯烃主要是聚乙烯和聚丙烯。它们不溶于涂料工业中常用的溶剂，只能用于粉末涂料中。用液氮冷却或酒精浸泡可以使聚乙烯和聚丙烯脆性增强，常常以此来获得更细的粉末。作为一种惰性材料，聚烯烃对金属或其他底材的附着力差。通过添加丙烯酸共聚体的聚合物，获得好的附着力。聚乙烯和聚丙烯粉末涂料有良好的耐溶剂性，因此常常用在化学容器、管道和运输不同化学物质及溶剂的管线上。

（1）聚乙烯粉末涂料

聚乙烯是结构最简单的高分子聚合物，也是应用最广泛的高分子材料，它是由重复的—CH_2—单元连接而成的。聚乙烯通过乙烯CH_2═CH_2加聚而成。聚乙烯的性能取决于它的聚合方式。各种聚乙烯的性能见表5-1-3。

表5-1-3　各种聚乙烯的性能

性能	高压工艺	中压工艺	Ziegler工艺
结晶度/%	65	95	85
相对刚性	1	4	3
软化温度/℃	104	127	124
拉伸强度/MPa	13.79	37.92	24.13
伸长率/%	500	20	100
相对冲击强度	10	3	4
密度/（g/cm^3）	0.92	0.96	0.95

聚乙烯具有优良的力学性能、绝缘性、耐寒性、化学稳定性、吸水性和透气性低，无毒。结晶度高的聚乙烯树脂所制成的粉末涂料有较高的刚性、硬度和机械强度以及耐化学腐蚀性能等；结晶度低的聚乙烯树脂这方面的性能都有所下降，软化点和熔融温度也相对较低，而透明性较好。表5-1-4是不同的聚乙烯树脂制成的粉末涂料涂膜的性能。

表5-1-4　应用在粉末涂料方面的不同类型聚乙烯的性能

性能	低密度	中密度	高密度
耐酸性	好	非常好	非常好
耐含氧酸性	侵蚀	缓慢侵蚀	缓慢侵蚀
耐碱性	好	非常好	非常好
耐有机溶剂性	好	好	好
耐溶剂	低于60℃	低于60℃	低于80℃
透明性	透明	透明	不透明
晶体熔点/℃	108～126	126～135	126～136
耐热（连续使用）/%	82～100	104～121	121
密度/（g/cm^3）	0.910～0.925	0.926～0.940	0.941～0.965
伸长率/%	90～800	50～600	15～100

聚乙烯树脂有较高的结晶度和内聚力，因而聚乙烯粉末涂料对底材的附着力差。在使用聚乙烯粉末涂料前必须对底材预涂底漆（一般为热固性底漆）或在聚乙烯粉末涂料制作时加入附着力促进剂，如含羧基的丙烯酸共聚物等。

（2）聚丙烯粉末涂料

聚丙烯所具有的许多优良性质使其成为制造粉末涂料的有多方面用途的材料，其涂层优良的表面硬度能够耐划伤和摩擦，有优异的耐溶剂性。

聚丙烯树脂是结晶型聚合物，没有极性，具有韧性强、耐化学药品和耐溶剂性能好的特点。国产树脂的企业标准见表5-1-5。

表5-1-5 粉末用丙烯酸树脂的企业标准

项目	PP4018	PP5004	PP5028
熔融指数/（g/10min）	10.1～16.05	2.5～4.0	7.0～10.0
己烷可提取率/% ≤	2	2	2.5
拉伸屈服强度			
一级品 ≥	30	30	30
二级品 ≥	28	28	28
颗粒总灰分量/（mg/kg）			
一级品 ≤	500	500	500
二级品 ≤	600	600	600
污染度/（斑点/25g）			
一级品 ≤	10	10	10
二级品 ≤	10	15	15

聚丙烯不活泼，几乎不附着在金属或其他底材上面。因此，用作保护涂层时，必须解决附着力问题。如果添加极性强、附着力好的树脂等特殊改性剂时，对附着力有明显改进。聚丙烯涂膜附着力随着温度的升高，涂膜附着力将相应下降。聚丙烯和丙烯酸的接枝共聚物（聚丙烯占共聚物的75%～98%）是一种良好的聚丙烯粉末涂料。

表5-1-6 丙烯酸粉末涂料（T-03）性能

项目	性能指标
外观	色泽基本一致，松散，无结块
粒度	74～180μm，筛余物≤4%
熔体流动速率	5～16g/10min，230℃，负荷21600g
熔融温度下挥发分含量/%	≤0.7（熔融温度160℃±2℃）

续表

项目	性能指标
固化条件	200℃ ± 5℃，塑化30～60min
固化过程	静电喷涂（或流化床）→预塑化［（200 ± 5）℃/（5～10）min］→第二床塑化［（200 ± 5）℃/（30～60）min］→冷水冷却

表5-1-7 丙烯酸粉末涂料涂膜性能

项目	性能	项目	性能
60° 光泽	55%	耐1%盐水	很好
冲击强度（Gardner法）/（N · cm）	843. 3	耐盐雾	很好
硬度（Sward法）	22	耐稀硫酸	很好
耐磨性（ASTM D963－31）	70L/25.4μm	耐浓硫酸	好
锥形挠曲试验	合格	耐稀盐酸	很好
电绝缘性	1440V/25.4μm	耐浓盐酸	好
介电常数	2.4～2.42	耐稀，浓醋酸	很好
耐100%RH	很好	耐稀，浓氢氧化钠	很好
耐沸水	好	耐稀，浓氨水	很好
连续使用最高温度/℃	60	耐汽油	很好
间断使用最高温度/℃	80	耐烃类	良好
最低使用温度/℃	－10～－30	耐脂，酮	差
拉伸强度/MPa	14.7～24.5	耐稀酸（10%）	很好
伸长率/%	200～400	耐稀碱（10%）	很好
邵氏硬度	30～55	毒性	低毒
铅笔硬度	5B		

聚丙烯结晶体熔点为167℃。在190～232℃热熔融附着，用常规方法都可以涂装。聚丙烯粉末的稳定性好，在稍高温度下贮存时，也不发生胶化或结块的倾向。聚丙烯可以得到水一样透明涂膜。聚丙烯涂膜的耐化学药品性能比较好，但不能耐与硝酸类似的强氧化性酸，约占70%的聚丙烯粉末涂料主要用于家用电器部件和化工厂的耐腐蚀衬里等。

3. 尼龙粉末涂料

尼龙是在二胺与二酸或氨基酸本身缩聚反应形成的聚合物，因此又称之为聚酰胺。由于结构的规则性。大多数商业类型的聚酰胺是晶体材料，有着相对精确的熔点。与脂肪族的晶体型聚酯相比，聚酰胺的熔融温度要高得多，这是由于酰胺基是强极性基团以及聚合物内部存在氢键的结果。和预想的一样，聚酰胺的熔点随酰胺基团的含量增加而升高。低熔点的聚酰胺被优先选择来制造粉末涂料，尼龙-11的熔点相对较低（185℃），和尼龙-12（熔点178℃）一起，在广泛的聚酰胺品种中这两种聚酰胺被用作粉末涂料的基料。尽管尼龙-6、尼龙-66和尼龙-610容易得到和价格相对低廉，但由于它们的熔点分别为215℃，250℃和210℃，并没有被粉末涂料生产者所接受。

在室温下，尼龙-11和尼龙-12有很好的耐水性，即使在沸水中也是如此。它们具有非常高的硬度，低温下耐冲击性能仍然突出，非常低的摩擦系数和异乎寻常的抗摩擦性能和优异的绝热性能。尼龙-11潜在的稳定性能广泛应用于户内和户外，有很强的耐候与耐化学、防潮、高冲击性能、抗磨损性、耐用性。尼龙涂层在耐候性方面性能优异，具有十年以上的使用寿命，流化床法是尼龙粉末涂覆最常用的方法。

表5-1-8　尼龙-11涂膜理化性能

项目	性能	项目	性能
熔点/℃	178	冲击强度（Du Pont）/（N·cm）	＞490.3
密度/（g/cm^3）	1.02	耐磨性（Taber`s CS-17，1kg，1000次）mg	5
流化床侵涂前预热温度℃	260～380	埃力克森值/mm	＞13
流化床侵涂后加热时间	0～5min/200～230℃	弯曲（Gardner ϕ 6棒）	合格
静电涂装后加热时间	5～10min/220～230℃	光泽（60℃）/% 骤冷	84
底漆	需要	光泽（60℃）/% 慢冷	7
比热容/[J/（g·℃）]	1.17	紫外线照射保光性	很好
热膨胀系数/×10^{-5}℃$^{-1}$	10.4	体积电阻（20℃）/（Ω·cm）	6×10^{18}
热导率/[W/（m·K）]	0.29	耐盐水喷雾2000h	很好
连续使用最高温度/℃	100	耐碱性	很好
间接使用最高温度/℃	120	耐汽油	很好
拉伸强度/MPa	44.1～53.9	耐烃类	很好
最低使用温度/℃	-50	耐酯、酮	很好
伸长率/%	250～350	耐稀酸（10%）	很好
邵氏硬度	70～80	耐稀碱（10%）	很好
铅笔硬度	2B～B	毒性	无毒

尼龙粉末涂料无毒、无气味、无味道和不受真菌侵蚀、不利于细菌繁殖的性质使其成为应用在食品工业中机械部件和管路的涂覆，或者是应用在与食品直接接触部位的涂装。

尼龙粉末涂料的重要优点是优异的耐冲击性、低摩擦系数、优秀的耐磨性、抗污染性使它们可以应用在汽车轮毂、摩托车框架、建筑项目、行李推车、金属家具、安全装置、运动器材、农用工具、阀杆和底座、水泵房、耐油的盘碟、家用洗衣机内壁、粗管道、器材与工具把手等方面上。

随着尼龙粉末品种增加，尼龙粉末已出现了复合改性的低熔点粉末等新产品，它们的出现，不仅提高了尼龙的附着强度，增加了抗腐蚀性能，而且使尼龙粉末施工出现了低温化的趋向，为节约能源，缩短工时创造了条件，可以看到尼龙粉末涂料的新品种不断出现。

4. 热塑性聚酯粉末涂料

热塑性聚酯粉末涂料是热塑性聚酯树脂、颜料、填料和流动控制剂等成分，经熔融混合、冷却、粉碎和分级过筛得到。聚酯树脂由各种二元羧酸、二元醇经缩聚反应而合成。这种粉末涂料可用流化床浸涂法或静电粉末喷涂法施工。但多用流化床涂覆，以求得较厚的涂膜。涂膜对底材的附着力、涂料的贮存稳定性、涂膜的物理机械性能和耐化学药品性能都比较好，特别具有优良的绝缘性和户外耐候性、韧性、耐久性、耐磨性。典型的树脂和涂膜性能见表5-9。

表5-1-9　典型热塑性聚酯树脂和涂膜性能

项目	性能	项目	性能
树脂密度/（g/cm^3）	1.33	冲击强度/（N·cm）	1.09×10^3
树脂软化点/℃	70	涂膜耐候性（户外1年保光率）/%	90～95
60℃光泽/%	90～100	涂膜人工老化试验（850h）	很好
涂膜拉伸强度/MPa	53.7	涂膜耐盐雾试验（划伤，1200h）	侵蚀3mm（侵蚀6mm涂膜剥离）
涂膜伸长率/%	2～4	涂膜耐盐雾试验（未划伤，2000h）	无变化
涂膜耐磨性（Taber CS-17）/g	0.06	涂膜耐盐雾试验（划伤，1200h）浸10%硫酸、盐酸	1个月无变化
涂膜邵氏硬度	0.83	涂膜浸25℃水11周	无变化
涂膜铅笔硬度	F～H		

这种粉末涂料主要用于涂装钢管、变压器外壳、贮槽、马路安全栏杆、户外标识文字、货架、家用电器、机器零部件的涂装，另外还用于防腐蚀和食品加工有关设备，这种粉末涂料的缺点是耐热性和耐溶剂性较差。

（二）热固性粉末涂料

以热固性树脂为主要成膜物的粉末涂料是热固性粉末涂料，具有可溶、可熔和热塑性。通过加热等方法固化时其发生化学反应，转化成不溶、不熔的三维网状结构的固化物，不能再加热塑化和冷却硬化的树脂，热固性树脂在固化前黏度低，可流动，主要包括以下几类。

1. 纯环氧型粉末涂料

将环氧树脂作为成膜物是首先用来生产热固性粉末涂料的。考虑到粉末涂料的生产加工性、产品储存稳定性、成膜性能等方面的因素，一般选用分子量在1000～4000，软化点在90℃左右的双酚A型环氧树脂作为主要成膜物，粉末涂料使用的双酚A型环氧树脂的平均环氧值为0.12，即国内的E-12或604型环氧树脂。

（1）双酚A型环氧树脂

粉末涂料用环氧树脂的合成方法归纳为“两步法”和“一步法”两大类；两步法是将一定配比的双酚A、环氧氯丙烷和氢氧化钠溶液在催化剂的作用下缩聚制得低分子量环氧树脂，再以低分子量环氧树脂和双酚A在催化剂作用下通过加成反应制得中等分子量环氧树脂。

“两步法”制得的双酚A型环氧树脂较“一步法”生产成本高，具有分子量分布窄、歧化反应低、化学杂质少等优点，用于制作高性能粉末涂料或绝缘粉末涂料、防腐粉末涂料等。

一步法是将一定配比的双酚A、环氧氯丙烷和氢氧化钠溶液在催化剂的作用下缩聚制得中等分子量环氧树脂。由于合成工艺不同，又分成水洗法、溶剂法、溶剂萃取法三种。

双酚A型环氧树脂的技术指标有环氧基含量、氯含量、软化点、挥发分等，下面逐一介绍。

环氧基含量是环氧树脂最重要的特性基团，环氧基含量是树脂最为重要的指标。描述环氧基含量有两种：环氧值和环氧当量。环氧值是单位重量的环氧树脂中含有化学反应活性基团即环氧基的数量；环氧当量是环氧树脂含有单位数量环氧基团的质量数。

环氧值是指每100克环氧树脂中含有环氧基的克当量数，单位为[当量/100克]。环氧当量是指含有1当量环氧基的克数，单位为[克/当量]。

两者的换算关系为：环氧当量=100/环氧值。

环氧值和环氧当量是用来进行理论上的固化剂用量计算的数值，是设计配方时固化剂用量的计算依据。可以依据环氧值和环氧当量来判断固化体系交联密度的大小，在相同体系的系列中进行交联密度的比较。

双酚A型环氧树脂的环氧基百分含量及环氧树脂分子量的计算式：

环氧树脂分子量=2×100/环氧值

环氧基百分比含量=43×100/环氧当量=43×环氧值

双酚A环氧树脂的氯以其存在形式分为有机氯和无机氯。有机氯值是环氧树脂一项十分重要的特性指标。当水解氯超过0.01当量/100克时，固化的涂膜性能将受到影响。有机氯值高，说明环氧树脂在合成时，歧化反应高，分子量分布较宽。

无机氯是反应过程中产生的经水洗后残留的氯化钠的氯，其含量即为无机氯值，即每100克环氧树脂中含有的氯离子的克当量数，单位为[当量/100克]。无机氯值的高低反映的是树脂生产后期清洗程度的好坏。无机氯含量高说明环氧树脂含水溶性杂质多，这将影响涂膜的介电性能、耐腐蚀性和耐久性。

环氧树脂的软化点是指固液转变临界温度。环氧树脂的分子量不是单一值，是在一定范围内呈分布状态的，有一个较大变形的温度，这个较大变形的温度称之为树脂的软化点，软化点的高低对物料在挤出机的混炼效果和涂膜的流平性有一定影响，软化点低的环氧树脂较利于物料的混炼和涂膜的流平。

挥发分是残留在环氧树脂中的水、溶剂、游离酚、环氧氯丙烷高沸物等。挥发分含量高，涂膜会有针孔、气泡、致密性能差等缺陷。一般环氧树脂的挥发分，按质量份数应小于等于0.6%为宜。

环氧树脂的熔融黏度较低，加之其分子结构中含有的羟基基团，因而在混合型粉末涂料体系中，环氧树脂用量越大越利于颜料的分散和涂膜的流平。

（2）环氧树脂固化剂

环氧树脂固化剂的品种有很多，经常使用的品种主要有：双氰胺、加速双氰胺和改性双氰胺、咪唑类固化剂、改性多元胺、多元酸、多元酚、酸酐、二酰肼类的固化剂等。

双氰胺与环氧树脂的混溶性差，且熔点高于固化温度，在实际配方中要高于理论量的15%左右。双氰胺固化环氧树脂的条件为160℃、60min或180℃、30min。目前双氰胺主要用于纯环氧的纹理型粉末涂料产品中。

改性双氰胺或叫取代双氰胺是芳香族二胺如4，4-二氨基二苯甲烷（DDM）、4，4-二氨基二苯醚（DDE）、4，4-二氨基二苯砜（DDS）、对二甲苯胺（DMB）等分别与双氰胺反应生成的衍生物，改性双氰胺衍生物的熔点较低，与双酚A型环氧树脂的相溶性好，固化温度均低于双氰胺，涂膜表面的光洁度好。

咪唑类固化剂主要有咪唑、2-甲基咪唑、2-乙基-4-甲基咪唑、2-苯基咪唑等。咪唑类固化剂是一类高活性固化剂，在中温下短时间与环氧树脂固化，此单组分体系贮存期较短，一般作为固化促进剂使用。2-甲基咪唑和2-苯基咪唑是粉末涂料常用的固化促进剂。咪唑类固化剂对双氰胺、酸酐、酚醛和羧基醇酸树脂与环氧树脂的固化均具有良好的固化促进作用。2-苯基-2-咪唑啉是粉末涂料行业常用的固化促进剂，其促进固化效率比2-甲基咪唑低，抗黄变比2-甲基咪唑稍好。2-苯基-2-咪唑啉可以用来合成环氧树脂粉末的消光固化剂。

多元酚是苯酚和甲醛缩合的酚醛树脂，是较早开发的环氧固化剂之一，品种也较多。

酚醛树脂固化剂与环氧树脂的反应速度较快，可达到200℃/2min固化，反应活性高，酚醛环氧粉末涂料储存稳定性好，具有较好的耐温性能和极好的耐腐蚀、耐溶剂、耐化学性能。抗紫外线性能差，颜色较深，主要用于地下管道防腐蚀粉末涂料。

邻苯二甲酸酐、偏苯三甲酸酐和均苯四甲酸酐等都可以固化环氧树脂，这些酸酐由于具有挥发性和熔点较高加之具有毒性，一般不单独使用，偏苯三甲酸酐与多元醇进一步酯化后的生成物可以作为固化剂使用，如乙二醇双偏苯三甲酸酐酯。酸酐固化的环氧粉末涂料具有耐热性、机械强度和电性能优良，主要用于电器绝缘粉末涂料。

二酰肼类的固化剂最常见的有：己二酸二酰肼、间苯二酸二酰肼和癸二酸二酰肼（癸肼）。最常用的品种为癸二酸二酰肼，癸肼的流动性差，实际的流平剂用量要比理论量大。癸二酸二酰肼固化的环氧树脂粉末涂料柔韧性较好，机械强度优良，泛黄性小，其涂膜的综合性能优于双氰胺固化体系，适宜制备浅色和白色粉末涂料，主要应用于电器绝缘粉末涂料。

2. 环氧/聚酯混合型粉末涂料

环氧/聚酯混合型粉末涂料的成膜是由相互匹配的环氧树脂与聚酯树脂在特定条件下交联固化完成的，外观丰满，装饰性较好。使用的聚酯树脂多为由芳香族羧酸与多元醇反应制成的饱和聚酯树脂。

合成过程是先将多元醇和一部分多元酸反应生成端羟基聚酯，再与剩余的多元酸反应成为端羧基聚酯树脂。可根据需要合成出不同羧基含量的聚酯树脂，与环氧树脂采用不同的重量比进行搭配使用。

聚酯树脂的技术指标包括外观、酸值、软化点、黏度、玻璃化温度，挥发分、官能度等。

聚酯树脂酸值是指中和1g聚酯树脂中的羧基所消耗的氢氧化钾的（mg）值，单位：[mgKOH/g]。聚酯树脂酸值的大小是树脂中反应活性基团羧基含量高低的指标，酸值高羧基含量大交联密度大。聚酯树脂酸值的高低和分子量的小与大有关。

酸值是用来计算固化剂用量的指标依据，环氧聚酯混合型体系的粉末涂料中，环氧树脂和聚酯树脂互为固化剂，两者的用量可按照以下公式来计算：

$$\text{环氧树脂的量（kg或g）}=\frac{\text{聚酯树脂的数量（kg或g）}\times\text{聚酯树脂的酸值（mKOH/g）}}{561\times\text{环氧树脂的环氧值（当量/g）}}$$

由上面公式可以看出聚酯树脂酸值的不同，环氧树脂的重量配比就不同，根据不同酸值一般常用的聚酯树脂分为50/50、60/40、70/30、80/20四种型号。

聚酯树脂的分子量是影响树脂黏度的重要因素，树脂分子量越大，黏度越大，温度越高，黏度越低。黏度大小对粉末涂料的加工和成膜过程中及成膜后的性能有很大的影响。在成膜方面，黏度是流动的阻力，黏度大的树脂流动速度较慢，达到某一流平程度时所需用的时间较长，树脂黏度低更利于粉末涂料成膜时的流平。对于热固性树脂来说，固化后的分子量高，涂膜耐热性、强度等性能好；固化后的分子量低，涂膜耐热性、强度等性能较差。未固化树脂的分子量大的，固化后的热固性树脂的分子量相应大，涂膜强度和耐性就高；未固化树脂的分子量小的，固化后的热固性树脂的分子量相应也小，涂膜强度和耐性就低。

研究表明：未固化聚酯树脂的分子量越小，要使固化后的涂膜达到合适的强度时，固化剂的用量越接近理论值，聚酯树脂与固化剂的配比量对涂膜性能的影响就越敏感；反之，随着聚酯树脂分子量的加大，在保证固化涂膜的强度下，聚酯树脂与固化剂之间的计量的宽容度越大。

对于聚酯树脂这种无定形材料来说，当从低温开始加热树脂固体时，随着温度的升高，其比容（单位质量的体积）有个缓慢的增加，当温度升高到某一点时，随着温度的升高，树脂比容的增加速度会有增大的变化，这个比容增速发生变化的温度点称之为玻璃转化温度，简称玻璃化温度T_g。固体聚酯在这一温度前后，热膨胀系数发生了转变。对于未固化的聚酯树脂来说，我们可以把玻璃化温度理解为树脂的玻璃态与树脂的高弹态相互转变时的温度。树脂在玻璃态时是脆性的，易粉碎而不发生粘连，在高弹态时会发生粘连现象。粉末涂料在生产中的冷却、磨粉以及产品的储运时需要考虑这一指标。

玻璃化温度随聚酯树脂黏度的变化比较复杂，一方面受到聚酯树脂结构的影响，另一方面还受到分子量分布离散度的影响，黏度大的聚酯树脂不一定玻璃化温度就高，但是同品种聚酯树脂随着玻璃化温度的增高黏度增大，在生产和选用聚酯树脂时应注意。

所谓官能度就是化合物中官能团的数目。酸值不同的聚酯树脂在粉末涂料生产、成膜以及对涂膜的性能方面表现出了一定的差异。热固性的聚酯树脂是具有一定官能度和分子量的聚合物，其官能度F_n与数均分子量M_n和酸值A_v的关系如下：

$$F_n = \frac{A_v \times M_n}{56100}$$

从上式中可以看出，当官能度基本不变的情况下，聚酯树脂的酸值越低，它的数均分子量越大，其熔融黏度也越大。低酸值的聚酯树脂使体系的熔融黏度变大，低熔融黏度的环氧树脂的用量减少，在粉末涂料加工时性能较差，往往造成挤出混炼不均匀，机械性能变差，涂膜的丰满度和流平性降低。

环氧/聚酯混合型粉末涂料具有很好的综合性能，主要应用于户内使用产品的涂装，在装饰性的粉末涂料涂装领域替代了绝大部分的纯环氧体系的粉末涂料，是目前产量最大的粉末涂料品种。

3. 纯聚酯型粉末涂料

聚酯粉末涂料是继环氧和环氧/聚酯粉末涂料之后发展起来的热固性耐候性粉末涂料。根据所使用的聚酯类型和固化剂类型不同可以分为TGIC固化的纯聚酯粉末涂料、β-羟烷基酰胺固化的纯聚酯粉末涂料、多异氰酸酯固化的纯聚酯粉末涂料（聚氨酯粉末涂料）等。

（1）TGIC固化的纯聚酯粉末涂料

TGIC（又称三缩水甘油基三聚异氰酸酯、异氰脲酸三缩水甘油酯）是目前使用最广泛的用于户外粉末涂料的羧基聚酯固化剂，TGIC的熔融温度120℃，黏度（120℃）0.058～0.065Pa · s，环氧当量102～109克/当量，热和光稳定性及耐候性优良，与聚酯树脂有很好的相容性，固化后的机械性能和电性能好，透明度很好。

TGIC的官能度是3，相对于官能度大约为2的双酚A型环氧树脂交联剂的端羧基聚酯树脂的官能度要大一些，与TGIC固化的端羧基聚酯的官能度要小，才能保证体系有适当的交联密度和固化速度。选用不同的多元醇和多元酸合成的聚酯树脂在耐候性等方面会有差异，不同的多元酸和多元醇对树脂性能的影响见表5-1-10。

表5-1-10　不同的多元酸和多元醇对树脂性能的影响

	活性	官能度	交联密度	黏度	T_g	韧性	冲击	耐候性	硬度
对苯二甲酸					+	+	+		
间苯二甲酸	+			−	−	−	−	+	+
己二酸				−	−	+	+	−	
偏苯三酸酐	+	+	+				+	+	+
新戊二醇				+	+	−	−	+	
乙二醇					−	−	+	−	
丙二醇	+				+			−	
己二醇				−	−	+			
三羟甲基丙烷	+	+	+		+	−			

+为性能增强；—为性能降低。

TGIC的计算公式：

$$\text{TGIC的用量（kg或g）}=\frac{\text{羧基聚酯的质量（kg或g）}\times\text{羧基聚酯的酸值（mKOH/g）}}{561\times\text{TGIC固化剂的环氧值（当量/100g）}}$$

TGIC对生物体有很高的直接毒性，对环境有间接污染，有遗传毒性和可能致畸性。目前采用TGIC的衍生物MT239（3β-甲基缩水甘油基异氰脲酸酯）替代TGIC作为固化剂，毒性有所降低，其他含有活性环氧基团的固化剂还有偏苯三甲酸三缩水甘油酯（TML）和对苯二甲酸二缩水甘油酯混合物（DGT），常温下TML是液体形态，DGT是结晶固体。两者虽然低毒，但都有一定的刺激性。DGT的官能度为2，单独使用会造成DGT使用量偏大，聚酯树脂的T_g有较大的降低。为降低固化剂的用量，通常把DGT作为TML（官能度为3）的载体，二者混合制成1∶3或2∶3的混合物，就是分别为PT910和PT912的添加剂。其中，PT910或PT912与端羧基聚酯树脂固化后的涂膜性能与TGIC相当，使用这两种固化剂都会降低聚酯的T_g，降低粉体的储存性能。

（2）β-羟烷基酰胺固化的纯聚酯粉末涂料

β-羟烷基酰胺（简称HAA）固化剂是一种用于户外的羧基聚酯固化剂，与聚酯树脂的羧基发生的是缩合反应，在固化时有水分子产生，厚涂时涂膜表面容易产生针孔现象。β-羟烷基酰胺固化剂具有用量少、固化温度低、无毒，但是抗泛黄性不佳，具有挥发性，涂膜光泽不易做高，其他性能与TGIC体系相当。由于没有有效的固化促进剂，固化速度不易调整，只能通过选择不同的聚酯来实现胶化时间的变动。

目前，有很多提高光泽度的专用聚酯树脂面世，也有在粉末涂料配方中使用非安息香脱气剂改善烘烤黄变性能，与TGIC体系的粉末涂料相比较，羟烷基酰胺体系的粉末涂料，在耐候性方面没有差别，在高温下的耐湿气、耐水性、耐洗涤液方面稍有不足。羟烷基酰胺具有增加粉末颗粒带电性的作用，容易造成粉末的厚喷涂而形成静电堆积现象，影响涂膜流平，在配方中可加入一定量的抗静电助剂来控制粉末的带电量，防止厚喷涂现象。

（3）多异氰酸酯固化的纯聚酯粉末涂料

聚氨酯粉末涂料是指封闭的异氰酸酯固化端羟基的饱和聚酯树脂体系的粉末涂料。树脂中反应活性基团羟基含量是计算固化剂用量的指标，也是固化体系交联密度的指标，用羟值来表示，即：单位重量的样品中所含羟基的量。单位是mgKOH/g，mgKOH是度量羟基的单位。为了计算的方便，把羟基折算成KOH表示，按OH与KOH的计量关系：1molKOH中含有1molOH，则1molOH折算成1molKOH，就等于是56.1g或者是56100mgKOH。反过来1mgKOH与1/56100摩尔的羟基相当。因此用mgKOH来做为度量羟基的单位，1mgKOH的羟基就是1/56100摩尔的羟基，并用羟值来计算固化剂的用量。

羟基聚酯最重要也是应用最普遍的一类固化剂是已内酰胺封闭的异佛尔酮二异氰酸酯（IPDI）多元醇的齐聚物或自封闭异佛尔酮二异氰酸酯聚合物。这两种固化剂都是脂环族异氰酸酯的衍生物，具有优异的户外使用性能。

计算异氰酸酯固化剂用量的关键指标是异氰酸酯基（NCO）的含量，固化剂用量的理论计算公式：

$$\text{异氰酸酯固化剂的用量（kg或g）}=\frac{0.0749\times\text{羧基聚酯的数量（kg或g）}\times\text{羧基聚酯的羟值（mKOH/g）}}{\text{异氰酸酯固化剂中异氰酸酯基的含量（g）}}$$

异氰酸酯固化剂的实际用量达到理论用量的80%就能很好地固化，但是含有羧基的羟基聚酯固化后的涂膜在耐盐雾性方面会受到影响，且涂膜在过烘烤时易发生黄变。多异氰酸酯固化的纯聚酯粉末涂料具有极好的装饰性和机械性能，其耐化学性能和耐水性也很好，在低温情况下容易开裂。该体系在制作消光粉末涂料方面具有非常大的潜力，可以做到光泽的重复性好，表面硬度、机械强度和耐候性能都非常优异。

4. 丙烯酸型粉末涂料

使用含有活性官能团丙烯酸聚合物制成的粉末涂料为热固性丙烯酸型粉末涂料。生产丙烯酸树脂的主要单体是C_4～C_8的丙烯酸酯和甲基丙烯酸酯，通过与功能单体共聚合的方法很容易引入不同的官能团，常见的丙烯酸粉末涂料是含有环氧官能团的丙烯酸树脂作基料，以长链的二元酸作固化剂，如癸二酸或月桂二酸。固化剂中的脂肪长链为固化涂膜提供了一定的柔韧性和抗冲击性，相比其他通用粉末涂料体系还有很大的差距。

国内主要采用将含有环氧官能团的丙烯酸树脂与TGIC或羟烷基酰胺固化剂配合，通过对羧基聚酯树脂的双固化用以制造户外消光粉末涂料。这种体系的粉末涂料，在机械性能、耐候性，特别是表面抗磨损性方面都不及传统的TGIC或羟烷基酰胺体系的粉末涂料。

国外的专利技术中，含羧基的丙烯酸树脂与TGIC固化剂配合，用于生产透明的和有色的粉末涂料，其机械性能、光泽、柔韧性、耐候性能、耐化学品性和耐溶剂性都较好；也有使用羟基丙烯酸树脂与羟基聚酯树脂的混合物与封闭的异氰酸酯交联制作粉末涂料，这种混合体系的方法解决了单独使用丙烯酸树脂的缺陷，提高了单纯的异氰酸酯/聚酯体系的户外耐久性。另外，还开发了使用羟基丙烯酸树脂和双酚A型环氧树脂组合的粉末涂料，这一体系融合了丙烯酸树脂的耐紫外线型、坚硬等性能，以及环氧树脂的柔韧性和耐化学药品性，其涂膜的耐冲击性较一般的聚酯/环氧混合体系稍差，其他性能比如硬度、耐划伤性和耐磨损性明显超过了普通的聚酯/环氧混合型粉末涂料，然而因其涂膜机械强度不理想，耐光性能达不到溶剂型涂料的水平，应用并不多，但是，尽管达不到溶剂型涂料的水平，迫于环保的压力，丙烯酸粉末涂料对整车进行涂装已经有了实际应用。

5. 不饱和聚酯树脂粉末涂料

不饱和聚酯树脂是指线性分子链中含有一定量不饱和双键的聚酯树脂，这种树脂是通过双键的自由基聚合来进行交联固化反应，是放热反应过程；不饱和聚酯粉末涂料可以做到低温（120℃）固化，在涂膜较厚的情况下能完全固化。不饱和聚酯树脂可通过有机胺或有机金属钴盐引发固化，快速固化时还需要加入一定量的过氧化合物，如过氧化苯甲酰或过氧化酮等催化剂，会导致粉末涂料的储存稳定性不好。

在不饱和聚酯树脂中引入抗厌氧固化的烯丙基（如含有烯丙基的酸或醇参与酯化缩聚），可以解决不饱和体系的厌氧固化缺陷，这种不饱和聚酯树脂粉末涂料有可能在厚层涂膜涂装和低温固化领域（如在MDF的涂装方面）得以发挥作用。

由于不饱和聚酯树脂厌氧固化造成涂膜表面强度不够好，需要使用引发剂和催化剂体系，除了在模具的模内使用外，较多的是应用于紫外线（UV）固化的产品，粉末涂料中只需要加入光引发剂，可以低温固化。由于紫外线对厚层涂装不能够很好的固化，限制了不饱和聚酯树脂粉末涂料厚层涂装优势的发挥。

（三）其他粉末型涂料

1. 有机硅树脂粉末涂料

有机硅树脂（聚硅氧烷）主链硅氧键，具有较高的键能，耐热性优异，主要用于耐高温（>200℃）粉末涂料，是耐热粉末涂料最常用的一种树脂。粉末涂料用硅树脂是高分子聚合物，含有甲基和（或）苯基取代基团。

有机硅树脂主要是以二氯硅烷和三氯硅烷混合物水解而形成硅烷醇混合物缩聚而成，三氯硅烷用以提供支链化。在缩聚反应中剩余的未反应的硅醇基在以后成膜时发生缩合或与其他聚合物进行交联反应[3]。

有机硅树脂中甲基与苯基的比例决定树脂的性能，这种比例与树脂性能的关系见表5-1-11。

表5-1-11　有机硅树脂中甲基与苯基的比例与树脂性能的关系

高甲基有机硅树脂	高苯基有机硅树脂
固化时较低重量损耗	固化时较大重量损耗
较快固化速度	较长贮存稳定性
较高耐紫外线稳定性	较高热稳定性
较低温度柔韧性	较大耐氧化性
与其他树脂有较低的相容性	与其他树脂有较高的相容性

有机硅树脂可单独用来生产粉末涂料，对耐温要求不太高的粉末涂料可使用苯基/甲基树脂比较高的有机硅树脂与其他树脂共混的方法制作，生产时需要选用耐热性好的颜填料。有机硅粉末涂料主要用于换热器、消声器、排气烟囱、发动机和烧烤设备等的涂装。

2. 辐射固化粉末涂料

使用热固化的粉末涂料，由于固化成膜温度高（＞150℃），在热敏材料上的使用受到很大的限制，如木材、复合中密度板（MDF）、塑料和纸制品等。这类材料要求涂层在低于150℃的情况下固化成膜，以羧酸/环氧为固化体系的粉末涂料也能在150℃以下可以被催化固化，但此时，粉末涂料在平衡储存稳定性、熔融流动性和固化之间的关系就成了问题，辐射固化的粉末涂料则有效地解决了这之间的矛盾。用于辐射固化的粉末涂料有两种，分别为紫外射线（UV）固化的粉末涂料和近红外射线（NIR）固化的粉末涂料。

（1）紫外射线（UV）固化的粉末涂料

UV固化的粉末涂料喷涂于物体上，首先被红外射线（IR）熔化（这样就不会使基材过热），粉末粒子熔结成为连续的涂膜，再通过UV辐射，在光引发剂的作用下涂膜交联固化。UV固化的粉末涂料在成膜过程中粉末的熔化过程与固化过程分开，能够使用常规设备，有很好的储存稳定性，在较低温度下成膜固化。

环氧树脂可通过使用络合阳离子盐作为光引发剂在紫外射线照射下进行阳离子聚合。目前应用最多的是不饱和聚酯树脂、不饱和丙烯酸酯与不饱和聚酯的混合物、丙烯酸改性的不饱和聚酯等，这类树脂在UV射线照射下，通过光引发剂进行双键的自由基聚合实现交联固化。

UV固化的粉末涂料在含有颜料的产品（如红色或黄色）上的使用存在不足，光引发剂的品种、用量及紫外光源和固化时的温度会影响涂膜的固化。

国外的一些树脂生产商，如DSM和前UCB都开发了用于UV固化粉末涂料的不饱和树脂，并已经有了工业方面的应用。

UV固化粉末涂料配方及其涂膜性能见表5-1-12。

表5-1-12　UV固化粉末涂料配方及其涂膜性能

组成 \ 重量 \ 品种	MDF用透明粉	MDF用白色粉	金属用透明粉
不饱和聚酯树脂	81.6	67.5	53.1
MDF用乙烯基醚（VE1）	16.7	13.8	
金属用乙烯基醚（VE2）			45.2
a-HAP光引发剂	1.0	1.0	1.0
BAPO		2.0	
流平剂	0.7	0.7	0.7
钛白粉		15.0	
固化工艺			
中波红外熔化	120″/100℃	120″/100℃	120″/100℃
UV固化	1600mJ/cm^2 H灯	4000 mJ/cm^2 V灯	1600mJ/cm^2 H灯
涂膜流平性	好	好	好
外观	好	好	好
耐甲乙酮	++	++	
耐丙酮	++	++	++
摆杆硬度/s	188	149	90
附着力/级	0	0	0
杯凸/cm			>6
耐冲击强度/inch · lb			40

目前，国外一些研发机构正在开发第二代UV固化的树脂，比如通过提高树脂的结晶度等手段进一步提高粉末的储存稳定性，降低熔结温度，提高粉末的熔融流动性。UV固化的粉末涂料前景还是比较乐观的。

（2）近红外射线（NIR）固化的粉末涂料

近红外固化技术的辐射强度比传统的中短波红外灯高，能穿透粉末涂层，粉末从熔融到涂膜固化只需要短短数秒，加热速率非常高而且均匀，具有非常好的外观。近红外加热的优势在于使涂膜从内到外同时固化，减少了固化能耗，提高了效率，对于较厚涂层和有色涂层的固化没有品种限制。传统低温固化、紫外固化、近红外固化的固化技术见表5-1-13。

表5-1-13 粉末涂料固化技术比较

	传统低温固化	紫外固化	近红外固化
熔融和固化时间	20～30min	2～3min	1～20s
最高表面温度	140～160℃	100～120℃	100～200℃（由基才决定）
首选的固化机理	加聚反应、缩聚反应	链式加聚反应	加聚反应
对膜厚的限制	无	<100μm	无
目前可用产品范围	各种颜色、各种美术型产品	特定颜色、各种光泽、某些美术型产品	无颜色限制、各种光泽、美术、金属效果
较厚底材是否需要穿透加热	是	否	否（但由基材决定）
价格	低	高	中等
用于热敏基材的可行性	低	高	中等
在非金属材料上应用的可行性	非常有限	是	是
基材形状限制	无	仅仅是平面或简单三维形状	仅仅是平面或简单三维形状

二、颜填料

粉末涂料是各种化学物质，经物理机械处理后，成为细度均匀的颗粒粉体。其组分中的每一种原料，都是为了保证涂膜质量、工程要求，适应生产工艺，改善喷涂条件和降低产品成本而严加控制。颜料和填料合称为颜填料，在生产粉末涂料过程中，颜填料的选用、工艺的操作方法都和产品质量有着紧密的联系，因此，熟练掌握各种原材料的应用和生产工艺是至关重要的。

适用于粉末涂料的颜料按其性能和作用大致可分为：着色颜料、金属颜料、功能颜料、体质颜料等四大类。它们是粉末涂料的重要组成部分，赋予涂层绚丽多彩的色泽、改进涂料的机械化学性能或降低涂料的成本等[4]。

着色颜料分为有机和无机两大类，几乎能涵盖所有的色相体系。金属颜料主要包括浮型和非浮型铝粉、各种色调的铜金粉和珠光颜料、金属镍粉和不锈钢粉等。功能颜料主要包括荧光颜料、夜光颜料、耐高温颜料、导电颜料等。体质颜料广义地讲有钛白粉（锐钛型和金红石型）、碳酸钙（轻质和重质等）、硫酸钡（沉淀型和天然重晶石型）、滑石粉、膨润土、石英粉等。

颜料种类繁多，性能不一，并非什么颜料都能用在粉末涂料中。粉末涂料由于自身的工艺特殊性，选择颜料时应注意：颜料分散性要好，不易结块；颜料遮盖力和着色力要强；热稳定性要好，至少需耐温160℃以上；颜料要具备一定的耐光耐候性，如不易褪色，抗粉化，物理性能要持久；颜料吸油量适中，抗渗色性要好。

在粉末涂料中加入一定量的填料可增加涂层的硬度等机械性能，并能降低成本，是调整粉末涂料成本的有效途径。

粉末涂料中应用的填料主要是碳酸钙和硫酸钡，而像膨润土、滑石粉、石英粉等可看成功能性填料，总体用量非常少。根据生产工艺和原料等因素，碳酸钙可分为轻质碳酸钙和重质碳酸钙两类，这两类碳酸钙在粉末上都有应用。硫酸钡也有两类：沉淀型和重晶石型。前者为化学反应制成，后者由天然重晶石研磨而成。

选择填料应注意的问题是：填料白度要高，可减少钛白粉的用量；杂质要少，考虑到粉末涂料的工艺特殊性，填料中杂质多将影响涂膜的表面装饰性（涂层表面颗粒多、流平差）；粒度过于粗的填料不要选用，因其不易分散，对螺杆有磨损。

（一）颜填料用量

实际上配方中的颜填料量常以重量来计算的，但在分析问题时，引入颜填料体积浓度（PVC），是颜填料的体积占涂料总体积的百分比，是粉末涂料许多性能中的一个参数，PVC的大小决定粉末涂料生产时的混炼效果、流平性、纹理的效果、上粉率和材料成本。PVC值越大，颜填料的分散就会不好，粉末涂料熔融流动的温度越高，而且熔融时的流动性也越差，不利于涂膜的流平。颜填料体积浓度的表达式为：

颜填料体积浓度=颜填料体积/（颜料体积+树脂体积）

从公式中可以看出，通过各种材料的比重可以算出配方的颜填料体积浓度，在实际应用中很难准确地把握PVC值，但可以根据颜填料的比重进行定性的判断，在配方的理论分析过程中有指导作用。

粉末涂料的颜填料涉及的因素较多，配方设计上要全面平衡。做美术粉时，要考虑粉末涂料的熔融温度和熔融流动性的控制；做高光粉时，要考虑粉末涂料的熔融温度与其固化反应温度两者的差别要足够大，使粉末涂料在熔融状态的时间足够长而达到涂膜流平的目的。随着颜填料的体积浓度增加到一定程度时，会产生一系列的影响，在挤出混炼时树脂对颜填料分散程度的影响，随着颜填料体积浓度的增加，树脂对颜填料的分散量增加，体系黏度增大，剪切阻力增大，不利于分散。磨粉时片料的硬度加大，影响磨粉效率。颜填料体积浓度增大，颜填料粒子不可能完全被树脂所润湿分散，颗粒的带电上粉率差，在涂装成膜时影响涂膜的流平，涂膜表面容易产生针孔或细纹。

在设计配方时，根据不同的颜色，确定钛白粉或炭黑的用量，保证粉末涂料在一定膜厚不裸露底材的情况下，遮盖颜料的用量应尽量低，从而也使调色颜料用量最少，降低颜料体积浓度和材料成本。

粉末涂料成膜物、固化剂、助剂的选用及用量的大小决定了粉末涂料配方的结构，在很大程度上影响涂膜的流平、光泽和涂膜的机械性能、化学性能、产品的使用性能。这些材料使用的不合理或不匹配会导致粉末涂料出现除颜色以外的一系列质量问题，在生产中我们把这方面的调整称为配方结构的调整，配方结构包括树脂与固化剂的配比用量、树脂占配方总量的比例（或颜填料占配方总量的比例）、各助剂占配方总量的比例等。

粉末涂料颜料的选用和颜色调整对粉末涂料非常重要，颜料的选用涉及粉末涂料的成本和粉末产品的应用性能及粉末产品与样品颜色的一致性。正确选用颜料的品种，避免颜料的性能与粉末产品的要求不符，提高产品成本和影响产品质量。

（二）颜填料种类

颜填料是不溶性的细颗粒粉状物质。在粉末涂料的成分中，颜填料是极其重要的组成部分，它赋予涂膜的遮盖性、色彩，改进涂料的应用性能，也改善涂膜的性能特性和降低成本。

颜料的分类方法有多种，从化学组成来分类可分成无机颜料和有机颜料两大类。或分成白色颜料、彩色颜料、体质颜料和功能性颜料四个类别。从生产制造角度来分类又可分为钛系颜料、铁系颜料、铬系颜料、铅系颜料、锌系颜料、金属颜料、有机合成颜料等。

1. 白色颜料

白颜料不仅用于白色产品中，还用于各种较浅颜色的彩色产品中，在颜色中可以调节颜色明度，在白色和浅彩色的粉末涂料中提供大部分的遮盖力。理想的白颜料应该不会吸收任何可见光，有高散射系数。控制散射能力的主要因素是颜料与基料之间折射率的差异，折射率是白颜料的关键性能。粉末涂料常用的白色颜料一般有金红石钛白粉、锐钛型钛白粉、氧化锌、立德粉四种。无论从化学性质还是从光学性质看，钛白粉，特别是金红石钛白粉是目前最好的白色颜料。

根据结晶形态，钛白粉分为锐钛型钛白粉和金红石型钛白粉。锐钛型钛白粉是用硫酸法生产的，工业上有未进行表面处理和表面处理两类产品。国内的钛白粉大多是未进行表面处理的锐钛型钛白粉，价格低廉、极性较大，粉末涂料生产时对钛白粉的分散程度有限，使用这种钛白粉往往造成涂膜表面不够细腻、流平性差等缺陷；金红石钛白粉由于晶格排列紧密，不仅射光率高，光散射系数高，在粉末涂料中的遮盖力、消色力和白度高，稳定性强，光催化作用相对较小。

氧化锌又称锌白。氧化锌有三种生产方法，分别为间接法、直接法和湿法。间接法是以锌锭为原料制得氧化锌，间接法生产的氧化锌品质最优、价高；直接法是以精锌矿为原料制得氧化锌，直接法生产氧化锌生产成本低，产品价格较低廉；湿法是将锌盐溶液转化成碱式碳酸锌或碳酸锌，再高温煅烧和粉碎制得氧化锌，也称活性氧化锌，湿法生产的氧化锌的比表面积很高，适用于特殊用途。氧化锌主要用于橡胶行业，只有约7%的氧化锌用于涂料行业，由于性价比不高，粉末涂料现已很少使用。用于食品和玩具行业的产品也不能使用氧化锌。

立德粉又称锌钡白，是由硫化锌和硫酸钡共沉混合组成的白色颜料，曾经是最重要的白色颜料，而随着钛白粉产量的增大，立德粉已越来越少使用。立德粉的价格较低廉，对粉末涂料的流平性影响较小，一般用在深色粉或低档粉中，立德粉耐光性能较差，不能用于户外。在酸性环境下使用的粉末涂料也不能使用立德粉。使用立德粉时还应注意可溶性钡的限制指标。

2. 黑色颜料

炭黑是无定形碳的一种黑色粉末。炭黑表面积很大。主要成分是元素碳，并含有少量的氧和硫等。炭黑主要用于橡胶行业，只有约10%的炭黑作为色素炭黑用于涂料、塑料、油墨和造纸工业中。作为色素炭黑的分类，从着色力或黑度方面分类可分为高色素炭黑、中色素炭黑和低色素炭黑三种。炭黑的粒径越细，则着色力越强，遮盖力越好，黑度也越高。炭黑是烃类不完全燃烧生成的颗粒，加上炭黑粒子很细微，因此在炭黑粒子的表面还结合有酚基、醌基、羧基和内酯基等含氧基团，这些含氧官能团影响着炭黑表面的pH。由于低色素碳黑的范围过宽，也可以分为两类，即普通色素炉黑（RCF）粒径范围28～40nm、低色素炉黑（LCF）粒径范围41～70nm。设计配方应依据不同黑度的涂料选择相应粒径的炭黑，粉末涂料加工时螺杆挤出分散性差，一般选用分散性好、对涂膜流平好的表面pH较低的炭黑。

还有一种黑色颜料是氧化铁黑，四氧化三铁，简称铁黑，遮盖力和着色力都很高，对光和大气的作用十分稳定，不溶于碱，微溶于稀酸，在浓酸中完全溶解，耐热性较差，在较高的温度下生成红色的氧化铁，因此氧化铁黑在粉末涂料中很少使用。

3. 红色颜料

包括无机红色颜料和有机红色颜料；无机红色颜料主要有铁红和钼铬红。铁红分子式为Fe_2O_3。具有优良的颜料性能，有很高的遮盖力（仅次于炭黑），较好的耐化学稳定性（只溶于热浓酸），耐热性高，有很好的耐光性和耐候性，毒性极小。不同方法生产的铁红有不同的晶形（如立方形、球形、针形、六角形、菱形），粒径不同其色相、着色力等方面也有不同。针形铁红粒子有比较高的散射能力，相同色相的铁红针形的要比球形的着色力、遮盖力高。氧化铁红具有价廉、稳定性高的优点，广泛用于粉末涂料的配色。

钼铬红是一种含有钼酸铅（$PbMoO_4$）、铬酸铅（$PbCrO_4$）和硫酸铅（$PbSO_4$）颜色较鲜明的橘红色至红色颜料。着色力、遮盖力性能优良，耐热性非常好。实际使用中，钼铬红颜料晶体的晶形易发生变化，使色泽会改变，耐光和耐候性不太好，含有重金属，不能用于要求环保的产品。

有机红颜料品种繁多，色相有黄相红、正红、蓝相红和暗红等。大多数有机红颜料是偶氮红颜料，传统的偶氮颜料着色力较强，耐热性、耐光性和遮盖力都不太好，颜料迁移性较强，不适合粉末涂料使用。

缩合偶氮类、吡咯并吡咯类（DPP）、蒽醌类等一些高性能有机红色颜料，具有较高的耐温性能，优秀的耐光和耐候性，经过表面处理后，其分散性和遮盖力比普通的偶氮颜料大为提高，价格相对较高，适合要求较高的户外粉末涂料使用。

4. 黄色和橙色颜料

铅铬黄颜料一般有五个品种，即柠檬铬黄、浅铬黄、中铬黄、深铬黄和橘铬黄。柠檬铬黄色泽鲜艳，带绿相，着色力较中铬黄差；浅铬黄是纯正的浅黄色相，比柠檬铬黄要深些，着色力比柠檬铬黄稍好。中铬黄主要成分基本上是铬酸铅$PbCrO_4$。其色泽饱和纯正，深浅适中，性能优越，价格低廉，是粉末涂料用量最大的黄色颜料。铅铬黄颜料具有遮盖力强、耐热性好、着色力高、易分散和价格低廉等优点。

氧化铁黄又称羟基铁，简称铁黄，色泽为褐黄色，着色力接近中铬黄，具有良好的颜料性能。耐温性能稍差，耐光性能优良，在粉末涂料行业广泛使用。

钒酸铋/钼酸铋黄是钒酸铋和钼酸铋两种不同的结晶结合而成。钒酸铋/钼酸铋黄的色相和着色力都接近于铅铬黄颜料，色泽鲜艳，具有优良的耐光性、耐候性和化学稳定性，分散性高，毒性很低，可作为无铅颜料，价格较高，适应于做高性能户外粉末涂料。

大部分有机黄和有机橙色颜料是偶氮类的颜料，与偶氮类的红色颜料一样，传统或经典的单偶氮黄色和橙色颜料大多不适合粉末涂料使用，可以用于户内粉末涂料中以替代含重金属的铅铬黄颜料。其他高性能黄色和橙色颜料还有缩合偶氮类、四氯异吲哚啉酮类、蒽醌类等。

5. 蓝色颜料

粉末涂料常使用的无机蓝颜料是群青，主要作为调色颜料使用。群青是以硅酸盐为主要原料，经高温煅烧而形成的一种多元素、多成分无毒的无机颜料。具有极好的耐光性、耐碱性、耐热性、耐候性，但易被酸的水溶液所破坏。国外有蓝相、紫相、红相的群青品种，我国现在只有蓝相群青。蓝色群青着色力较低，色调艳丽、清新，非其他蓝色所比拟。

粉末涂料常使用的有机蓝颜料是酞菁蓝，主要组成是细结晶的铜酞菁。它具有鲜明的蓝色，耐光、耐热、耐酸、耐碱、耐化学品性能优良，着色力强。

6. 绿色颜料

粉末涂料常使用的无机绿颜料氧化铬绿，用于调色，可利用其较高的对红外线反射作用而应用于伪装涂料，可以用于户外。无机绿色颜料着色力差，在粉末涂料中应用很少；有机绿颜料酞菁绿，其化学组成是多卤代铜酞菁，色光呈蓝光的绿色，常常加入抗絮凝添加剂，酞菁绿颜料适合粉末涂料的应用。

7. 紫色颜料

粉末涂料最常用的紫色颜料是咔唑二噁嗪紫，即永固紫，着色力好、并具有优异的耐热、耐渗性和良好的耐光牢度，色相呈蓝光紫色。与酞菁蓝一起拼混调色后能保持良好的耐光牢度，冲淡后的浅色有极好的耐候性。微量的永固紫颜料经常用作白色粉末涂料的吊色，冲压树脂的黄相，可以起到增白剂的作用。

另一种常用的紫色颜料是喹吖啶酮类，其各项耐性优异，色相呈红光紫色，色相发暗程度低，常作为调色颜料使用，可以用于户外产品，价格较贵。

8. 体质颜料

体质颜料是指起填充作用的颜料，就是我们通常使用的填料。主要有碳酸钙、硫酸钡、滑石粉、高岭土、云母粉、硅灰石、二氧化硅等无机填料。体质颜料的折射率与基料树脂的一样，几乎没有什么遮盖力。有些体质颜料由于其颗粒性质和粒子表面性质的特殊性，还能起到助剂或功能性的作用。

碳酸钙分为轻质碳酸钙（沉淀碳酸钙）和重质碳酸钙，广泛用于粉末涂料，廉价的碳酸钙可以降低粉末涂料的成本；硫酸钡一般有沉淀硫酸钡和重晶石粉两种；其他体质颜料品种主要有滑石粉、高岭土、云母粉、二氧化硅等。

思考题

1. 粉末涂料分为几类？各有何特点？
2. 在粉末涂料的配方中，颜填料的用量上要注意什么问题？

实训任务　无助剂粉末涂料试验

能力目标：能够熟练操作试验仪器与设备，运用化工工艺试验工的相关技能，完成主料配比试验任务。包括主料的预处理，主料配比计算，主料配比混合，主料品质测试等。

知识目标：理解主料配比的相关理论和机理，掌握主料配比的计算方法；包括粉末涂料主料的分类、配方等知识，应用计算方法，设计试验方案。

实训设计：公司涂料车间试验小组开发粉末涂料，要求成本低廉，工艺合理。按照车间组织构成，分为若干班组（项目组），选出组长，由组长协调组员进行项目化的工作和学习，完成任务，技能比赛，汇报演讲，以绩效考核方式进行考评。

一、粉末涂料生产要点

以热固性粉末涂料生产工艺为例，来说明生产流程和操作要点；首先是清理机器，包括油污、焊渣、铁屑或者品种切换时的其他污物；然后是备料，就是根据所做产品的品种和数量进行原材料的准备，接着就是配料、混炼挤出、压片、冷却、破碎、磨粉过筛、后混加工，或者计量包装。

配料要求仔细核对各种原料的产地、型号、批次是否和工艺配方中要求的一致；对要使用的所有计量器具进行校对；分清不同材料对计量器具精度的要求并按要求进行准确计量投配料；按规定的顺序进行投料并按规定的程序、搅拌强度和时间进行混料并做到每料配制工艺的一致性。

混炼挤出要按规定将螺筒加热到设定温度，料斗内的物料不得加得过满、过实，以防堵料造成螺杆空转，安全启动螺杆转动，调整到规定转速，待主电机电流平稳后启动进料器，在挤出过程中要随时观察并定时记录螺筒各段温度值和各电机的电流值参数，保证物料挤出的连续性。

压片、冷却、破碎时，开启压片机之前先备好接料器皿、粗调辊距，开启轧辊冷却水阀，在启动挤出机前启动压片机；待挤出物料出来后细调辊距，并协调挤出速度，调整好钢带速度，保证料片在达到破碎辊处之前能够充分冷却。

磨粉过筛要按要求装好规定目数的筛网并检查各管道、部件的连接是否牢固，按照规定程序启动磨机，待风机风量稳定后再依次启动其他部分，最后启动进料器，按规定调整好风量以及副磨、进料器的速度，保证磨体内温度正常，随时做筛析样以确定无破、漏筛。以每个投料批次量为单位进行中控抽样。

接着后混加工，或者计量包装，本批次生产结束。

二、实训任务

参照上述工艺要求，本次实训选用附录二配方二的无助剂粉末涂料来实施，按照配方要求准备好树脂、固化剂、颜填料等原料和试验方案，进行人员分组，完成试验任务；试验仪器与原料准备：100～300ml具塞量筒1套；刮板细度计（100μm）1台；小型砂磨机（2L）1台；保温烘箱1台；试验设备一套（搅拌、电炉等）1套；光泽计1台；自动酸价滴定仪1台；250ml棕色小口瓶1箱；比色纸1套；黏度计（涂料4号铜杯）1台；40倍放大镜1个；烧杯8个，天平4台，搅拌器4套，黏度计1台，涂覆板若干，小刷4把，配备投影仪等教学设备的实训室。

课后任务

1. 查询粉末涂料的应用领域。
2. 查询粉末涂料施工设备的技术进展。

参考文献

[1] 刘登良. 涂料工艺[M]. 第4版. 北京：化学工业出版社，2009.

[2] 南仁植. 粉末涂料与涂装技术[M]. 第3版. 北京：化学工业出版社，2014.

[3] 庄爱玉. 粉末涂料及其原材料检验方法手册[M]. 北京：化学工业出版社，2011.

[4] 汪多仁. 绿色涂料与助剂生成技术[M]. 北京：中国建材工业出版社，2006.

第二节 助 剂

粉末涂料助剂也称作粉末添加剂，大多是从涂料或塑料助剂演变过来的，在形态上多为固体。虽然粉末涂料助剂品种比传统的液体涂料中少得多，但是随着粉末涂料技术的不断发展，助剂的品种和功用也在不断增加。不同的粉末涂料品种对助剂品种的要求也是千差万别。一个优良的粉末涂料助剂品种须同时具备以下条件：加量少且效果明显、物理和化学性能稳定、不影响着色或其他性能、添加方便好分散、低毒甚至无毒、价格合适。

一、助剂分类

粉末涂料助剂是用以增加粉末涂料的成膜性，改善或消除涂膜的缺陷，或使涂膜形成纹理的材料。粉末助剂是粉末涂料中的重要组成部分，是改善粉末涂料生产、施工或涂膜等某些方面性能的一类物质。虽然其添加量和树脂、固化剂以及颜填料相比要少得多，一般只占配方总量的1‰到5%，但是它对粉末涂料性能的影响是极其重要的。

助剂是起辅助作用的材料，其种类和品种繁多，选用时一定要注意各助剂产生的作用，切不可乱用和滥用，使配方做到简单有效。粉末涂料的助剂大约分以下几种：流平剂、脱气剂、紫外线吸收剂、光稳定剂、抗氧剂、颜料分散剂、抗静电剂、电荷调整剂、摩擦增电剂、抗结块剂、表面抗划伤、增滑剂，纹理剂（包括砂纹、皱纹、皮纹、水纹等）、消光剂、催化剂、促进剂等[1]。

理想的助剂应该是固体，最好是熔点或者玻璃化温度在50℃以上的结晶性细粉末，应该有良好的稳定性，便于储存和使用，与树脂基料或固化剂不发生化学反应，应为无色或浅色，不能使涂膜着色，具有特定的功能，高活性，在可能的条件下低添加量就能够起到作用，基本无刺激性和毒性，符合有关环保安全的标准。但是在大多数情况下，很多很有用的助剂都是液态的，因此常常将它们加到树脂中或者吸附在载体上制成母料。

（一）流平剂

流平剂的应用已有很多年了，而且还在不断的发展中。一般而言它们最主要的作用是用来防止涂膜缩孔、鱼眼等的产生，减少橘皮现象。同时，使用流平剂有助于改善颜料的分散性和固化过程中脱气效果，增加流动性。良好的分散效果促使了颜料在体系中的分散效应，增强了色彩的均匀性及减少加工时间。

现在所使用的流平剂一般是通过消除（或补偿）表面张力之间的差别来改善界面性能的，粉末涂料的成膜和流动是由表面张力和熔融黏度这两个主要的参数所控制的。在给定温度下，表面张力是导致流动的主要驱动力，而流动阻力来自于粉末在烘烤条件下的熔融黏度，因此流平剂就是表面张力改善剂。

不使用流平剂，粉末涂料不仅流动性差，有橘皮产生，而且涂膜表面倾向于产生针孔。加入适量流平剂是解决问题的办法。由于不同的流平剂之间有产生不相容的可能性，为了保证良好的润湿性能，流平剂应均匀地分散在粉末体系中，生产过程中良好的分散是必要的。不同的粉末体系是有不同的表面张力，相互之间也有存在干扰的可能性，在实际生产安排中应用高表面张力的品种到低表面张力品种顺序生产以减少交叉污染现象的发生。

目前的流平剂多为丙烯酸酯的均聚或共聚物，也有一些改性的聚硅氧烷（如聚醚和聚酯改性的聚硅氧烷）能够在不污染的情况下改善粉末涂料的流平性的。

一般的流平剂都是黏稠的液体，因此通常情况下他们被以5%～15%的浓度一次性加入到树脂中或者以60%～70%的浓度被沉淀到气相二氧化硅上作成母料。这样就可以更容易地被计量，并易于在粉末涂料的预混合阶段被均匀地分散。因为二氧化硅容易在透明粉上造成雾影，因此当透明粉的透明度要求比较高时，应首选树脂为载体的。

一些高分子量的热塑性聚合物在预防粉末涂料产生缩孔时也是非常有效的。例如用作流平剂的聚乙烯醇缩丁醛，由于他们具有较高的熔点，因此很难在挤出时分散到树脂熔融中，因此被液态的聚丙烯酸所取代。

（二）脱气剂

最常用的脱气剂是安息香，它作为一种“固体溶剂”使涂膜持续不断地展开，有足够长的时间让空气从涂膜中逃逸出去。安息香的化学名又叫二苯乙醇酮，是白色或浅黄色结晶性粉末。

在环氧体系涂膜中，安息香可以降低熔融的黏度和表面张力。但是在烘烤时由于它可以转化成深色的联苯酰，因此会导致白色或灰白色的涂膜发黄。对于一般颜色的涂料，人们推荐安息香的最低加量为0.2%（按配方总量计）。对于白色和灰白色涂料，如果要牵涉过烘烤，则其加量不能超过0.2%。而对于黑色或其他深色体系可以最高加到0.8%。当使用一些辅助剂（如一些不产生气体、不黄变的聚合物助剂）时，安息香的脱气性能可以得到加强。

安息香合适的替代物有硬脂酸，是一种有效的脱气剂和流平剂，因为它会使体系的玻璃化温度大大下降，因此其使用受到了储存稳定性的限制；另外，氢化蓖麻油的衍生物，也会改善涂膜的流动性但降低玻璃化温度；还有各种各样的聚乙烯和聚丙烯蜡、单或者双酰胺蜡都可替代安息香。

为了获得更好的脱气效果，最好是根据不同体系的加工特性选择相适宜的脱气剂，将安息香和其他脱气剂组合起来使用效果会更好。

（三）紫外光吸收剂和光稳定剂

紫外线吸收剂是一种预防型的稳定助剂，在紫外光（UV）危及聚合物结构之前选择性地强烈地吸收紫外光，并将其转换成无害的低能辐射，防止了紫外光对聚合物的降解作用。常用的UV吸收剂有二苯甲酮类化合物、苯并三唑类化合物。紫外光吸收剂可以防止涂料光降解，将日光中的紫外组分吸收或者转化成无害的热，从而消除太阳光对涂层的损害。

光稳定剂能够通过封闭活性中心来阻止聚合物分子的光化学降解。光稳定剂受阻胺是一种自由剂捕获剂，主要包括哌啶类、咪唑烷酮类、氮杂环烷酮类衍生物，在高分子材料的光氧化中这类化合物通过捕获自由基、分解氢过氧化物、猝灭激发状态能量来达到防老化目的，一般用于有色系统。通常情况下，紫外光吸收剂和受阻胺是一同使用的，如果把具有捕获自由基能力的受阻胺光稳定剂（HALS）与UV吸收剂并用可获得非常好的光稳定效果，同样HALS和亚磷酸酯抗氧剂混合使用，也有协同作用。因为二者的协同作用可以为涂层提供诸如防光泽降低，防分解，防剥落，防变色等更好的保护，推荐的使用浓度为：1%～1.5%的UVA，0.5%～2.0%的HALS（按基料计）。

羟苯基苯并三唑的衍生物是一种非常常见的紫外光吸收剂，而受阻胺（HALS）则几乎都是2，2，6，6-四甲基哌啶的衍生物。他们可以提高粉末涂料的室外耐久性，包括用于透明粉的紫外光吸收剂和用于色漆的受阻胺类光稳定剂（HALS）。

（四）抗氧化剂

抗氧化剂（或热稳定剂）被用来防止在烘烤过程中涂层的黄变。一般情况下，他们是空间位阻抑制型抗氧化剂和耐水解的有机磷酸盐的混合物。粉末涂料在受到高温烘烤或日光照射后会发生老化、黄变等现象，严重地影响了我们对产品的外观及性能的需求，为了防止或降低这种趋势的发生，我们通常采用添加抗氧剂或热稳定剂的方式来实现，虽然影响涂膜老化的因素很多，如树脂、颜料、添加剂的质量和类型、涂料的配方设计、生产工艺、温度的变化、大气的组成、湿度等自然因素，但适宜的添加剂的应用确实降低了这种趋势的发生。

抗氧剂就是一种抑制或延缓聚合物氧化降解的物质。抗氧剂的品种很多，功效也不尽相同，如果按照其机理来分类的话可分为两大类：一类叫链终止型抗氧剂（chain-breaking antioxidant），此类抗氧剂与高分子中产生的自由基（free radical）反应中断链的增长也称为主抗氧剂，另一类叫预防型抗氧剂（preventive antioxidant），该类抗氧剂能抑制或减缓引发过程中自由基的生成，又称辅助型抗氧剂。主抗氧剂有受阻酚类、仲芳胺类、预防型抗氧剂有亚磷酸酯类、二硫代氨基甲酸金属盐类等，应用抗氧剂应该考虑如下的因素：

变色性。抗氧剂的色变问题是我们考虑的一个重要因素。一般而言酚类抗氧剂没有污染性，可用于无色或浅色体系，而芳胺类的则有较强的变色性和污染性。

挥发性。分子量较大的抗氧剂挥发性较低，不同品种的抗氧剂也有很大的差异性。因此选用时应根据每个不同的品种进行选择。

溶解性。理想的抗氧剂是在聚合物里溶解度高，这取决于抗氧剂的结构、种类、温度等因素。

聚合物的结构。需要指出的是不同的聚合物结构会有不同的抗氧化能力，在选择抗氧剂时必须考虑到这种差异性。

热的影响。热的影响极其重要，温度每上升10℃氧化速度大约提高一倍。而在100℃时氧化速度将是室温（20℃）的256倍。因此高温下的氧化是一个非常重要的影响因素。必须选择耐高温性能良好的抗氧剂。受阻酚抗氧剂在耐高温方面性能较差，而二氢喹啉吖啶类等在高温下有特别的使用价值。

金属离子的影响。变价金属离子如铜、铁、锰等微量元素的存在会加速聚合物的氧化，因此可以采用金属离子钝化剂予以抵制。

协同效应。胺类或酚类链终止型抗氧剂与过氧化物分解剂（如亚磷酸酯类）配合使用可提高聚合物的抗热氧化能力，这也称为协同效应。粉末涂料助剂的协同效应是指两种或多种助剂适当配合使用是，相互间会相互影响而增效的作用。当然，协同效应的反面是对抗作用。

抗氧剂使用量。抗氧剂的用量取决于聚合物的种类、交联体系、抗氧剂的效率、协同效应及成本等因素。大多数抗氧剂都有一个适宜的浓度值，在适宜浓度之内用量增大抗氧能力增加，超过适宜浓度时有不利的影响，例如：可以导致变色。此外还应考虑抗氧剂的挥发、抽出、氧化损失等因素。

粉末涂料在烘烤过程中会变色（或者说是黄变）在使用直燃式煤气炉时问题会更严重，因为在这种情况下涂层会和燃烧产物（主要是氮氧化合物）发生相互作用。变色的程度取决于粉末涂料的类型和被稳定的程度。通常使用的上述热稳定剂是不适合用于直燃式煤气炉的。这种情况下推荐使用特殊的“外部”稳定剂，可以使用一种助稳定剂（如苯基亚磷酸钠）来加强过烘烤稳定性，而同时又不会影响直燃式煤气炉的使用。

（五）颜料分散助剂

在高浓度颜料的粉末中，分散剂的加入通常会降低熔融黏度，提高光泽，显影度DOI和流平性。因此人们推荐使用改性聚乙烯蜡和酰胺蜡。但是吸附在沉淀二氧化硅上的疏水性的磺酸锌是一种更有效的分散剂，推荐用量为1%～7%。添加量取决于颜料的类型和可分散性，而后者是可以通过对颜料的表面处理来改善的。

将高浓度的颜料预分散到低分子量的（聚酯）树脂中，制成颜料预制品或颜料母料，也可改善颜料的分散性。

（六）抗静电剂和电荷控制剂

通过加入抗静电剂和电荷控制剂可以降低粉末涂料和涂层的表面电阻率。尽管得到的结果类似，但是这两种助剂的用途是不同的。抗静电剂是提高沉积的涂层向地面传送静电的能力，而电荷控制剂则是提高粉末上粉率的能力。粉末颗粒的电阻率越低，则其带电效率就越高，因此抗静电剂可以提高粉末颗粒的带电效率。这样的话就可以减少喷涂时间并可以降低工作电压。

高分子表面的高表面电阻致使产生的静电荷很难排泄出去，一般可以通过增加环境湿度、加入导电性材料如金属粉、炭黑等改善，而添加抗静电剂的方法最简单易行。

抗静电剂按亲水基能否被电离可分为离子型和非离子型。阴离子型抗静电剂一般有硫酸衍生物、磷酸衍生物和高分子量的阴离子型聚丙烯酸盐等；阳离子型则有季铵盐类、烷基咪唑啉类等；非离子型则有脂肪酸、醇、烷基酚的环氧加合物，胺类衍生物等。

在实际应用中绝大部分抗静电剂都属于阳离子型季铵盐类和阴离子磺酸衍生物，尤其是胺类的产品会对环氧体系产生催化作用或导致过烘烤黄变，同时过多地导入也会导致带电性降低从而影响吸附率；有一些抗静电剂是含环氧类粉末的催化剂或者在固化时会产生黄变，因此需慎重选择。

由于粉末粒子的带电效率大约只有0.5%，其他大部分为自由离子，它们会随着喷涂过程吸附在被涂表面并产生累积直至排斥或放电为止，严重地影响了粉末的进一步沉积和凹槽面上粉率，而表面电荷调节剂（季铵盐类或偶氮金属络合物）则可以平衡或改善被涂工件表面的自由离子的累积，从而改善喷涂效果，使厚膜涂装也成为可能。

（七）摩擦增电剂

在涂装时粉末涂料颗粒在压缩空气的推动下与枪体内表面以及输粉管内壁发生摩擦而带电，带电的粉末涂料颗粒离开枪体飞向工件并吸附于工件表面，从而达到涂装的目的。因此摩擦静电喷涂就是利用了这一原理，通过选用恰当的材料作为喷枪枪体，制作喷枪枪体的材料首先应能使绝大多数粉末涂料粒子通过与之摩擦而带电，且枪体材料及粉末涂料的电负性相差越大越好。其次，枪体材料要有良好的耐磨性能。

对于一些形状复杂、有很多边角沟槽的工件，使用摩擦静电喷涂方法进行施工是一个明智的选择，较粗的粉末颗粒（直径大于30μm）在喷枪中受到的空气推动力比较大，与喷枪枪管之间产生的摩擦力要比细粉大，所以大的粉末涂料颗粒通过摩擦而所带的电荷较高。因此大的粉末涂料颗粒在喷涂施工过程中的迁移效率要比细粉高很多。对不同的树脂体系由于具有不同的带电效果，所以为了获得较好的带电率，我们在涂料配方或树脂中加入一定量的摩擦带电剂以提高摩擦带电效果。

含氮的化合物一般都能改善摩擦带电程度，因此不仅一些有机颜料，还有羟烷基酰胺在摩擦喷枪喷涂体系中都是非常有效的。

为了防止含氮助剂加速环氧粉末固化，一般使用位阻胺类或者氨基醇类来加强，通常使用低用量的HALS类光稳定剂作为摩擦促进剂。

（八）防结块（自由流动）剂

二氧化硅，是一种高效的防结块剂，涂料粉末的流动性能受阻总是要归因于粉末颗粒的物理接触，防结块剂之所以能够起到作用，是因为气相二氧化硅或氧化铝可以覆盖（或包覆）在粉末初级粒子的表面上，并形成一个薄薄的、“单分子”的可滑动层，产生一种“滚珠轴承”效应，使粉末颗粒滑动并滚动以提高粉末的自由流动性，降低了相互吸引和摩擦接触作用，改善了颗粒的可流动性和可操作性能。

在一般情况下所需的防结块剂的用量是非常低的，通常加入粉末涂料总量0.1%～0.3%重的气相二氧化硅/氧化铝便足以改善粉末的流动性、防结块性、装填熔合性以及在软管中的可输送性能。

对粉末的二次处理也可以改善充电性能、可喷涂性能，降低对湿气的敏感度，提高粉末自由流动性能。

高含量的气相二氧化硅（0.3%～0.7%）可以作为触变剂（就像在液体油漆中一样），能提高粉末的边角覆盖率，而这在很多的电器绝缘和功能性粉末涂料中是非常需要的，但它也会降低光泽和流平性。

（九）抗表面划伤和增滑剂

抗表面划伤和增滑剂的作用是提高光滑度，增强抗划伤、抗磨损性和防粘连性能，从而降低在加工和使用涂料制品时的机械损伤。

抗表面划伤或损伤是指能够抵抗锋利或者坚硬物体的损害；抗摩损是指能够抵抗粗糙的或坚硬的物体的损害；抗粘连能力是指防止涂膜表面黏着的能力。抗划伤能力依赖于硬度，如同一些弹性体都具有较好的抗划伤能力。抗擦伤能力隐含着抗划伤能力，但是它同时意味着防污能力。防粘连能力是指防止两个表面即使在压力下也不相互黏结。

表面滑爽是指摩擦系数值低，和抗划伤能力一样，他们在一定程度上都可以通过加入相应的添加剂得到改善，其机理都是作为润滑剂。润滑剂可以在表面形成一种润滑膜，填平由桥式微细凸起引起的粗糙表面，使物体可以在不造成机械损伤的情况下滑过表面，能在表面上形成固体保护膜的添加剂则具有更好的防擦伤、划伤和防黏结能力。

为了提高涂层的抗刮痕性，常常在粉末配方中添加聚乙烯蜡、聚丙烯蜡、聚四氟乙烯改性聚丙烯蜡，增加涂层的表面硬度。

所有这些添加剂与基料仅部分溶解、不溶解或者是不相容的，它们在固化的时候迁移到涂膜表面形成连续的或者有时是非连续的涂层，常见的类型有聚乙烯蜡、改性的聚丙烯蜡，PTFE和聚乙烯粉末的混合物。

低密度类型的聚乙烯与高密度的聚乙烯蜡相比更坚韧，可以提供更好的耐擦伤性能，但是高密度的聚乙烯粉具有较好的滑爽性，聚乙烯添加剂在加量不超过0.3%（按粉末总量计）时都使粉末涂料具有重涂性。另外，因为涂膜表面难以润湿，还可以有较好的保光性，并能改善涂膜的耐污性和耐化学性能。

改性的聚乙烯蜡可以提高抗擦伤能力，但不推荐作为增滑剂使用。聚氟化合物（聚四氟乙烯和聚乙烯蜡的混合物）不仅可以作为增滑剂，依据其聚乙烯的类型同时也可以提高抗划伤性能。聚乙烯蜡越柔软，固有的滑动越低，抗划伤性能越好。反之聚乙烯蜡的硬度越高，固有的滑动越高，但是摩擦系数越低，耐划伤性能不好。

费托蜡是一种直链饱和碳氢化合物，在添加量<1%时也可以提高滑爽性。当要求涂膜的耐溶剂性能较高时可以使用费托蜡和聚四氟乙烯的混合物。

（十）纹理剂

纹理剂可以为表面提供一种结构效果，产生表面纹理及特有的光泽和颜色，是通过控制粉末的粒径、熔融黏度、熔融表面的表面张力，达到所需的纹理效果；纹理型粉末涂料有着不同的品种，有砂纹型、皱纹型、皮纹型、水纹型等。

1. 砂纹型

早期制备是通过添加PTFE的聚合物或改性PTFE聚合物来获得不同的纹理效果，一般采用PP或费托PE蜡和PTFE混合来获得，采用改性的PTFE制备砂纹表面其添加量稍大，纯的PTFE添加量少，一般采用稀释办法以获得稳定的纹理效果。

使用PTFE的过程当中添加量的大小、粉末粒径及颜填料都会对表面及光泽产生较大影响，一般而言，粉末粒径越细产生的纹理越细（粗糙度越小）；粒径越粗纹理也越深。添加量的影响是这样的：随着添加量的增加，表面光泽逐渐降低，纹理效果也越来越明显，直至变成均匀一致的细砂纹，可以通过粉末粒径来调节。另外，填料的类型及含量也会影响砂纹的表面效果。一般而言较高的颜填料量应当会导致极为紧密的纹理形成，但过多的填料也会导致不充分润湿或流动，过于粗糙的涂膜也不一定具有应用价值，所以调节PTFE用量、粉末粒径及填颜料品种以取得综合的平衡效果。

2. 皱纹型

皱纹型粉末涂料中，粉末体系中局部表面张力的突然改变将会导致紊乱度增加从而产生凹陷，这是我们做皱纹粉的最基本原理之一。醋丁纤维素（CAB）是添加剂之一。CAB的最大好处在于可以和粉末其他组分一起共挤而不易产生露底现象，其用量一般在为0.005%～0.5%，当CAB加量比较高时，效果会不明显甚至使涂膜变得平滑。

随着添加量的增加皱纹逐渐变小，使用CAB时一定要注意挤出温度，过高的挤出温度容易导致纹理的变化或消失，因此调节挤出温度和降低挤出时的内摩擦相当重要。CAB在做浅色粉时一定要注意填料的杂质，某些黑点杂质容易泛出涂层表面，所以建议使用超细填料。CAB多少具有一定的污染性，因此使用时务必非常小心，必需彻底清洗所有的设备，如预混合机、挤出机、粉碎机和喷涂设备等。为了避免这些困难，可以使用不污染的原料来替代CAB。

3. 皮纹型

可以使用能降低涂膜流动性或者在基料中加入不熔性聚合物添加剂制备花纹粉末涂料，比如苯乙烯-马来酸酐共聚物系列产品（SMA）可以在环氧和混合型粉末中产生细纹和粗纹的仿皮效果，同时不会影响机械性能。其推荐加量为基料总量的2%～7%。

4. 水纹型

水纹添加剂可获得不同表面光泽和纹理大小的水波纹。通过适当的配方调整还可获得特殊的表面纹理结构具有很强的立体感。比如四甲氧基甲甘脲（TMMGU）固化的羟基型聚酯，当用几种不同的胺封端的磺酸盐化合物来催化时，可以得到很细小的水纹涂膜。催化剂可选用二甲胺基甲基丙醇（DMAMP）封端的对苯甲基磺酸或者是三氟甲烷磺酸的二乙基铵盐。

这些水纹剂的用量应该为0.3%～0.5%（按基料总量计）。因为他们是液体的，因此用前要做成羟基聚酯的母料。具有不同粒径大小的聚四氟乙烯粉末也可以产生不同程度的纹理效果，一般被制作成粒径在10～15μm的粉末，有效添加量在2%～3%。另外还可以使用一些不熔、不流动或者不相容的其他聚合物作纹理剂，其中包括一些级别的聚丙烯粗粉末、橡胶、乙烯-丙烯酸共聚物的金属盐类，最好是锌盐，这些惰性的聚合物添加剂一般不会明显地影响涂膜的颜色和机械性能。

（十一）消光剂

光泽是评估一个表面时得到的视觉印象，主要是光线与物品表面的物理性能相互作用的结果，反射率是涂层表面反射光线的能力，反射光的多寡和反射状态取决于涂层表面的平整性和粗糙度以及颜色和透明性，以反射光与入射光的比值来表示，称为该材料表面的反射比或反射率（%），我们称之为光泽度。

与液体涂料相比，粉末涂料的消光比较困难。一般来说颜填料在涂料表面聚集使得粗糙度增加，就会产生消光效果，然而粉末涂料由于不含溶剂在固化过程中黏度相当大，那种从低黏度向固态相的迁移并不容易发生，颜填料无法在涂膜表面的大量聚积，因此粉末涂料的消光具有一定难度。消光剂定义为一种专门设计用来降低粉末涂料光泽的产品，同时它又不会影响树脂体系的化学定量关系。

粉末涂料的光泽可以大致划分为下列五个等级，即高光＞85%、标准70%～85%、半光40%～70%、低光15%～40%和无光＜15%。在整个粉末涂料系统中消光的品种占有相当大的比重。一般而言粉末涂料的消光可通过填料添加法、添加不相容的物质、干混法、一次挤出法等方法实现。

在使用该消光剂必需注意不宜过量，另外烘烤温度和挤出温度也要慎重考虑。消光途径是多样的，一般而言化学类的消光可提供稳定的重现性，好的消光效果，任何一种消光方法都有它的长处和局限性。因此我们在选用消光剂时应综合平衡所有性能来获得想要的消光结果。

（十二）催化剂（促进剂）

催化型固化剂是以阳离子方式或阴离子方式使环氧基开环加成聚合，最终固化剂不参加到网状结构中去，催化型固化剂分为阴离子聚合型和阳离子聚合型，例如咪唑类就是常用的阴离子聚合型固化剂，其目的不仅仅是加速烘烤时的反应，缩短烘烤时间，还能降低固化温度；因为只需要加入很少的量，一般都将它们制成母料来使用。

二、外观不同的粉末涂料[2]

（一）消光粉末涂料

涂膜表面的粗糙密度及粗糙的立体程度越大，涂膜表面对光线的漫反射程度就越大，涂膜表现出来的光泽就越低。粉末涂料就是通过各种手段使涂膜表面形成一定的粗糙度而达到消光的目的。

粉末涂料的消光方法有两种，物理法和化学法。物理消光一般采用填料法和助剂法。将颜填料的加入量高于颜料的临界体积浓度（CPVC），形成表面不规则的涂膜，达到消光的目的就是填料法，通常使用粒径较粗的（平均粒径为20～40μm）填料，如机械粉碎的重晶石粉或石灰石粉作为消光填料，使配方颜料体积浓度小于CPVC，为保证涂膜有很好的流平性和机械强度，光泽最低只能达到60%左右，填料法消光的涂膜流平不好，机械强度也会变差，光泽不能消得很低。在配方中加入无化学反应活性的、与基料体系不相容的蜡等材料就是助剂法，如石蜡、聚乙烯蜡或聚丙烯蜡，或者它们的混合物，用以产生涂膜表面不均一的效果。当蜡加量较多时，涂膜表面会有蜡析出，深色涂膜会有发白现象，这种方法也不能把涂膜光泽降到很低的程度，一般消光程度达到50%以上的光泽度。

化学消光法是通过化学的方法，利用粉末不同步固化的原理，使粉末涂料的涂膜表面形成一定的粗糙度，达到消光的目的；化学法制得涂膜的光泽比物理法制得涂膜光泽要低很多，通常采用干混法和一步法来制得较低光泽的涂膜。

干混法是根据两种不同体系的粉末涂料混到一起后常会有干扰失光的原理，将两种具有不同反应速率或含有不相容类型的粉末混合，或将两种粉末的挤出物混合共粉碎来制成消光粉末涂料。两种固化温度不同、反应速率不同体系的粉末在成膜时，固化速率不同的两者形成一定的界面使涂膜表面形成粗糙状态。两种粉末的反应速率相差越大，涂膜的光泽越低；将两种不同熔体黏度、不同表面张力或混溶性相差较大的粉末进行干混，也可以形成干扰成膜导致消光。如：高光的混合型粉末和聚酯/TGIC的粉末共混合、混合型粉末和纯环氧型粉末共混合、聚氨酯和聚酯/TGIC粉末共混合等。干混法需要做两种不同的粉末，既费时又费工，很难获得均匀的半光效果，涂膜表面不够细腻，光泽的重复性也不太好。

一步法是将两种不同固化温度或不同反应速率的组分配制在一起，共同挤出制粉，一步生产制得低光泽粉末涂料的消光方法。

一次挤出法克服了干混法的不稳定性，这种化学的不相容在反应过程中包含成膜树脂发生的具有不同反应速度的至少两种化学反应，基于以下原理：由一种树脂和双官能团的固化剂或一种树脂和二个固化剂，或两种不同的树脂和一种固化剂，或不同的树脂和二种（三种）固化剂组成。一般而言，反应速度的差异越大，所获得的涂膜的光泽越低。

用化学手段使粉末涂料达到消光目的方法还有很多，基本上都是形成不同步固化，在体系中形成非相容相，从而使涂膜表面形成一定程度的粗糙面，造成涂膜不同程度的消光效果。各种方法都有它的优点和局限性，在使用时，根据产品要求选择合适的消光方法，提高产品质量并降低粉末涂料成本。

（二）橘型纹理粉末涂料

橘型美术粉末涂料主要包括皱纹、锤纹、浮花纹和用填料法做的砂纹等粉末涂料。纹理形成的共同点是在表面张力不平衡状态下固化成膜而形成纹理的。

粉末涂料被吸附在工件上，受热升温到某一温度时开始熔融，熔融顺序的不同，各组分混溶和分散程度的差别，使熔融物表面张力差。热量的交换和在表面张力差的作用下，熔融液体会产生无数个细小湍流，随着温度的上升和时间的延续，粉末继续熔融、湍流、表面张力向平衡驱动而进行流平，在某一温度下，树脂开始发生交联反应，涂料的黏度开始增加，粉末涂料的黏度越来越大，湍流和表面张力平衡的速率也越来越慢直至停止，粉末涂料开始出现胶凝状态，树脂的交联反应趋于停滞，最终成膜。

在实际生产中，通过加入适量的低表面张力的材料来控制纹理的形成和形状大小，如固体流平剂、混溶一定量硅油的固体树脂、CAB等，在设定配方时，选用分散性不好的颜料（特别是有机颜料），在湍流时，一部分未分散的细颜料被带到了较高表面张力的凸处，而粗的颜料沉积到底层表面会出现发花和浮色现象，可以做皱纹粉来大概检测一下颜料的分散性。可以在配方中内加一点流平剂，使凹凸间的表面张力差变小，可以更多地将细银粉迁移到凸处使深色处面积增加，同时降低了凸凹间的色差。

用填料和触变助剂做的砂纹，其原理类似皱纹。形成砂纹的关键是控制粉末从熔融到胶凝的时间，在贝纳德窝刚形成时就得定型，这个时间越短纹理就越小。砂纹粉末未形成较多的熔融和较大的湍流，一般不需加低表面张力的纹理剂。

影响橘型粉纹理的因素有纹理剂、粉末胶凝时间、聚酯胶凝时间、催化剂、温度等。

纹理剂分内加型、外加型两种。内加型纹理剂用量稍少一点，就会出现缩孔，稍多一点，又有可能使纹理立体感变差；外加型纹理剂粒径和粒径分布的大小，纹理剂和底粉混合时的强度及混合时间的长短都会对纹理产生影响，在生产中要注意工艺控制、纹理剂的加量、纹理剂的批次等之间的稳定或调整。

粉末的胶凝时间短，则纹理小；粉末的胶凝时间长，则纹理大。粉末的胶凝时间太短或太长都不利于纹理的形成，要注意的是聚酯生产厂家在生产聚酯内加入催化及促进剂的品种和量都不相同，不同厂家的聚酯胶凝时间也不相同，材料换用时要注意。催化剂在粉末涂料生产中加入可缩短粉末涂料的胶凝时间，使纹理变小。

温度对粉末纹理的影响既是非常重要的，也非常复杂的。橘型粉末受热过程中，首先是粉末涂料附着在金属工件上进入烘炉，粉末涂料是非导热体，在热空气对流或辐射的作用下，粉末表面受热融化，再通过对流将热能向粉末内层传递，在粉末熔融的过程中还伴随着固化反应和胶凝的过程，可以从配方、粉末的粒径、涂膜的厚度、被涂工件、烘烤条件等方面调整纹理大小。

一般来说，配方中颜填料用量大，粉末纹理小。粉末粒径小纹理就小。同一种纹理粉末，厚涂纹理大，薄涂纹理小。被涂工件的材质和工件厚度会影响粉末涂料纹理的大小。工件的材质不同，其对应的导热系数大，相对纹理较大。烘箱或烘道的热效率高，粉末受热好，粉末的熔融时间就长，纹理就大。烘箱或烘道的热效率低，粉末受热差，粉末的熔融时间就短，纹理就小。

所以，控制纹理粉末涂料纹理的形状、大小，要对粉末的熔融温度、固化反应温度、胶凝时间等因素应有一个全面的把握，才能全面地掌握其规律。

（三）金属和珠光粉末涂料

金属颜料是不同形态的粉末状金属，是颜料中的特殊种类。常见的金属颜料有铝粉、锌粉、铜锌合金粉和不锈钢粉等。球形的金属粉末金属光泽和遮盖力差，几乎没有颜料性能，鳞片状的金属颜料具有明亮的金属光泽和颜色，在涂料成膜时，鳞片状的金属粉末粒子能与被涂物平行，多层排列，互相连接形成遮盖，并表现出相应的金属色泽。鳞片状的金属粉末必须经过表面处理才具有分散性、遮盖力等颜料特性。

1. 铝粉颜料

表面经包覆处理的鳞片状铝粉，具有明亮的银白色，俗称银粉。鳞片状铝粉的片径与厚度的比值是厚径比，铝片粒子的表面越光洁，其厚径比值越大，粒径越小，金属亮度越高，金属感越强。铝粉颜料的表面处理有漂浮型（浮型）和非漂浮型（非浮型）之分。铝片粒子包覆膜的表面呈亲水（或疏油）性质的为浮型铝粉，反之为非浮型铝粉。铝粉颜料与粉末涂料的基料经挤出机挤出后，铝粉的金属亮度和金属感下降（鳞片状铝粉经挤出后其片状发生卷曲、破裂等现象，改变了原有铝粉的厚径比，降低了其对金属光泽的反射），粉末涂料除锤纹粉外，铝粉颜料同粉末的底粉进行拼混使用。

混有浮型铝粉的粉末涂料在成膜过程中，由于铝粉表面的疏油性，铝粉向有空气层的表面漂浮，并形成与空气和涂层界面平行的方式排列，粉末涂层熔融流动的时间越长，会有越多的铝粉向涂层表面漂移富集，此时铝粉在涂膜中所表现的利用率较高。相反，涂层熔融流动时间短，有较多的铝粉粒子留在了涂层中间而没有形成表面排列，若想达到近似于前者涂层的表面效果时，铝粉用量就要增加，表现出铝粉的利用率不高。浮型铝粉在涂层表面的漂浮现象相似于木板在水中的漂浮，铝粉漂浮在涂膜的表层，混有浮型铝粉的粉末涂料涂膜表面的抗划伤、耐磨性、耐污性和耐候性不太好。

非漂浮型铝粉不会在涂层表面形成漂浮现象。相反，它们在成膜过程中沉积在涂层的底部或悬浮在涂层中间。非浮型铝粉的遮盖力和金属感没有浮型铝粉强，会产生金属光泽的闪烁点（铝片在涂层中不同的排列形成的光反射差）。非浮型铝粉基本上包含在了涂膜的内部，非漂浮型铝粉粉末涂料涂膜的抗划伤性、耐磨性、耐污性和耐候性较好。

闪光铝粉是一种特殊的非浮型铝粉，它的鳞片呈规则的“圆饼”状，并且鳞片的粒度分布范围狭窄，表面光洁度高，从而形成整齐的高强度的金属光泽反射。粒径较大的闪光效果较强，铝粉中非圆饼状粒子含量越低闪光率越高。

铝粉颜料中只有用二氧化硅包覆的铝粉才具有较好的耐候性，如对耐候性有更高的要求时，就要使用致密的二氧化硅包覆的铝粉。

2. 铜锌粉（铜金粉）

铜锌合金金属颜料是由铜锌合金制成，表面进行包覆处理的鳞片状细微粉末，俗称“金粉”。铜锌粉颜料具有各种不同色光、细度和特性。根据铜锌合金含量的不同，可分为青光铜锌粉（含铜量75%～80%），又叫绿金粉；青红光铜锌粉（含铜量84%～86%），又称浅金粉；红光铜锌粉（含铜量约88%），又称红光金粉。

铜锌粉颜料粒子表面均包覆一层有机膜，既减轻粉的密度又增加其表面张力，使铜锌粉颜料在涂层中具有漂浮性，其遮盖性原理与铝粉颜料的原理一样。铜锌粉在潮湿和高温下易氧化，其色泽转暗，经特殊包覆处理的铜锌粉可提高耐高温和耐候性能。

3. 珠光颜料

依据珍珠反射光线的原理，以云母薄片为核，采用特殊化学工艺在其表面包覆一层或交替包覆多层二氧化钛或其他金属氧化物形成的鳞片状微粉，称之为云母钛珠光颜料，是目前最常用的珠光颜料。对云母基材进行不同的包覆处理，可以生产出不同种类的珠光颜料。

云母钛珠光颜料根据它反射光的色相分为三大类：银白类、彩虹（幻彩）类和着色类。银白类是只用钛氧化物或锆氧化物单独包膜且包膜厚度较薄的云母钛珠光颜料，其主反射色相为银白色的白色复合光。随着包覆在云母上的二氧化钛膜厚度的增加，颜料对光的干涉色的色相会逐渐并依次由最初的银白向金、红、紫、蓝、绿转变。这类云母钛珠光颜料即为彩虹（幻彩）类珠光颜料。根据其表现出的干涉色的色相对应称之为金干涉、红干涉、蓝干涉、绿干涉珠光颜料。直接以云母薄片或已经沉积了二氧化钛的银白珠光颜料为基材采用金属或非金属氧化物包膜，或直接采用有机颜料着色所制得的即是着色类珠光颜料。此类珠光颜料品种繁多、色谱齐全，其中应用最普遍的有用铁、铬的氧化物包膜着色的黄金黄、黄铜黄、古铜黄、铁锈红等品种。银白珠光颜料用炭黑着色，其外观近似于铝粉或铅粉。

粒径较粗大的云母钛珠光颜料会产生星光闪烁的金属视感，粒径较细小的云母钛珠光颜料呈现类似丝绸或软缎般的细腻柔和的珍珠光泽；一般的云母钛珠光颜料耐光、耐候性较高，可用于户外粉末涂料。

4. 其他金属颜料

其他金属颜料如锌粉和不锈钢粉，主要用于防腐涂料中，普通装饰粉末涂料极少使用。

思考题

1. 与溶剂型和水性涂料相比，粉末涂料有其特色，试问：与其特性相关的助剂有哪几类？

2. 外观不同的粉末涂料仅仅与颜料有关系么？

实训任务 高光型粉末涂料试验

能力目标：能够熟练操作试验仪器与设备，运用化工工艺试验工的相关技能，完成助剂配比试验任务。包括助剂的预处理，配比计算与混合，品质测试等。

知识目标：理解助剂配比的相关理论和机理，掌握配比的计算方法；包括粉末涂料助剂的分类、配方等知识，应用计算方法，设计试验方案。

实训设计：公司涂料车间试验小组开发粉末涂料，要求成本低廉，工艺合理。按照车间组织构成，分为若干班组（项目组），选出组长，由组长协调组员进行项目化的工作和学习，完成研发任务，技能比赛，汇报演讲，以绩效考核方式进行考评。

一、粉末涂料生产质量控制

粉末涂料生产工艺过程中配混料工序和热混炼挤出工序是使成膜树脂相互溶解均匀，并使颜填料在树脂中分散得足够均匀；冷却、破碎、磨粉、筛分工序就是如何将粉磨好。粉末涂料就生产和产品控制而言就是两个要点：如何使粉末涂料的各种原材料混合分散均匀，使其具备涂料的性能；如何将混合分散好的物料加工成合适粒度的粉料，以利于涂装使用。

在粉末涂料生产过程中，工作人员、设备、原料、方法、环境等各环节都可能会出现某些差异，这些差异往往会造成产品质量上的偏差，工艺人员需要通过各种手段对生产过程进行质量监控才能保障最终产品质量达到合格。

1. 配、混料的质量控制

配料工序的配混料完成后，物料要经过打样试验来确定配料的质量情况。打样物料的取样数量要视挤出机的情况而定，关键要消除前次打样物料及清机物料对颜色和配方结构所造成的影响。打样制板后要对涂膜的颜色、光泽、流平性（或纹理）、耐冲击强度、柔韧性、粉末胶化时间、熔融流动性等方面进行检测，出现问题及时调整。

2. 磨粉的质量控制

磨粉生产过程中首先要调控的是粉末的粒径分布。不同的粉末涂料产品有不同的粒径分布要求，气候的变化对磨粉粒径分布的影响比较大，要随时测量粒径分布，随时调整ACM磨粉机控制参数。粉末流动性是与粉末的粒径分布、抗结块助剂及粉末的比重相关的指标，在调整粉末粒径分布的同时还要通过调整抗结块剂的用量来控制粉末的流动性。在磨粉的全过程当中，要随时用标准筛对粉末的筛余物进行监控，以防止漏筛、破筛的情况发生。

3. 粉末后混的质量控制

涉及后混的产品，每批投料都要进行打样制板检测，保证涂膜外观达到合格。生产过程的质量控制主要是涂膜外观、物理性能的检测控制和部分粉体性能的控制，生产出粉末产品还需进一步的质量检测。

二、实训任务

参照试验工艺和质量要求，本次实训选用附录二配方三的高光型粉末涂料来实施，按照配方要求准备好树脂、固化剂、颜填料、助剂等原料和试验方案，进行人员分组，完成试验任务；试验仪器与原料准备：100～300ml具塞量筒1套；刮板细度计（100μm）1台；小型砂磨机（2L）1台；保温烘箱1台；试验设备一套（搅拌、电炉等）1套；光泽计1台；自动酸价滴定仪1台；250ml棕色小口瓶1箱；比色纸1套；黏度计（涂料4号铜杯）1台；40倍放大镜1个；烧杯8个；天平4台；搅拌器4套；黏度计1台，涂覆板若干，小刷4把，配备投影仪等教学设备的实训室。

课后任务

1. 查询粉末涂料助剂的新进展。
2. 查询粉末涂料助剂的分类和技术指标。

参考文献

[1] 林宣益，倪玉德. 涂料用溶剂与助剂[M]. 北京：化学工业出版社，2012.
[2] 汪多仁. 绿色涂料与助剂生成技术[M]. 北京：中国建材工业出版社，2006.

第六章　水性涂料

一般来说，用水作溶剂或者作分散介质的涂料，称作水性涂料，包括水溶性涂料、水稀释性涂料、水分散性涂料（乳胶涂料）等。水溶性涂料是以水溶性树脂为成膜物，以聚乙烯醇及其改性物为代表，除此之外还有水溶醇酸树脂、水溶环氧树脂及无机高分子水性树脂等。

将溶剂型树脂溶在有机溶剂中，然后在乳化剂的帮助下靠强烈的机械搅拌使树脂分散在水中形成乳液，称为后乳化乳液。水稀释性涂料是以后乳化乳液为成膜物配制的涂料，制成的涂料在施工中可用水来稀释。

水分散涂料主要是指以合成树脂乳液为成膜物配制的涂料，其乳液是指在乳化剂存在下，在机械搅拌的过程中，树脂单体在一定温度条件下聚合而成的小粒子团分散在水中组成的分散乳液。

第一节　主料及其分类

水性涂料的主料是成膜乳液，可以按照构成乳液的树脂类型和化学结构来分类，主要可分为水性丙烯酸酯涂料、水性聚氨酯涂料、水性环氧涂料、水性醇酸涂料、水性氟碳涂料、水性无机富锌涂料、水性氨基涂料、水性聚酯涂料、水性有机硅涂料等九大类，随着技术的发展，新型水性涂料将会不断增多。

按照不同种类复合制备的成膜物质，可以分为复合型水性涂料和非复合型水性涂料；各类树脂之间的交联复合，有机物与无机物之间的复合，或改善了性能，或降低了成本，形成了种类很多的复合型水性涂料，也是开发研究的一个方向。

近年来研究较多的具有特殊功能的涂料还有电磁屏蔽涂料、紫外光固化涂料、自清洁涂料、防污涂料等，也是研究开发的热点。

一、水性丙烯酸酯涂料

以丙烯酸酯、甲基丙烯酸酯及苯乙烯等乙烯基类单体为主要原料合成的共聚物称为丙烯酸树脂；通过选用不同的树脂结构、不同的配方、生产工艺及溶剂组成，可合成不同类型、不同性能和不同应用场合的丙烯酸树脂，丙烯酸树脂根据结构和成膜机理的差异又可分为热塑性丙烯酸树脂和热固性丙烯酸树脂。

迄今为止，热塑性丙烯酸酯乳胶漆仍然是建筑涂料行业的主要品种，主要用于建筑内外墙涂料、金属防腐涂料、水性路标漆、金属漆。

热固性丙烯酸树脂分为自交联热固化型和外加交联剂热固化型两种。前者的固化温度较高（160～180℃），后者的固化温度为中温（120～150℃），甚至更低。

热固性丙烯酸酯乳胶漆有三类，第一类是丙烯酸乳液，主要用作建筑内外墙涂料、马路标志漆、木器用漆；第二类是水稀释型丙烯酸类涂料，主要用于电泳底漆、家电、铝等非铁金属制品以及皮革等方面；第三类是水溶性丙烯酸类涂料，主要用于汽车、家电、金属制品以及纸张的涂装。

丙烯酸乳液，早期曾大量用作建筑内外墙涂料，后因性能更为优越的乳胶型涂料问世而逐渐淡出市场。

（一）水性丙烯酸脂涂料分类

严格地讲，以水为溶剂的涂料叫水性涂料，也就是生产水溶性涂料的树脂是以分子状态溶于水中而形成的溶液（<0.01μm），但真正的水溶性树脂很少作为涂料的主要成膜物质，一般用于保护胶或增稠剂等；涂料中用做主要成膜物的水溶性树脂实际上是可稀释型，是树脂聚集体在水中的分散体（0.01～0.1μm），属于胶体范围，由于分散微粒极细，分散体呈透明状，因此也有将该类树脂误称为“水溶性”树脂的，乳液涂料是以乳胶为基料的水性涂料；乳胶是通过乳液聚合而合成的固体树脂微粒在水中的分散体（0.01～1μm）。液态的聚合物或溶于有机溶剂而成为溶液的聚合物，在水中经乳化剂乳化而成为乳化液，以这种乳液为基料的水性涂料叫做水乳化涂料，这种乳化液不同于乳胶。它是一种液体在另一种液体连续相中的分散体；根据主要成膜物在水中的稳定状态，可以将水基型丙烯酸酯涂料分为乳液型丙烯酸树脂涂料、水乳化型丙烯酸酯涂料和水溶性丙烯酸酯涂料。

以丙烯酸脂类为基料的水性涂料根据其用途或特点可分为如下几类：①水性防腐涂料；②水性防锈涂料；③水性外墙涂料；④水性木器涂料；⑤水性纸品上光涂料；⑥水性路标涂料；⑦水性印刷油墨涂料等。

水性涂料的显著特征是以水代替了有机溶剂，它有利于环境保护和防止火灾。特别在建筑涂料中，世界发达国家的水性涂料已在逐步取代溶剂型涂料，水性涂料占建筑涂料份额的70%以上。当然，水性涂料并非一点有机溶剂都没有，但真正意义上的水性涂料，有机溶剂含量是很低的，完全用水稀释，安全性好，而且器具清洗方便，其附着力、耐水性、防腐性、外观、施工性等都很优异，长期稳定性也非常好，适合流水线浸涂施工。

在水性涂料中应用最多的是丙烯酸酯，使用中显示出防腐、耐碱、耐水、成膜性好、保色性佳、无污染等优良性能，涂装工作环境好，使用安全。

（二）水性丙烯酸树脂合成

水性丙烯酸酯涂料采用具有活性可交联官能团的共聚树脂制成，多系热固性涂料，用于涂料的水性树脂的分子量一般为2000～100000；单组分树脂的分子量一般为2000～10000，双组分体系用树脂分子量一般为5000～35000。水性涂料的应用领域主要为建筑涂料和工业涂料。

水性丙烯酸树脂的合成与溶剂型的基本相同，只是溶剂型丙烯酸树脂的聚合反应在制漆的溶剂中直接进行，而水稀释性丙烯酸树脂不能在水中进行聚合反应。而是在助溶剂中进行，水则是在成盐时加入的。通常使树脂水性化有两条途径，一种是共聚形成丙烯酸树脂后，加入胺中和。将聚合物主链上所含的羟基或氨基经碱或酸中和反应形成盐类，从而具有水溶性，是最常使用的方法。另一种是丙烯酸树脂在溶液中共聚后，进行水解，使聚合物具有水溶性。

水性丙烯酸树脂可以通过改性获得，也可以通过复合配方技术获得；丙烯酸树脂配方的关键是选用单体，通过单体的组合来满足涂膜特性的技术要求，但羧基含量、玻璃化温度、助溶剂、胺也是很重要的因素[1]。

1. 羟基含量

羟基经胺中和成盐是树脂水溶的主要途径，所以羟基含量的多少直接影响到树脂的可溶性及黏度的变化。一般含羟基聚合物的酸值设计为30～150mgKOH/g，酸值越高，水溶性越好，但会导致涂膜的耐水性变差。有研究者采用不同的树脂，按照固体含量为10（质量分数）、分子量4500、中和度100%的无规共聚物树脂进行对比，发现树脂的水溶性随着树脂中羟基含量的增加而增加。当含羟基的单体含量为酸的10%～12%时，树脂临界水溶。但过高的羟基含量导致并不需要的高水溶性，会引起涂膜性能下降。实践证明，在含丙烯酸为10%～20%时，树脂的酸值在10～50，并含有一定比例的羟基酯的共聚树脂，已经具有足够的水溶性、足够的交联官能团度和良好的物理性能。

2. 玻璃化温度

为克服热塑性丙烯酸树脂的弱点，可以通过配方设计或添加其他助剂解决。要根据不同基材的涂层要求设计不同的玻璃化温度，引入丙烯酸或甲基丙烯酸及羟基丙烯酸酯等极性单体可以改善树脂对颜填料的润湿性，防止涂膜覆色发花，若加入适量的硝酸酯纤维素或醋酸丁酸酯纤维素，可以显著改善成膜后溶剂释放性、流平性或金属闪光漆的铝粉定向性。

3. 助溶剂

助溶剂不仅对溶解性和黏度起着调节、平衡的作用，同时还对整个涂料体系的混溶性、润湿性及成膜过程的流变性起着极大的作用，水溶性丙烯酸树脂漆中，最常用的助溶剂为醇醚类溶剂和醇类溶剂；控制施工场所的相对湿度在30%～70%是关键，再通过调整助溶剂与水的比例就可以很好地控制水性丙烯酸酯涂料的流挂问题。在配方中加入不同的胺也对涂料的黏度变化、贮存稳定性、漆膜固化等有影响。

4. 胺的增溶作用

水溶性丙烯酸酯涂料中使用胺中和侧链的羟基，成盐后具有水可稀释性能，不同的胺对涂料的黏度变化、贮存稳定性、漆膜固化等有影响；胺对水溶性丙烯酸树脂的水解稳定性亦有好处，少量加入即可在较高温度下贮存。另外，pH可以无变化而黏度则有所下降时，加入一些胺可以恢复其原有黏度。

（三）水性丙烯酸树脂配方举例

如表6-1-1配方所示，制造工艺如下：称取配方量（质量份）混合单体，加入单体量1.2%的偶氮二异丁腈引发剂，在氮气保护下将混合单体于2.5h内慢慢滴入丙二醇醚类溶剂（单体：溶剂的质量比为2：1），继续在101℃左右保温1h，再加入总质量20%的丙二醇醚类溶剂，然后升温蒸出过量的溶剂，至固体分浓缩至75%，树脂的酸值为62，降温、过滤，出料。

表6-1-1　水溶性丙烯酸树脂配方

项目	组分	质量百分数/%
1	丙烯酸	8.4
2	丙烯酸丁酯	40.8
3	甲基丙烯酸甲酯	40.8
4	甲基丙烯酸甲乙酯	10

制成的溶剂型树脂内含有少量助溶剂，其成盐及水化的过程一般不是在合成反应完毕后马上进行，因为如果该批量树脂是用以制造色漆的话，则“水溶性”的树脂对颜料的润湿分散性能是远远不如溶剂型树脂的。正常的工艺是必须先用溶剂型树脂研磨色浆，然后再加胺、加水进行成盐及水性化的处理。胺及水的用量会影响树脂的黏度、形态及应用性能。

（四）水性丙烯酸酯改性

除了用松香、酚醛、植物油、醇酸、聚酯、环氧、聚氨酯等对丙烯酸树脂改性，赋予它不同的新性能，还能使用氟硅材料、纳米材料改性，应用超支化、多重复合、双重固化等技术进行改性，改善水性丙烯酸涂料的性能。

用丙烯酸改性水性醇酸树脂，能够综合醇酸乳液的高光泽，对木材等底材渗透性好、丙烯酸乳液的快干和保光保色性好等优点，克服醇酸乳液干燥慢等缺点。如果将丙烯酸乳液和醇酸乳液采取简单的机械混合，也不采取其他措施，搅拌停止后就会很快分层，采用丙烯酸-醇酸树脂杂化改性工艺，可以较好克服这个弱点。

水性化超支化技术也是改性研究的方向。超支化聚合物和以前的线型支化交联高分子相比，它具有高度支化的三维球形结构，分子之间不易缠结，溶液的黏度比相同相对分子质量的线性聚合物低得多，可形成高固体低黏度的溶液；为使超支化的聚合物水性化，降低涂料的VOC，有研究人员合成了水性丙烯酸酯-顺酐共聚物改性超支化醇酸树脂，技术路线是先合成超支化的醇酸树脂，根据涂膜与配方设计要求，引入不同含量的不饱和脂肪酸，然后在对甲苯磺酸存在下，用不同量的甲基丙烯酸丁酯-顺酐共聚物改性，先合成疏水性的超支化聚合物树脂，再和二乙醇胺反应（中和反应），生成亲水性超支化聚合物树脂，制成水可稀释的丙烯酸改性超支化醇酸树脂。

二、水性聚氨酯涂料

聚氨酯（PU）全称为聚氨基甲酸酯，是由多异氰酸酯和聚醚多元醇或聚酯多元醇或者小分子多元醇、多元胺或水等反应制成的聚合物；是主链上含有氨基甲酸酯基团的大分子化合物的统称。它是由有机二异氰酸酯或多异氰酸酯与二羟基或多羟基化合物加聚而成；聚氨酯涂料因其涂膜具有良好的耐磨性、耐腐蚀性、耐化学品性、高硬度、高弹性、组分调节灵活等优点，广泛应用于家具涂装、金属防腐、汽车涂装、飞机蒙皮、地板漆、路标漆等。聚氨酯涂料已成为涂料业中增长速度最快的品种之一。

水性聚氨酯涂料是以水性聚氨酯树脂为基础，以水为分散介质配制的涂料，具有毒性小、不易燃烧、不污染环境、节能、安全等优点，同时还具有溶剂型聚氨酯涂料的一些性能，将聚氨酯涂料硬度高、附着力强、耐磨性、柔韧性好等优点与水性涂料的低VOC相结合。同时由于聚氨酯分子具有可裁剪性，结合新的合成和交联技术，可有效控制涂料的组成和结构，成为研发进展最快的涂料品种之一。水性聚氨酯涂料有单组分和双组分之分，单组分水性聚氨酯涂料的聚合物相对分子质量较大，成膜过程中一般不发生交联，具有施工方便的优点。双组分水性聚氨酯涂料由含羟基的水性树脂和含异氰酸酯基的固化剂组成，施工前将两者混合，成膜过程中发生交联反应，涂膜性能好。目前的水性聚氨酯涂料主要有单组分水性聚氨酯涂料、双组分水性聚氨酯涂料和特种涂料三大类[2]。

（一）单组分水性聚氨酯涂料

单组分水性聚氨酯涂料交联度低，有很高的断裂伸长率和适当的强度，可常温干燥，是应用最早的水性聚氨酯涂料。制备方法通常有强制乳化法和自乳化法。与溶剂型聚氨酯涂料相比，其耐化学性和耐溶剂性欠佳，硬度、光泽和鲜艳度较低。通常用改性方法提高聚氨酯水分散体涂料的性能，通过交联改性的水性聚氨酯涂料具有良好的贮存稳定性、机械性能、耐水性、耐溶剂性及耐老化性，性能接近传统的溶剂型聚氨酯涂料。

1. 聚氨酯涂料改性

（1）交联改性

首先，选用多官能度反应物如多元醇、多元胺扩链剂和多异氰酸酯交联剂等，合成具有交联结构的水性聚氨酯分散体。其次，添加后交联剂，早期使用的有碳化二亚胺和甲亚胺；采用氮丙啶类化合物为交联剂可与羧基反应，在酸性下可发生反应，在碱性条件下相对稳定。再次，热活化交联是由封闭型异氰酸酯乳液与聚氨酯乳液混合形成单组分乳液，干燥后进行热处理使高反应性的—NCO—基团再生，与聚氨酯分子所含的活性基团反应形成交联的涂膜。另外，采用干性或半干性油酯改性聚氨酯，由金属催化剂（如钴、锰、锆等）使大气中的氧产生游离基，引发主链上的双键交联。

（2）复合改性

复合改性常见的是环氧树脂、聚硅氧烷和丙烯酸乳液的复合改性。环氧树脂复合改性是将其与水性聚氨酯共混用于皮革涂饰剂，可提高对基体的黏合性、光亮度、涂层的机械性能、耐热性和耐水性。

有机硅树脂具有良好的低表面能、耐高温、耐水、耐候和透气性好的特点，聚硅氧烷复合改性一般采用含羟基的聚硅氧烷与二异氰酸酯和端氨基的聚硅氧烷和二异氰酸酯反应来合成嵌段共聚物；聚氨酯聚硅氧烷一般为嵌段共聚物，具有很好的机械性能、柔韧性、电性能和表面性能。

丙烯酸酯复合改性可将聚氨酯的高拉伸强度、耐冲击性、柔韧性和耐磨性与丙烯酸酯良好的附着力、低成本相结合。

2. 单组分水性聚氨酯涂料种类

主要有热塑型、交联固化型、含封闭异氰酸酯型、光固化型、聚氨酯改性涂料（PUA）等。

热塑性聚氨酯涂料属于挥发性常温自干型，涂料不发生后交联反应，挥发后即可形成涂膜。

交联固化型涂料中，交联能增加聚氨酯的耐溶剂性和水解稳定性。交联剂主要有多官能团的氮丙啶、水分散异氰酸酯、碳化二亚胺、环氧硅氧烷，以及氨基树脂或专用的环氧树脂等。氮丙啶的用量一般为聚氨酯质量的3%～5%，就可交联成膜。氨基树脂的用量为5%～10%，交联温度较高；环氧交联剂用量为3%～5%，交联温度也较高。

含封闭异氰酸酯型涂料的成膜原料由多异氰酸酯组分和含羟基组分两部分组成。用苯酚、丙二酸酯、低分子醇及醇醚、己内酰胺等封闭剂封闭多异氰酸酯，使两组分合装而不发生反应，作为单组分涂料具有良好的贮存稳定性。其成膜机理是利用不同结构的氨酯键的热稳定性的差异，以较稳定的氨酯键取代较弱的氨酯键。芳族水性聚氨酯涂料所用封闭剂主要为苯酚或甲酚。脂族水性聚氨酯涂料为防变色一般不用酚类，采用乳酸乙酯、己内酰胺、丙二酸二乙酯、乙酰丙酮、乙酰乙酸乙酯等。

光固化型聚氨酯涂料是先用不饱和聚酯多元醇制备预聚物，再用常规方法引进离子基团，经亲水处理后制得在主链上带双键的聚氨酯水分散体，然后与易溶的高活性三丙烯酸烷氧基酯单体、光敏剂等助剂混合，得到光固化水性聚氨酯涂料；采用电子束辐射、紫外光辐射的高强度辐射，引发低活性的聚合物体系进行交联固化。

水性聚氨酯改性涂料（PUA）是用丙烯酸酯（PA）改性水性聚氨酯，使其兼具PU和PA的优点，具有耐磨、耐腐蚀、光亮、柔软有弹性、耐水性、机械力学性、耐候性均佳，成为涂料的一个发展趋势。

（二）双组分水性聚氨酯涂料

开发出能分散于水的多异氰酸酯固化剂之后，双组分水性聚氨酯涂料进入了应用阶段，其具有成膜温度低、附着力强、耐磨性好、硬度高以及耐化学品性和耐候性好等优越性能，而广泛用于工业防护、木器家具和汽车涂料。该类涂料主要由含羟基的水性多元醇和低黏度含异氰酸酯基的固化剂组成，其涂膜性能主要由羟基树脂的组成和结构所决定。

1. 水性多元醇体系

与双组分溶剂型聚氨酯涂料相比，双组分水性聚氨酯涂料的多元醇具有良好的水分散性，能促进未改性、憎水的多异氰酸酯固化剂在水中稳定地分散。按制备方法不同，水性多元醇体系可分为乳液型多元醇和分散体型多元醇。

（1）乳液型多元醇

最早采用的多元醇为乳液型多元醇，它是通过乳液聚合得到的具有多种结构的丙烯酸多元醇乳胶。其优点是聚合物的相对分子质量大，涂膜在室温下干燥快，缺点是它对未改性的多异氰酸酯固化剂分散性较差，导致涂膜外观较差，且适用期短。

（2）分散体型多元醇

为了改善多元醇体系对多异氰酸酯固化剂的水分散性，提高双组分水性聚氨酯涂料的性能，可采用分散体型多元醇，也称第二代水性羟基树脂；根据化学结构可将水性多元醇分为聚酯多元醇、丙烯酸多元醇、聚氨酯多元醇和杂合多元醇等。该类多元醇首先在有机溶剂中合成得到，其分子结构中含有亲水可电离基团或亲水非离子链段，然后将该树脂或溶液分散在水中得到分散体型多元醇。其特点是相对分子质量小，分散体粒径小（10～200nm），对固化剂分散有好处，形成的涂膜外观好，综合性能优异。

2. 多异氰酸酯固化剂

（1）未改性多异氰酸酯

未改性多异氰酸酯难与羟基组分均匀混合，增加了相分离的可能性，如要将其用于双组分体系，必须尽量使用黏度和反应活性低的多异氰酸酯。或用溶剂稀释，以降低其黏度，一般使用的溶剂为乙酸丁酯或环碳酸酯。

工业上，双组分水性聚氨酯涂料的羟基组分，是先将含羟基单体、羧基单体等在溶剂中聚合，完成后降温，减压蒸除溶剂，加入中和剂分散在水中，这种工艺称为二级乳化，产物称分散体，有助于将憎水的多异氰酸酯分散于水中，使得涂膜的外观良好。

（2）改性多异氰酸酯

要使多异氰酸酯和羟基组分均匀混合，最根本的途径是使多异氰酸酯具有亲水性可采用外乳化法和内乳化法。前者使用离子型或非离子型乳化剂，通过物理方式包裹在多异氰酸酯表面使其在水中分散，但存在乳化剂用量大、分散后颗粒较粗、适用期短、耐水性不佳等缺点，因而目前较少采用。目前采用亲水组分对多异氰酸酯进行化学改性，即内乳化法，适合的亲水组分有非离子型、离子型或两者混用，这些亲水组分与多异氰酸酯具有良好的相容性，作为内乳化剂有助于固化剂在水相中的分散。

亲水的多异氰酸酯通过非离子型改性得到；但是引入亲水链段后，一方面减少了组分—NCO—的官能团数目，降低了最终涂膜的交联度，另一方面会对涂膜的耐水性造成不利影响。

（三）水性改性聚氨酯制备

水性聚氨酯涂料是目前市场需求量较大的产品之一，它适用于热敏温度低于60～80℃常温交联固化的高、中档木器（家具等），高档建筑装饰、高级汽车、飞机及航天器材等的中涂和表面涂装。以水性聚酯聚氨酯为例，甲组分产品配方为：OH：NCO（质量比）=1.5：1，K值=1.02，醇超量R=1.18。

工艺步骤如下：按配方将新戊二醇、己二酸、苯偏三甲酸酐、DMPA加入反应釜，通入CO_2气体，升温至120℃，加入钛酸四异丙基酯，搅拌升温至180℃，反应2h后，每隔30min取样测试其酸值，直至达到79mgKOH/g，羟值达到79.5，降温至130℃加入二甲苯，升温至150℃回流脱水，脱尽后，抽真空回收二甲苯，降温至80℃加入丙酮进行稀释，保温在60℃，1.5h滴加TDI，滴完加入10%磷酸（甲苯）液搅匀，升温至70℃反应（4～5）h，测试游离TDI＜0.2%，加入50%苯酚（甲苯）液升温至80℃反应15min，再升温至90℃，蒸馏出1/2投料量的丙酮，70℃保温备用。在另一个装有快速搅拌的反应釜中，加入N-甲苯二乙醇胺、三乙胺、乙二胺、去离子水开动快速搅拌，将上述保温在70℃的物料，缓慢加入反应釜，在60℃进行中和反应透明后，升温至70℃，抽真空减压，蒸馏出余下的全部丙酮，降温至40℃，过滤，出料。

高性能低VOC含量的水性聚氨酯涂料有广阔的应用前景。水性聚氨酯涂料具有干燥时间短、外观好、耐溶剂性好等特点，使其在木器涂料中占有很大份额。具有良好的耐低温性和耐化学品性的水性聚氨酯皮革涂料，已取代传统溶剂型丙烯酸皮革涂饰剂、硝基纤维素涂饰剂，成为皮革涂料的主要品种。此外，水性聚氨酯可用塑料涂料、工业涂料和防腐涂料。

但水性聚氨酯涂料的性能尚有不足之处，主要表现在耐水性方面。另外在施工与应用性能方面也不尽人意，如双组分水性聚氨酯涂料干燥速度慢；与水反应产生的二氧化碳气泡残留在涂膜中；成本高，价格贵；水性涂料对铁质基材可能引起的“闪蚀”；体系表面张力大引起对基材和颜料润湿性较差等。

复合型改性水分散型聚氨酯的研究是热点，在聚氨酯链上引入特殊功能的分子结构，如含氟、含硅聚合物链，使涂膜具有更多的功能性，如优异的表面性能、耐高温性、耐水性和耐候性等。

三、水性环氧涂料

环氧树脂（EP）是指分子结构中含有环氧基团的高分子化合物，是以分子链中含有活泼的环氧基团为其特征，这些活泼的环氧基团可与多种类型的固化剂发生交联反应而形成不溶、不熔的具有三向网状结构的高聚物；固化后的环氧树脂具有良好的物理、化学性能，它对金属和非金属材料的表面具有优异的黏接强度，介电性能良好，变定收缩率小，制品尺寸稳定性好，硬度高，柔韧性较好，对碱及大部分溶剂稳定。

水性环氧树脂涂料具有较好的耐腐蚀性、耐化学药品性及耐溶剂性，具有附着力强、硬度高、耐磨性好等特点，已在军工、民用等方面得到了广泛的应用。传统的环氧树脂只溶于芳烃类、酮类及醇类有机溶剂中。有机溶剂价格高、具有挥发性，对环境造成污染。随着人们对环境保护要求的日益严格，水性环氧树脂涂料迅速发展，其研究的关键是环氧树脂的水性化和水性环氧固化剂改性[3]。

（一）环氧树脂水性化方法

要制备稳定的水性环氧树脂乳液，必须设法在其分子链中引入强亲水链段或在体系中加入亲水亲油组分。环氧树脂水性化方法有机械法、相反转法和化学改性法三种方法。

1. 机械法

机械法也称直接乳化法，是将环氧树脂用球磨机、胶体磨、均质器等磨碎，然后加入水溶液中，再通过超声振荡、高速搅拌，将粒子分散于水中，或将环氧树脂与乳化剂混合，加热到一定温度，在激烈搅拌下逐渐加入水而形成环氧树脂乳液。机械法的优点是工艺简单、成本低廉、所需乳化剂的用量较少。缺点是制备的乳液中环氧树脂分散相微粒的尺寸较大，约10μm，粒子形状不规则，粒度分布较宽，所配得的乳液稳定性较差，乳液的成膜性能也不好，由于非离子表面活性剂的存在，会影响涂膜的外观和一些性能。

2. 相反转法

相反转法是目前制备水性环氧树脂常用的方法。相反转原指多组分体系中的连续相在一定条件下相互转化的过程，如在油、水、乳化剂体系中，当连续相从油相向水相（或从水相向油相）转变时，在连续相转变区，体系的界面张力最小，因而此时的分散相的尺寸最小。

通过相反转法制得的乳液粒径比机械法小，制备方法简单，稳定性比机械法好，容易实施，其分散相的平均粒径一般为1～2μm。但与相对分子质量低的表面活性剂相比，其与环氧树脂的相容性较差，制得的乳液稳定性差，有较多的表面活性剂存在，成膜后涂膜的硬度、耐水性、耐溶剂性等会受到很大影响。

3. 化学改性法

化学改性法，即自乳化法，是目前水性环氧树脂的主要制备方法。通过打开环氧树脂分子中的部分环氧键，引入极性基团，或通过自由基引发接枝反应，将极性基团引入环氧树脂分子骨架中，这些亲水性基团或者具有表面活性作用的链段能帮助环氧树脂在水中分散。化学改性法可以分为酯化法、醚化法、接枝反应法。

（1）酯化法

用羧基聚合物酯化环氧树脂制备水分散环氧树脂体系。二元羧酸（酐）和环氧树脂链上的羟基或环氧基发生反应，得到阴离子环氧酯，然后用叔胺中和可得稳定水分散体。酯化法的缺点是酯化产物的酯键会随时间增加而水解，导致体系不稳定。为避免这一缺点，可将含羧基单体通过形成碳碳双键接枝于高相对分子质量的环氧树脂上。

（2）醚化法

通过含亲水性的聚氧化乙烯链段的羟基或胺基与环氧树脂分子中的环氧基反应，将聚氧乙烯链段引入到环氧树脂分子结构中，得到含非离子亲水链段的水性环氧树脂。醚化法改性环氧树脂分散在水相中形成的体系具有很好的稳定性，该分散体系与水性环氧固化剂混合后的使用期也有所延长，同时由于引入了聚氧乙烯链段后，交联后的网链分子量有所提高，交联密度下降，由此对形成的涂膜有一定的增韧作用。

（3）接枝反应法

接枝反应是利用环氧树脂分子中的—CH_2—在添加引发剂及加热条件下可成为活性点，使得可以与乙烯基单体等接枝到环氧树脂分子链中，得到改性环氧树脂，中和成盐后得到能够发生自乳化的环氧树脂。有研究表明苯乙烯单体的引入，可增大涂层的附着力，提高涂层的耐冲击性，且该涂料附着力、耐冲击性、耐腐蚀性等各项性能良好。

化学改性法制得的乳液稳定，粒子尺寸小，多为纳米级。在三种改性方法中，自由基接枝改性方法因不用破坏环氧结构可以保留改性功能而受到重视，丙烯酸或甲基丙烯酸改性法引入的—COOH亲水基团有强的亲水能力使改性后的环氧树脂具有水分散性好的优点。

化学改性自乳化型环氧树脂乳液在性能上比其他类型的环氧树脂乳液更具有以下优势：不存在破乳现象；因而涂膜性能更好；储存稳定性好，不用专用设备也能将乳液重新分散；而外加乳化剂环氧树脂乳液一旦沉降或破乳很难将其重新分散。

（二）水性环氧树脂固化剂改性

改性得到的水性环氧固化剂，克服了传统胺类固化剂的缺点，不影响涂膜的物理和化学性能，且以水为溶剂、VOC含量符合环保要求，因而水性环氧固化剂的研究是水性环氧涂料的研究热点之一[3]。

1. Ⅰ型水性环氧固化剂

Ⅰ型水性环氧固化剂既有固化剂又有乳化剂的功能，由相对分子质量低的液体环氧树脂和水性环氧固化剂组成体系。

（1）成盐环氧固化剂

最早研制成功的Ⅰ型水性环氧固化剂主要是经过部分成盐的改性脂肪胺水溶性固化剂，采用低相对分子质量环氧树脂与多乙烯多胺反应生成端胺基环氧-胺加成物，再用单环氧化合物将其封端，并用醋酸中和部分的仲胺以调节固化剂的HLB值和降低固化剂的反应性，延长适用期；这类固化剂均需依靠成盐来降低反应活性和增加水溶性和稳定性，但多余的酸对钢铁有一定的腐蚀作用，因此不适宜用于钢铁构件上。

（2）不需成盐环氧固化剂

为解决Ⅰ型水性环氧涂料耐腐蚀的问题，开发了一些新型固化剂，这些固化剂多采用不成盐技术；有研究者以聚醚多元醇二缩水甘油醚（DGEPG）、三乙烯四胺（TETA）及液体环氧树脂（EPON828）为原料，采用二步扩链法合成一种非离子型Ⅰ型水性环氧固化剂。首先采用DGEPG对TETA进行扩链反应，生成TETA-DGEPG加成物，在固化剂分子中引入亲水性的柔性聚醚链段，然后用EPON828对TETA-DGEPG进行扩链反应，在固化剂分子中引入环氧树脂分子链段，以提高固化剂与液体环氧树脂的相容性，使固化剂具有自乳化液体环氧树脂的功能，最后减压蒸馏去除溶剂，加水稀释到固体质量分数为50%～55%，制备出非离子Ⅰ型自乳化水性环氧固化剂。

这些新型固化剂的使用，使Ⅰ型环氧树脂涂料在耐腐蚀性、快干性等方面有了很大的提高，已经开始应用于金属防腐蚀涂料。

2.Ⅱ型水性环氧固化剂

Ⅱ型水性环氧固化剂是指直接固化固态环氧分散体（环氧当量为500～650）的一类固化剂。Ⅱ型水性环氧树脂体系中的环氧树脂已预先配成乳液，不需要水性环氧固化剂再对环氧树脂进行乳化，只具有交联剂的功能。

（1）含有聚氧乙烯链段Ⅱ型水性环氧固化剂

有研究者采用聚氧乙烯二缩水甘油醚与双酚A环氧树脂反应得到环氧树脂自分散体，然后与聚氧丙烯二胺和异佛尔酮二胺反应生成环氧-胺类固化剂；也有先将多乙烯多胺与环氧树脂反应生成端胺基环氧胺加成物，再与端羧基聚醚醇反应制得一种酰胺基胺化合物，最后用单环氧化合物封端得到一种酰胺-胺类固化剂；另外，也有研究者用双酚A环氧树脂、聚氧乙烯二缩水甘油醚和双酚A环氧树脂在催化剂作用下制得的环氧树脂分散体，与多乙烯多胺进行反应得到端胺基环氧胺加成物，再用单环氧化合物封端得到Ⅱ型水性环氧固化剂。利用聚氧乙烯链段的亲水性使得固化剂可以稳定地分散于水中。

（2）芳香胺等改性Ⅱ型水性环氧固化剂

有研究者用间苯二甲胺与环氧氯丙烷在NaOH作用下生成环氧-胺加成物，用作水性环氧固化剂，具有优异的性能，该工艺已经产业化。

另外，有研究者采用脂环胺改性Ⅱ型水性环氧固化剂，先将脂肪胺与端羧基聚醚醇反应生成酰胺基胺化合物，然后与环氧树脂反应生成端环氧化合物，再与脂环胺（PACM）

反应，最后用单环氧化合物封端制得改性固化剂。

目前已经开发出不需使用聚结溶剂的新型Ⅱ型水性环氧固化剂，该固化剂是由两种具有不同反应活性的固化剂复配而成，其中低活性的固化剂是一种不含有机溶剂的水溶性的环氧-胺加成物，而高活性的固化剂是一种改性的水溶性环氧-胺加成物，通过调整二者的配比来调节固化剂的反应活性，该体系具有良好的耐腐蚀性能，特别适用于防腐底漆。

经过多年的发展，现在的Ⅱ型水性环氧体系已由含有少量溶剂向无溶剂趋势发展。并具有快干、优异的耐腐蚀性、耐溶剂性、柔韧性等性能，在主要性能上已接近甚至超过了溶剂型体系。

通过各种方法对水性环氧树脂和固化剂进行改性，使得水性环氧防腐涂料的性能得到极大的改善，但在降低成本、使用方便性等方面有很多工作需完善。随着现代化工业的发展，环保意识的提高，环氧树脂防腐涂料的应用将越来越广泛，加强水性环氧树脂防腐涂料研究和应用有重要意义。

四、水性醇酸涂料

醇酸树脂（AK）是由多元醇、邻苯二甲酸酐和脂肪酸或油（甘油三脂肪酸酯）缩聚而成的油改性聚酯树脂。醇酸树脂可用熔融缩聚或溶液缩聚法制造。熔融法是将甘油、邻苯二甲酸酐、脂肪酸或油在惰性气氛中加热至200℃以上酯化，直到酸值达到要求，再加溶剂稀释。溶液缩聚法是在二甲苯、三氯丙烷溶剂中反应，二甲苯既是溶剂，又是与水发生共沸的液体，可提高反应速率，反应温度较熔融缩聚低，产物色浅；树脂的性能随脂肪酸或油的结构而异，近年来醇酸树脂涂料产量很大，占涂料工业总量的20%～25%。

随着技术发展的加快，水性醇酸树脂涂料已被开发出来，大大节省了有机溶剂，减轻了环境污染，还减小了火灾的危险；水性醇酸树脂可以分为水可分散型树脂和水溶型树脂两种类型。

最早的水可分散型醇酸树脂是将醇酸树脂乳化于干酪素溶液中制成，后来研究者将聚乙二醇引入醇酸树脂的分子结构中，可制成表面活性剂，属于非离子型，不受pH与无机盐的影响。

根据聚乙二醇酯中亲水的氧乙烯基与憎水的脂肪酸基在分子中的比例分为水溶型、油溶型和双溶型；亲水基团和憎水基团相近时，此脂肪酸对水与油都有相近的溶解度；油溶型虽然不溶于水，但它往往可以分散于水形成稳定的乳液。

配方中应注意聚乙二醇的用量，量大则醇酸树脂分散性强，但引起漆膜发黏，常常采用添加溶剂的办法，比如两性溶剂（可溶于水与烃类），可降低分散粒度，提高分散液稳定性，同时减少聚乙二醇在醇酸树脂中的比例，提高漆膜硬度与耐水性。溶剂的效果可进行以下试验：在搅拌下向含有分散不良的树脂的水中慢慢加入溶剂（水与树脂之比为1：1），溶剂缓缓增加，树脂由粗颗粒变成均匀白色圆粒乳液，颗粒继续变小至0.5μm以下，再变成半透明直至最后透明。溶剂用量随溶剂的种类、树脂的种类而异，一般情况正丁醇和乙二醇单丁醚较好。虽然聚乙二醇改性醇酸树脂可以自分散，但加入少量溶剂有很大好处。不加溶剂，只把树脂加入水中加热，或树脂以氨或胺中和，同样都可以制成相同颗粒的乳液，但稀释不稳定[4]。

使树脂具有水溶性侧链羟基的方法有多种。比如使醇酸树脂脂肪酸的不饱和双键与含羟基烯类单体（甲基丙烯酸、丙烯酸）共聚；比如可以在酯化中参加反应形成链状结构，比如使用偏苯三甲酸醇或均四苯甲酸酐，还可在配方中采用成盐法合成水性醇酸树脂。

制备醇酸树脂水分散体乳液，转相乳化的操作有两种方法，方法一是温度转相法（PIT），即先将乳化剂与树脂均匀混合，然后在高于PIT温度条件下，滴加水制成油包水乳液，再降低至PIT温度以下而转相成水包油乳液。方法二是转相乳化点法（EIP），即先将乳化剂与树脂均匀混合，然后滴加水制成油包水乳液，提高水的含量而转相成水包油乳液。醇酸树脂的乳化一般采用EIP法，该法的优点是乳液粒径分布窄、泡沫少、操作容易、乳化剂用量低、稳定性好等。

1. 工艺参数的确定

如乳化剂对醇酸树脂乳液稳定性的影响，乳化剂需要与树脂有相匹配的亲水亲油平衡（RHLB）。用于醇酸树脂乳化的乳化剂有离子型乳化剂（大多数为阴离子）或非离子型乳化剂。经过筛选非离子型乳化剂A和阴离子型乳化剂B按35：65的比例混合使用，总用量为8%，制得稳定的醇酸树脂乳液。

2. 搅拌转速及方式对乳液性能的影响

合适的乳化机械不仅可提高乳化的效率，还可以制得更微细的分散颗粒从而提高乳液的稳定性。将水分散在树脂中，重要的是搅拌的模式而不是速度，使整个物料混合均匀而不能有死角。常用的是锚式搅拌桨，它与釜底和釜壁间隙小，转速为3000r/min。

3. 乳化温度对乳液性能的影响

乳化温度也是制备稳定乳液的一个关键因素。EIP法是在W/O乳液形成后继续提高水的含量到转相成O/W乳液；转相时的W/O称为乳液转相点（EIP）；用非离子型乳化剂时，EIP与温度有关；用离子型乳化剂时，EIP与温度无关；用含聚乙二醇链段基团的离子型乳化剂时，EIP也受温度影响，但可以利用此影响来提高必要的操作温度；在接近温度转相点（PIT）时界面张力极小，用ETP法可制得分散良好的O/W乳液，采用EIP法制成的稳定的醇酸树脂乳液，其成膜性能与油性醇酸树脂相当。

水分散的醇酸树脂涂料能很好地聚结、融合和扩散，氧化交联速率很慢，因而不干扰成膜品质，所以漆膜的整体性好；本质上优于乳胶漆，因为乳胶漆有的聚合物是热塑性的，必须加成膜助剂以获得良好的成膜品质。

水性醇酸树脂涂料的缺点主要是贮存稳定性差，贮存后的干性失落较大；醇酸树脂含有易水解的酯键，水还能与催干剂中的金属离子配合，降低了催干剂的效果。

改性醇酸树脂可按照一般制色漆方法制成色漆。水分散性涂料有较好的贮存性，虽贮存略有增稠，但稍稀释就能施工，而且性能良好。改变配方和制造方法可制成不同品种树脂和涂料。

五、水性氟碳涂料

氟碳聚合物分子结构中F—C化学键，表现出许多优异的性能。以其树脂为基础的氟碳涂料也因此而具有许多特殊优异的性能，与聚氨酯、有机硅、丙烯酸树脂涂料相比，有更优异的性能，户外使用寿命更可长达20年，远远超过一般涂料，在国防、建筑、桥梁、石油化工等众多领域获得广泛的应用；氟碳涂料的发展经历了溶剂热熔性、溶剂交联型、水分散型三个发展阶段，随着科技的进步，人们对于环保要求的增加，开发水性氟碳涂料成为氟碳涂料发展的趋势和方向。

水性氟碳树脂是以水为分散介质，呈乳白色或半透明状。水性氟碳树脂具有超耐久性、防污性、耐化学介质性、热稳定性等，是符合环境保护要求而重点开发研究的氟碳树脂品种。

水性氟碳树脂包括水乳型水性氟碳树脂、水溶性水性氟碳树脂和水分散型水性氟碳树脂三类。根据性能特点和涂料使用的要求，又可分为单组分热塑性乳液、双组分交联热固性乳液和单组分可交联型乳液，后两者乳液聚合物中要引进特殊的功能单体。而水乳化氟碳树脂按照氟单体种类常见的有两类，一类是氟改性丙烯酸乳液；另一种是以三氟氯乙烯为主要含氟单体的水性氟碳树脂，氟原子存在于聚合物主链，是应用较多、最常见的水性氟碳树脂。

制备水性氟碳树脂常用的含氟单体有四氟乙烯（TFE）、三氟氯乙烯（CTFE），偏二氟乙烯（VDF），氟乙烯（ VF）、六氟丙烯（HFP）、含氟烷基乙烯基（烯丙基）酯或醚等。从产业化角度，制备氟碳树脂仅使用其中一种，以三氟氯乙烯使用最为常见，也有的将几种氟烯烃单体放在一起使用，如VDF、TFE和CTFE三种氟烯烃的混合使用。它们的均聚或共聚的氟烯烃聚合物耐高温稳定、耐候、化学稳定、热稳定，但只能做成高温热塑性涂料。因此需引进非氟烯烃单体来降低结晶度，以获得在常温或中温条件下交联固化的氟碳树脂[5]。

亲水性非氟烯烃单体包括乙烯基烷基醚（酯）、烯丙基烷基醚（酯）、不饱和羧酸等，如经丁基乙烯基醚（HBVE）、乙基乙烯基醚（EVE）、环己基乙烯基醚、羟乙基烯丙基醚、醋酸乙烯酯、丁酸乙烯酯、叔碳酸乙烯酯（Veova-9和Veova-10）、丙烯酸乙酯、甲基丙烯酸丁酯等，不饱和烯酸包括巴豆酸、十一烯酸、甲基丙烯酸等。含羟基官能团单体可用来制备热固性氟碳树脂。根据性能要求，还可以引入其他不同的功能单体，如引进乙烯基烷氧基硅烷单体以提高对基材的附着力，若引进参与聚合的可适度交联单体，能够提高乳液薄膜的耐溶剂擦拭特性。

制备水乳型水性氟碳树脂需要使用乳化剂。在考虑聚合稳定性和后期使用性能方面，引入量要适当，种类以含氟乳化剂为最适宜，如全氟辛酸铵等；也可以采用常规乳化剂，一般采用阴离子乳化剂和非离子乳化剂混合使用，以保证乳液有良好的化学稳定性、机械稳定性以及冻融稳定性等，如十二烷基硫酸钠、烷基（苯）磺酸钠、脂肪醇聚氧乙烯醚、烷基酚聚氧乙烯醚等。

在进行溶液聚合-相反转法制备水性氟碳树脂时，引发剂通常选择偶氮类引发剂，如偶氮二异丁氰等，而乳液聚合过程通常选择水溶性过硫酸盐类引发剂，如过硫酸钾、过硫酸钠等；或者选择氧化还原引发体系，如过氧化氢-氯化亚铁、过硫酸钾-氯化亚铁等。为了稳定聚合体系pH，保证引发过程正常进行，在聚合过程中要加入碳酸（氢）钠、磷酸氢钠等[6]。

水性氟碳树脂制备方法一般包括溶液聚合-相反转法和乳液聚合法，其中乳液聚合法根据实施的特点可以分为常压聚合法、低压聚合法、核壳聚合法和无皂聚合法。

溶液聚合-相反转法是通过设计合适的羧基值、分子量以及调节聚合过程溶剂使用来制备有机溶剂可溶性氟碳树脂，在一定温度下蒸除大部分溶剂，同时通过氨化成盐法以及适量乳化剂存在下，使氟碳树脂稳定分散在水相中而获得水性氟碳树脂，也可称水可稀释性水性氟碳树脂。因溶液聚合法成熟，采用该方法相对简单，容易实施，树脂保留了溶剂型树脂性能特点，能够较好地满足应用要求。不足之处在于溶剂气味重，生产过程中溶剂要进行回收利用，能源消耗较大。

乳液聚合法是将各种单体和乳化剂、调节剂等助剂混合在水相中，控制合理的工艺条件，即可制备贮存稳定、性能优异的氟碳树脂乳液。其中常压聚合法和低压聚合法是针对聚合过程所使用单体物理特性而定，如含氟烷基乙烯基（烯丙基）酯或醚等单体为液相，则采用常压乳液聚合法，相对容易实现；核壳乳液聚合法也可称多段聚合法，在原料配方不变的情况下通过改变加料工艺方式，即先做核，再做壳，使乳液粒子结构改变，达到所要设计的性能；而无皂乳液聚合法则是避开常规乳液聚合过程中采用低分子乳化剂和保护胶体，而采用高分子乳化剂、聚合物分散液或可参与反应并对单体有乳化能力的乳化剂（包括具有内乳化作用的大分子单体）等，在含有引发剂的水相中进行乳液聚合制备水性氟碳树脂。该方法制备的水性氟碳树脂在耐水性、防污性、光泽等性能上有很大改善，是当前重要发展方向。

此外，可通过分散（悬浮）聚合法制备水可分散型氟碳树脂，如聚三氟聚乙烯（PCT-FE）水分散液、聚四氟乙烯（PTFE）水分散液等。

六、其他水性涂料

（一）水性聚酯涂料

涂料中所用的聚酯一般是低分子量的、无定形、含有支链、可以交联的聚合物。它一般由多元醇和多元酸酯化而成，有纯线型和支化型两种结构，纯线型结构树脂制备的漆膜有较好的柔韧性和加工性能；支化型结构树脂制备的漆膜的硬度和耐候性较突出。通过对聚酯树脂配方的调整，如多元醇过量，可以得到羟基终止的聚酯。如果酸过量，则得到的是以羧基终止的聚酯。

涂料行业最常用的饱和聚酯是含端羟基官能团的聚酯，通过与异氰酸酯、氨基树脂等树脂交联固化成膜。

水溶性聚酯可与水溶性氮基树脂配合生产水性烘漆，也可与亲水性多异氰酸酯配合生产双组分水性自干性漆，可用于金属和木器表面的装饰与保护，涂膜光泽高、附着力强、丰满度好、耐冲击性优良等。

在聚酯分子链上引入可溶于水的基团，使树脂分子溶于水，从而得到水解性聚酯树脂。目前采取先合成酸值相对较高（一般约为40～60mgKOH/g）的树脂，溶解于助溶剂中（一般采用醇醚类溶剂或醇类）。然后有机胺与羧基中和反应生成水溶性的铵盐，完成了将水溶性基团引入聚酯分子链的目的。通过控制树脂酸值，来控制水溶性的铵盐，调整好树脂的“水溶性”，满足涂料的性能要求。

水溶性聚酯具有相对较高的酸值，为保证交联反应后的涂膜性能，又必须有合适的羟值，配方体系的醇超量不会很高，设计配方时，要注意多元醇、多元酸之间的比例。为防止合成过程中发生胶化，可采取与合成粉末涂料用端羧基聚酯交换树脂同样的工艺，即预留部分多元酸后加，使开始反应时多元醇过量得多些。保证反应的稳定。等反应到一定程度后，加预留的多元酸，继续反应一段时间，再用有机胺中和[7]。

可用的有机胺有乙二胺、三乙胺、乙醇胺、二乙醇胺等，考虑醇胺含有的羟基对水溶性有帮助，一般选用醇胺，目前最常用的是二乙醇胺，若中和反应程度达不到，形成的铵盐不够，树脂水溶性下降，体系稳定性也下降；若中和反应程度过大，体系易增稠；要达到涂料施工黏度，必须增加水的添加量，会降低体系固体分，影响涂膜丰满度。一般中和时控制体系的pH为7～8。

树脂的相对分子质量的大小，影响着树脂的性能，是合成树脂时必须要控制的重要指标。水溶性聚酯涂料是以交联固化后来形成涂膜的，若分子量过小，需要较高的交联树脂用量来保证涂膜性能，使涂料的成本增加，而且贮存稳定性会下降。若分子量过大，树脂的黏度增大，需要较大的助溶剂用量来溶解树脂，增加了有机溶剂用量，增加了涂料的VOC。

水性氨基树脂可选用全甲醚化或部分甲醚化三聚氰胺树脂，一般来讲，采用全甲醚化三聚氰胺甲醛树脂（HMMM），涂装时的烘烤温度要高些，涂膜的硬度低些，但涂膜柔韧性好；采用部分甲醚化三聚氰胺甲醛树脂（HMM），涂装时的烘烤温度可低些，涂膜的硬度高些，但涂膜柔韧性要差些。我们要根据涂膜的性能和涂装条件，来选择合适的交联树脂。

（二）水性无机富锌涂料

水性无机富锌涂层有着极佳的附着力，成膜机理与普通涂料不同，一般涂料由树脂、颜填料、助剂和溶剂所组成。在漆液中颜料以悬浮状态分散在高分子树脂溶液中，当涂料涂装成膜后，漆膜依靠树脂和底材之间的物理及化学结合力黏附在被涂物上，而颜料则依靠树脂的黏结力留在涂膜之中。而水性无机富锌底漆成膜机理的特殊性则在于它是将大量的锌粉分散在以小分子状态存在的硅酸盐溶液中，锌粉在其中不仅是颜料，同时又是涂料的固化剂，当此涂料涂装成膜后硅酸盐中的羟基即可以和锌离子发生反应，形成硅酸锌聚合物；硅酸盐中大量的羟基不仅易与锌粉起交联作用，而且也可以和钢材中的铁原子起键合作用，形成络合物使底材表面的铁原子也成为涂膜高分子结构中的组成部分；因此其附着力优于涂料中树脂和底材之间靠物理及化学结合所形成的附着力。此外，水性无机富锌涂料（以硅酸盐涂层为例）在形成涂层时是以聚硅氧烷相结合，有着耐高温、耐辐射性能。在成膜初期溶于水，但固化后耐水优良，具有陶瓷般的表面硬度和良好的耐磨性。由于水性无机富锌涂层导电性良好，所以漆膜抗焊接和切割损伤[8]。

无机富锌涂料有溶剂型和水性两类。水性无机富锌涂料的基料主要是硅酸盐系列，包括硅酸钾、硅酸钠、硅酸锂等；硅酸钠、硅酸钾的价格低，成膜性好，应用较多。富锌涂料用的锌粉有片状、球状和无定形等。片状锌粉性能比粒状锌粉性能优越，而且用量更少，所以在国际上被众多厂家所采用。但片状锌粉加工工艺复杂，价格高。

富锌涂料的防护作用主要有：屏蔽效应、电化学防护、涂膜自修补、钝化作用等。水性无机富锌涂料经过多年的发展，涂层的耐盐雾性、防腐蚀年限等都很优异，是无机富锌涂料的发展方向。

受石油资源及环保法规的影响，涂料工业正积极地朝着水性、粉末、高固体分及光固化等环保型涂料方向发展。无机富锌涂料也不例外，正由溶剂型正硅酸乙酯向水性硅酸盐方向发展。

虽然富锌涂料综合性能良好，具有很多优势，但是在目前工程实际应用中还存在如下缺点：微观多孔、屏蔽性能差；电化学极化率增大；厚涂层裂纹；贮存性能差；施工条件苛刻等。

目前水性无机硅酸锌涂料的研发主要集中在制备新型涂料体系、提高涂装效率、降低工程成本上。对涂料进行功能性复合改性，实现底面合一，减少涂覆次数；无毒或低毒防腐蚀颜填料的选择和制备；新型成膜聚合物的制备和结构表征；配方及合成工艺的优化；鳞片状锌粉填料等都是目前的研究方向。

（三）水性氨基涂料

氨基树脂是热固性合成树脂中主要品种之一。因性脆、附着力差，不能单独配置涂料，常常与醇酸树脂并用，可以制成性能良好的涂料，是因为氨基树脂的羟甲基与醇酸树脂在加热条件下可交联固化成膜，醇酸树脂改善了氨基树脂的脆性和附着力，而氨基树脂改善了醇酸树脂的硬度、光泽、耐酸、耐碱、耐水、耐油等性能，所以是一种复合型涂料。

氨基涂料是以氨基树脂为主要成膜物的涂料，常用的氨基树脂有三聚氰胺甲醛树脂、脲醛树脂、烃基三聚氰胺甲醛树脂、共聚树脂等；涂膜光亮、柔和、耐磨、耐用，但较脆，常常和其他树脂混合使用，如醇酸树脂、丙烯酸树脂、环氧树脂、有机硅树脂、乙烯基树脂等。

氨基树脂涂料通常分为清漆、烘漆、绝缘漆等类别；氨基清漆含氨基树脂量较高，多用于表面罩光，在氨基清漆中加入醇溶性颜料制得，漆膜美观、鲜艳、光亮、耐油、耐水，它是各种透明罩面漆中质量较好，用量较多的品种之一，适用于钟表外壳、热水瓶、自行车、各种标牌、文教用品等物面的装修。

各色氨基烘漆是高级烘漆之一，分有光、半光、无光三种。有光烘漆含颜料（份）少，有良好的附着力和耐腐蚀性能，光亮、颜色艳，多用于日常轻工产品。

氨基绝缘漆可分为氨基醇酸绝缘漆和聚酰亚胺绝缘漆等两类，有较好的干透性，耐油性，耐电弧性，附着力也很强，广泛用于各种绝缘电机、电器绕组等。聚酰亚胺绝缘漆是一种耐高温、抗辐射性能优异的绝缘漆，主要用作高温环境下使用的特种电机、电器的绝缘层。

水性氨基涂料品种不多，但也有一些产品，比如将聚磷酸铵、磷酸脒基脲、三聚氰胺、季戊四醇和适量水经过研磨、混匀后过筛，加入脲醛树脂、聚乙酸乙烯酯树脂和适量水，混匀；加入到球磨机中进一步破碎、分散均匀；再加入填料、助剂、适量水；混匀、过筛、灌装，可制成水性改性氨基树脂涂料，是一种膨胀型木材阻燃涂料。

以新戊二醇、三羟甲基丙烷、间苯二甲酸、偏苯三酸酐、己二酸等为原料合成了水性聚酯树脂。该水性聚酯树脂与高甲基醚化三聚氰胺树脂配制成水性氨基烘干漆。该漆与同类溶剂型氨基烘烤漆的性能相当，尤其在硬度、耐水性等方面优于溶剂型氨基烘烤漆，且具有低污染、低毒、易清洗等特点[9]。

（四）水性有机硅涂料

有机硅是第一个获得广泛应用的元素有机高分子化合物，广泛应用于国民经济的各个领域，在涂料工业中亦占有相当重要的地位。有机硅涂料是以有机硅聚合物或有机硅改性聚合物为主要成膜物质的涂料，它具有优良的耐热耐寒、电绝缘、耐电晕、耐辐射、耐潮湿和憎水、耐候、耐污及耐化学腐蚀等性能，近年来在产品性能改进及应用方面都得到了迅速发展。

有机硅产品的基本结构单元是硅-氧链节，侧链则是与硅原子相连的各种有机基团；故在有机硅中既含有“有机基团”，又含有“无机结构”，这种特殊的结构具有有机和无机物的性能，具有优良的耐高低温、耐紫外线和红外辐射、耐氧化降解以及电绝缘性和弹性。它们可以是低或高黏度的液体，也可是固体树脂或橡胶体。

以有机硅树脂为成膜物质制成的涂料主要有耐热耐候有机硅防腐涂料、耐磨的透明有机硅涂料、脱模和防潮涂料及耐辐射涂料等品种。涂料用有机硅树脂一般以甲基三氯硅烷、二甲基二氯硅烷、苯基三氯硅烷、二苯基二氯硅烷及甲基苯基二氯硅烷等为原料进行水解缩聚而制得。单体结构、官能团数目与比例对涂层性能的影响很大。硅原子上连接的有机基团种类对树脂的性能也有影响，不同的有机基团可使有机硅树脂表现出不同的性能。

1. 有机硅树脂改性

尽管有机硅树脂具有许多优异性能，但也存在一些问题：一般需高温150～200℃固化，固化时间长，大面积施工不方便；对基材的附着力差，耐有机溶剂性差；为克服这些缺点，常对有机树脂进行改性；改性方法有物理共混和化学改性两种，化学改性的效果一般比物理共混改性好。化学改性主要是在聚硅氧烷链的末端或侧链上引入活性基团，再与其他高分子反应生成嵌段、接枝或互穿网络共聚物，从而获得新的性能。在涂料工业中，用有机硅改性的有机树脂主要有醇酸树脂、丙烯酸树脂、环氧树脂等。

2. 有机硅水性涂料

有机硅水性涂料是以水为介质的低VOC含量的一类室温固化环保型涂料。目前已有超过半数以上的有机硅涂料为非溶剂型涂料，包括水性涂料、高固体分涂料、粉末涂料等。

水性有机硅涂料分乳液型及水溶性型两种。乳液型除单纯的有机硅乳液外，已出现了有机硅微乳液、共混乳液、共聚乳液及复合乳液。聚硅氧烷乳液有阴离子型、阳离子型、非离子型和自乳化型。阴离子型乳液比阳离子型乳液具有更好的贮存稳定性，用途广泛。在阳离子型乳液中加入少量的非离子型表面活性剂，可以保护乳液粒子，增强其稳定性。近年来开发的有机硅微乳液，颗粒细微，粒径小于0.15μm，外观呈半透明到透明[10]。

为改善聚硅氧烷和丙烯酸酯共混乳液的混容性，改变单一的聚硅氧烷性能，有研究者以加入增溶剂和交联剂的方法获得较好的乳液聚合物相容性，但其在微米级范围内的共混乳液仍是非均相的。聚硅氧烷/丙烯酸酯共聚乳液粒径分布均匀，成膜性好，膜拉伸强度和断裂伸长率远大于共混胶膜。具有核壳结构的有机硅聚合物复合乳液比通常的乳液共混或无规共聚物具有更好的成膜性、稳定性、附着性及其他一些力学性能，在黏合剂、防腐或装饰涂料、感光材料中有着广泛的用途。

水溶性低污染常温干燥型有机硅改性醇酸树脂，固含量高达60%，在水溶性钴、锰催干剂作用下其磁漆耐候性、保光性、抗粉化性、抗水性等可与溶剂型常温固化有机硅改性醇酸树脂磁漆达到同等质量水平。

有机硅材料具有优异的性能，在涂料工业中有着广阔的应用，随着全球经济和高科技的发展，具有高性能的元素有机硅材料将会在越来越多的领域内发挥其特殊功能。

（五）水性光固化涂料

紫外光固化涂料以其固化速度快、节能、生产效率高、涂层性能好等优点，近年来获得广泛应用，但随着紫外光固化涂料的迅猛发展，其自身的一些弊端日益暴露出来：如反应性稀释单体及其他多官能丙烯酸酯（MFAs）等含有挥发性有机化合物（VOC）组分，对环境及人体健康有一定的损害，有些光引发剂的分解产物不符合环保要求，带来卫生、安全隐患并影响固化膜的使用性能；水性光固化涂料继承和发展了传统紫外固化技术和水性涂料技术的许多优点，诸如低成本、低黏度、良好的涂布适应性、设备易于清洗、无毒性、无刺激性、不燃性等，水性光固化涂料的应用领域正在不断扩大，它可用作塑料清漆、罩光清漆、光聚合物印刷版、丝网印刷油墨、凹版及平版印刷油墨等。许多高品质的印刷油墨都采用多色叠印工艺，低固含量的水性光固化涂料能够满足这一要求。

水性光固化涂料的分类方法很多，常见的是将其分为水溶性和水分散性两大类，也可按是否含多官能丙烯酸酯和固含量高低分类。

高固含量水溶性光固化体系的固含量可达90%以上，体系中的少量水分可用以降低体系的黏度。低固含量的水溶性光固化体系目前主要用于印刷工艺。

水分散性光固化涂料体系主要是指乳液分散体系（包括外乳化型和自乳化型），有时也指水溶胶分散体系，其基料树脂上带少量亲水基团（离子型或非离子型）。相对于水溶性光固化涂料，乳液型光固化涂料固化膜的耐水性较强，应用前景较好。

使用多官能丙烯酸酯往往能改善涂膜性能，降低产品成本；多官能丙烯酸酯的分子量较小时，其挥发性高，刺激性强，但是在体系中用量较大时，则水性光固化涂料的低VOC优势将丧失，因此可以考虑选用某些低挥发性或低毒性的多官能丙烯酸酯。

水性光固化涂料的组成大体上包括不饱和官能化基料树脂、表面活性剂或其他分散稳定剂、光引发剂、多官能丙烯酸酯及湿润剂、流平剂、颜填料等[11]。

1. 基料树脂

涂料最终固化膜的性能主要由基料树脂决定。水性光固化涂料的基料多以常用树脂进行不饱和官能化而得。常用基料树脂有不饱和聚酯、聚氨酯丙烯酸酯、丙烯酸酯化聚丙烯酸酯、聚酯丙烯酸酯。

2. 表面活性剂

对于外加表面活性剂的水性光固化涂料，选择恰当的表面活性剂很重要；表面活性剂可分为非离子型、阴离子型、阳离子型和两性离子型。除两性离子型表面活性剂较少用于水性光固化涂料外，原则上前三者都可选用。阴离子表面活性剂，尤其是长链脂肪酸与长链烃磺酸的铵盐较常采用；研究表明，离子型表面活性剂因其与固化膜的相容性问题，易富集于膜的表层，并有易渗透性和易萃取性，有损于涂膜的性能，也容易引起健康卫生问题。较好的解决办法是采用可聚合表面活性剂，使之参与光交联过程而固定在固化膜中，或者在主体树脂上引入易水性化的基团（如羟基、季铵基团等），使树脂具有自乳化性能。

3. 光引发剂

传统溶剂型光固化涂料所用的光引发剂可是自由基型，也可是阳离子型；但水性光固化涂料一般只能用自由基型光引发剂，阳离子型光引发剂用于水性光固化涂料的效果较差；对于水性光固化涂料，光引发剂应与水性化树脂高度相容，分散性要好，不仅在湿体系中要相容，更关键的是在固化前干膜中分散均匀，具有低的水蒸气挥发度（随水分蒸发而一起挥发的程度）；对水溶性的光固化体系，有必要使用水溶性光引发剂（WSP）。WSP在光引发活性时，常用的水溶性单体有丙烯酰胺（AM）、甲基丙烯酸、甲基丙烯酸-β-羟乙酯（HEMA）。

按化学结构来分，目前的水溶性光引发剂主要可分为芳酮类、稠环芳烃类、聚硅烷类、芳酰基膦酸盐类、偶氮类及金属有机配合物类。其中芳酮类品种最多，可分为硫杂蒽酮衍生物、二苯酮衍生物、苯偶酰衍生物及烷基芳酮衍生物。

与一般水性涂料体系一样，水性光固化涂料也存在一些困难和问题，比如使预干燥不仅消耗能量而且费时，对底材（特别是低表面能底材）和颜料的浸润性差、易引起涂布不均，容易产生霉菌，需加入防霉剂，使配方复杂化。

总的来说，水性光固化涂料的优点突出，其有利于环境保护的特点符合时代发展要求。因此，继续开展基础性研究，扬长避短并大力拓展其应用领域，仍是当前发展水性光固化涂料技术的当务之急。

（六）水性电磁屏蔽涂料

水性导电涂料是一种有效且绿色环保的电磁屏蔽涂料，这种涂层型电磁屏蔽材料以其选材广泛、施工方便灵活、实用性强及性价比高等特点而被广泛应用于各种电子设备和系统的电磁辐射防护。

配方中填料性能是涂料电磁屏蔽特性的决定性因素，目前导电型电磁屏蔽涂料按填料的种类可分为银系、镍系、铜系、碳系涂料以及复合导电涂料等系列；银系导电涂料是最早开发的涂料之一，银系涂料的稳定性和导电性良好，但银价格高，银系涂料应用于航空航天等高科技领域和作为导电填料的包覆材料[12]。

1. 镍系导电涂料

镍系导电涂料屏蔽效果好，价格适中，抗氧化性好，为电磁屏蔽导电涂料研究的主流，具有优异的稳定性，适用于作战指挥中心、计算机及精密仪器机房、通信中心等各种建筑物。

2. 铜系导电涂料

铜系涂料导电性能好，但抗氧化性较差，性能不稳定。水溶性铜导电涂料的关键技术问题是防止涂料中的水使铜粉氧化，导致其导电性下降。防铜粉氧化技术主要有：①采用化学镀、真空蒸镀等方法在铜粉表面镀覆惰性金属如银、镍、锌等）；②加入还原剂将铜粉表面的氧化铜还原为铜，其方法是把含有活泼氢的物质，如胺、酚、醛等加入到涂料中，将铜粉表面的氧化亚铜、氧化铜还原为铜，抑制铜粉的氧化；③用有机胺、有机硅、有机钛、有机磷等抗氧剂对铜粉进行处理；④偶联剂处理技术，当硅烷偶联剂等加入涂料中时，偶联剂铜粉表面经过缩合，形成网状结构，将铜粉包在其中，从而隔绝了空气和水分与铜粉表面的接触，阻止铜粉表面的氧化，使其保持了良好的导电稳定性。

3. 碳素系导电涂料

对于石墨和炭黑等碳素系导电涂料，采用高电导性和高结构性的炭黑作填料；由于碳系涂料的导电性相对较差，用作电磁屏蔽材料的效果比其他金属填料要差一些，但是碳系涂料具有耐环境性好、密度小、价格低等优点，能满足防静电要求，用量得当，对涂料物理性能的影响不大。纳米石墨微片经表面改性处理后能明显改善导电粒子在树脂基体中的分散稳定性，从而提高导电涂料的导电性，提高了涂料的电磁屏蔽效能。

4. 复合型导电涂料

复合导电涂料成本低、导电性能高；改性铁镍层状复合处理，能够提高涂料的电磁屏蔽效能；也有以镀锡镍硅酸钙镁、铁磁性纳米颗粒作为改性材料；也有以聚苯胺为导电高聚物，制作电磁屏蔽材料，聚苯胺导电性能好，空气中稳定及热稳定性高，解决了难溶于水的问题之后，为水性导电高聚物电磁屏蔽涂料的研究奠定了基础。

水性导电涂料作为一种经济、节能、环保的绿色涂料，有着广阔的应用前景，是21世纪的新型涂料，电磁屏蔽涂料的水性化是导电涂料发展的一种必然趋势，如何防止涂料中金属填料的氧化，提高耐水性、硬度、附着力是水溶性电磁屏蔽涂料的关键技术问题，通过接枝和纳米改性等技术工艺，研究低成本、宽频带、高性能、多功能导电复合涂料是未来发展的一个主要方向。

（七）水性重防腐涂料

重防腐涂料主要有醇酸树脂、环氧树脂、聚氨酯、丙烯酸树脂以及无机硅酸锌涂料等。目前在工业重防腐领域常见的水性涂料是水性环氧涂料、水性丙烯酸涂料和水性无机硅酸锌涂料等。

水性环氧涂料主要是水分散性环氧涂料，环氧树脂虽不是水溶性的，但可以在水中乳化，由基料为憎水性的环氧树脂和固化剂两组分组成，固化剂为亲水性的胺类固化剂，所选用的环氧树脂和固化剂类型不同，可以有很多组合。

水性环氧涂料采用的颜填料为低吸油吸水性品种，常用的有磷酸锌防锈颜料、滑石粉、云母粉等。水性环氧底漆中要加入防锈抑制剂。水性环氧涂料可用水稀释，味淡、不燃。由于本身含有水分，可与潮湿底材表面的水分共同成为水性环氧涂料的组成部分，但是水分过高或表面渗水时不适宜。水溶性环氧涂料对大多数基材表面的附着力非常好，适用于钢材、混凝土和铝材等基底表面。

水性丙烯酸涂料可作为底漆、面漆和用于混凝土表面的封闭漆。能在大多数的底材表面施工，如钢材、镀锌件、铝材、混凝土、砖石和木材等；面漆有很好的耐候性能、耐紫外线、耐水、不泛黄；水性丙烯酸面漆的耐候性能要优于溶剂型面漆，可以与水性环氧或丙烯酸底漆、中涂漆相配套，也可以用于溶剂型涂层上面，形成所谓的复合型涂料系统[13]。

水性无机硅酸锌涂料与溶剂型硅酸锌漆一样，以大量金属锌粉作为防锈颜料，在漆膜中紧密接触，形成与钢材之间的良好导电性，起到电化学保护作用。

思考题

1. 成为水性涂料主料的因素有哪些？
2. 水性涂料主料配比是不是越大越好？

实训任务　主料试验

能力目标：能够熟练操作试验仪器与设备，运用化工工艺试验工的相关技能，完成主料配比试验任务。包括主料的预处理，主料配比计算，主料配比混合，主料品质测试等。

知识目标：理解主料配比的相关理论和机理，掌握主料配比的计算方法；包括水性涂料主料的分类、配方等知识，应用计算方法，设计试验方案。

实训设计：公司涂料车间试验小组开发水性涂料，要求成本低廉，工艺合理。按照车间组织构成，分为若干班组（项目组），选出组长，由组长协调组员进行项目化的工作和学习，完成任务，技能比赛，汇报演讲，以绩效考核方式进行考评。

水性涂料的生产和一般配方生产类似，可以按照配方直接混合，然后搅拌分散，这种方法能耗较大，工艺简单，制成品质量不高；另一种方法是按照分散的难易程度，进行粉碎、乳化等预处理，由难到易依次加入混合器进行搅拌，主次有别，主料最后加入进行分散，比如色浆法，即把颜料、填料先调入已溶解有润湿分散剂的配方水中，经过高速分散或研磨制得色浆。用pH调节剂将乳液的pH调至指标值，根据工艺条件可以直接和助剂、色浆混合均匀后再和乳液混合均匀制成水性涂料，由于首先制作色浆，可以反复多次分散或研磨，制成品的细度较高，性能相对优异。以上两种工艺生产的水性涂料，其固体分和颜填料的分散状态有明显不同。

（一）水性涂料试验

采用苯丙乳液与硅溶胶混合，有效降低试验成本，适合实训任务的实施，该涂料可明显提高单组分树脂涂料的耐候性、保光性、弹性和耐久性，制得的建筑涂料满足各项要求；在水性涂料后续的实训任务中，按照附录二中水性涂料参考配方不断添加各类助剂，观察由于添加助剂而产生的涂料性能变化，各项指标由于添加助剂而改善，积累试验经验，体会助剂的效力。

（二）实训任务

本次实训选用附录二配方四的水性涂料主料配比试验配方来实施，按照配方要求准备好乳液、颜填料等原料和试验方案，进行人员分组，完成试验任务；试验仪器与原料准备：100～300ml具塞量筒1套；刮板细度计（100μm）1台；小型砂磨机（2L）1台；保温烘箱1台；试验设备一套（搅拌、电炉等）1套；光泽计1台；自动酸价滴定仪1台；250ml棕色小口瓶1箱；比色纸1套；黏度计（涂料4号铜杯）1台；40倍放大镜1个；烧杯8个，天平4台，搅拌器4套，黏度计1台，涂覆板若干，小刷4把，配备投影仪等教学设备的实训室。

按照实验方案的设计进行混合，先加入用量较小的原料，后加入用量较大的原料，启动搅拌器，由小到大逐渐加大转速，全面搅动稳定后，恒温控制在60～80℃，搅拌20min以上，观察搅拌现象，记录配比过程，每组得出数个样品，记录备案。

试验结果评价：对所得到的水性涂料主料混合物进行直观的涂刷性能（流平性、流挂性等）和黏度等的检测，得出合理的配比范围。

课后任务

1. 查询乳化技术的应用。
2. 查询乳化设备的分类和技术指标。

参考文献

[1] 徐徐等. 水性聚氨酯涂料的改性技术与应用进展[J]. 生物质化学工程. 2009. 9.
[2] 吴胜华. 双组分水性聚氨酯涂料的研究进展[J]. 化工进展. 2004. 9.
[3] 胡永玲. 水性环氧防腐涂料的研究进展[J]. 广东化工. 2013. 7.
[4] 张心亚，魏筱，陈焕钦. 水性涂料的最新研究进展[J]. 涂料工业. 2009. 12.
[5] 李田霞. 氟碳涂料国内外现状及发展趋势[J]. 安徽化工. 2012. 2.
[6] 刘秀生. 氟碳树脂涂料的部分进展[C]. 第十届氟硅涂料行业年会.
[7] 岳慧艳. 水性聚酯树脂的研制[J]. 涂料工业. 2003. 9.
[8] 张曾生，熊金平，左禹. 无机富锌漆研究及进展[C]. 第五届国际防腐涂料及海洋防腐技术研讨会.
[9] 陈昌炽. 氨基涂料系列产品开发与配方设计[J]. 中国涂料. 2012. 11.
[10] 张玲，朱学海，姚虎卿. 改性有机硅树脂涂料研究新进展[J]. 现代化工. 2006. 10.
[11] 张伟德. UV固化水性涂料的发展以及在家具涂装中的应用[J]. 中国涂料. 2013. 6.
[12] 张庆之. 水性电磁屏蔽涂料研究进展[J]. 台州学院学报. 2011. 12.
[13] 朱龙晖. 水性重防腐涂料现状与展望[J]. 科技风. 2013. 5.

第二节 增稠剂

水性涂料是以水为分散介质的涂料，但是水的黏度较低，很难满足涂料涂装的施工要求。涂料增稠剂是一种流变助剂，不仅可以使涂料增稠，防止施工中出现流挂现象，而且能赋予涂料优异的机械性能和贮存稳定性。对于黏度较低的水性涂料来说，是非常重要的一类助剂。

一、增稠剂种类及增稠机理[1]

增稠剂种类很多，主要有无机增稠剂、纤维素类、聚丙烯酸酯和缔合型聚氨酯增稠剂等四类。无机增稠剂主要有膨润土、硅酸铝等，其中膨润土最为常用。纤维素类增稠剂主要有甲基纤维素、羟乙基纤维素、羟丙基甲基纤维素等，曾是增稠剂的主流，其中最常用的是羟乙基纤维素。聚丙烯酸酯增稠剂可分为两种：一种是水溶性的聚丙烯酸盐；另一种是丙烯酸、甲基丙烯酸的均聚物或共聚物乳液增稠剂，这种增稠剂本身是酸性的，须用碱或氨水中和至pH为8～9才能达到增稠效果，也称为丙烯酸碱溶胀增稠剂。聚氨酯类增稠剂是近年来新开发的缔合型增稠剂，下面介绍各类增稠剂的特点。

1. 纤维素醚及其衍生物

（1）纤维素醚及其衍生物

目前，纤维素醚及其衍生物类增稠剂主要有羟乙基纤维素（HEC）、甲基羟乙基纤维素（MHEC）、乙基羟乙基纤维素（EHEC）、甲基羟丙基纤维素（MHPC）、甲基纤维素（MC）和黄原胶等，这些都是非离子增稠剂，同时属于非缔合型水相增稠剂。其中在乳胶漆中最常用的是HEC、MHEC、EHEC，其中MHPC具有一定的疏水性，在涂刷黏度（ICI黏度）、抗飞溅和流平等方面，比HEC稍好。另外，聚阴离子纤维素（PAC）也开始在涂料中使用。

这类增稠剂的增稠机理是由于氢键使其有很高的水合作用及其大分子之间的缠绕。当其加入乳胶漆后，能立即吸收大量的水分，使其本身体积大幅度膨胀，同时高分子量的该类增稠剂互相缠绕，从而使乳胶漆黏度显著增大，产生增稠效果。

这类增稠剂的特点是：水相增稠，与乳胶漆中各组分相容性好，低剪切速率增稠效果好，对pH变化容忍度大，保水性好，触变性高。由于低剪切速率*T*度高，触变性高，所以抗流挂性好，但流平性差，并且对涂膜光泽有影响。因为分子量较大，分子链较柔韧，高剪切速率时黏度又低，所以涂料滚涂抗飞溅性差。高剪切速率时黏度低，导致涂膜丰满度差。易受细菌侵蚀降解而使涂料黏度下降，甚至变质，因此，使用时体系中必须添加一定的防腐剂。

（2）疏水改性纤维素（HMHEC）

疏水改性纤维素（HMHEC）是在纤维素亲水骨架上引入少量长链疏水烷基，从而成为缔合型增稠剂。由于进行了疏水改性，在原水相增稠的基础上又具有缔合增稠作用，能与乳液粒子、表面活性剂以及颜料等疏水组分缔合作用而增加黏度，其增稠效果可与分子量大得多的纤维素醚增稠剂品种相当。它提高了ICI黏度和流平性，降低了表面张力。HMHEC使HEC的不足之处得到改善，可用于丝光乳胶漆中。

2. 碱溶胀型增稠剂碱

溶胀增稠剂分为两类：非缔合型碱溶胀增稠剂（ASE）和缔合碱溶胀增稠剂（HASE），它们都是阴离子增稠剂。

（1）非缔合型碱溶胀增稠剂

非缔合型的ASE是聚丙烯酸盐碱溶胀型乳液，它是由不饱和共聚单体和羧酸等共聚而成的。ASE增稠机理是在碱性体系中发生酸碱中和反应，树脂被溶解，羧基在静电排斥的作用下使聚合物的链伸展开，从而使体系黏度提高，达到增稠结果的。其增稠效果受pH影响很大，pH变化时，增稠效果随之变化。

（2）缔合型碱溶胀增稠剂

缔合型HASE是疏水改性的聚丙烯酸盐碱溶胀型乳液。其骨架是由约49%（摩尔分数）甲基丙烯酸、约50%（摩尔分数）丙烯酸乙酯和约1%（摩尔分数）疏水改性的大分子构成的。同时还有少量交联剂，在中和膨胀时，使聚合物保持在一起。选用甲基丙烯酸是因为其在低pH时能进入胶束，而丙烯酸乙酯是由于其低玻璃化温度和高亲水性而被采用，其中疏水基R对增稠效果等影响很大，R可以是壬基苯等。

其增稠机理是在ASE的增稠基础上，加上缔合作用，即增稠剂聚合物疏水链和乳胶粒子、表面活性剂、颜料粒子等疏水部位缔合成三维网络结构，此外还有胶束作用，从而使乳胶漆体系的黏度升高。

其特点是增稠效率较高，因为本身在涂料中极易分散。大多数品种有一定的触变性，也有高触变性的产品可供选择，同时也有适度的流平性，涂料滚涂抗飞溅性较好，抗菌性好，对涂膜的光泽无不良影响，价格便宜。但对pH敏感，即黏度随pH变化而变化。

由于含有大量甲基丙烯酸，所以HASE是电解质，这种增稠剂也有含聚氨酯和不含聚氨酯两类。

3. 聚氨酯增稠剂和疏水改性非聚氨酯增稠剂

（1）聚氨酯增稠剂　聚氨酯增稠剂简称HEUR，是一种疏水基改性的乙氧基聚氨酯水溶性聚合物，属于非离子型缔合增稠剂。

HEUR由疏水基、亲水链和聚氨酯基三部分组成。疏水基起缔合作用，是增稠的决定因素，通常是油基、十八烷基、十二烷苯基、壬酚基等。亲水链能提供化学稳定性和黏度稳定性，常用的是聚醚，如聚氧乙烯及其衍生物。HEUR分子链是通过聚氨酯基来扩展的，所用聚氨酯基有IPDI、TDI和HMDI等。

缔合型增稠剂的结构特点是疏水基封端。

增稠机理是HEUR在乳胶漆水相中：一是分子疏水端与乳胶粒子、表面活性剂、颜料等疏水结构缔合，形成立体网状结构，这也是高剪黏度的来源，二是犹如表面活性剂，当其浓度高于临界胶束浓度时，形成胶束，中剪黏度主要由其主导；三是分子亲水链与水分子以氢键起作用，从而达到增稠结果。

其特点是：由于低剪切速率黏度低，所以流平性较好，对涂料的光泽无影响。而高剪切速率黏度高，故涂膜丰满度高。分子量较低，并且高剪切速率黏度高，因此涂料辊涂施工抗飞溅性好。在这些方面一般优于碱溶胀型增稠剂。另外，抗菌性好，屈服值低。但是，配方中表面活性剂、乳液、溶剂等对其增稠效果都有很大影响。如乳液含量提高、表面张力降低和粒径减小，都会使增稠效果提高。因为疏水结构互相吸附缔合，所以体系中单个组分HLB值改变，增稠效果也随之改变，即对配方变动非常敏感，但配方中的水、湿润剂、钛白粉、填料和水溶性溶剂等，与缔合型增稠剂相互作用较弱，所以对黏度影响较小。

环境友好的缔合型聚氨酯增稠剂开发受到普遍重视，如不含VOC和APEO（烷基酚聚氧乙烯醚类化合物）的缔合型聚氨酯增稠剂。

除了上面介绍的线型缔合型聚氨酯增稠剂外，还有梳状缔合型聚氨酯增稠剂。所谓梳状缔合型聚氨酯增稠剂是指每个增稠剂分子中间还有垂挂的疏水基。这类增稠剂有SCT-200和SCT-275等。

（2）疏水改性非聚氨酯增稠剂　这类疏水基改性的乙氧基非聚氨酯水溶性聚合物，也属于非离子型缔合增稠剂，性能与HEUR相似。如疏水改性氨基增稠剂（HEAT）、疏水改性聚醚增稠剂（HMPE）和改性聚脲增稠剂等。

4. 无机增稠剂

目前用于乳胶漆的无机类增稠剂主要有膨润土、高岭土和气相二氧化硅。这三种无机增稠剂的共同特点是抗生物降解性好，低剪切速率增稠效果好，但滚涂抗飞溅性差。

5. 络合型有机金属化合物类增稠剂

它的显著特点是抗流挂性、滚涂抗飞溅性、流平性等都优于纤维素醚类增稠剂。其增稠机理也是通过氢键作用。这种增稠剂对采用HEC保护胶体的乳液是有效的。

6. 硝酸纤维素增稠剂

硝酸纤维素在硝基清漆中作为增稠剂使用，一般溶解后使用，溶解硝酸纤维素的溶剂包括活性溶剂、非活性溶剂和助溶剂。

能溶解硝酸纤维素漆的活性溶剂（或称真溶剂）有酯类、酮类、醚醇类、酮醇类等。考虑到溶解力和经济因素，酯类以乙酸乙酯、乙酸丁酯、乙酸异丁酯等应用得最多。近年来有些企业也较多地使用乙酸仲丁酯、碳酸二甲酯；酮类以丙酮、甲乙酮、甲基异丁酮应用得较多；常用的醚醇类和酮醇类有丙二醇乙醚、丙二醇丁醚和二丙酮醇等品种。

醇类常用于溶解硝酸纤维素的助溶剂，往往不能单独溶解硝酸纤维素，但与真溶剂配合时，能有同样或更大的溶解力。应用最多的醇类有丁醇、异丁醇、异丙醇和乙醇等；甲醇能单独使用，但其毒性和高挥发性限制了它的使用。

烃类、脂肪族或芳香族醚被称为稀释剂，即非活性稀释剂。它们不能溶解硝酸纤维素。然而，只要稀释剂的成分不是太高，不致阻止硝酸纤维素的完全溶解，溶剂和助溶剂的混合物可以通过加入稀释剂而不会引起有害的影响。为了获得良好的干膜，必须保持溶剂和稀释剂的挥发平衡。稀释剂通常是硝基漆中树脂的良好溶剂，且价格比真溶剂便宜。因此，只要是切实可行，在清漆中通常采用含量尽可能高的稀释剂。最常用的稀释剂是甲苯和二甲苯，但是，甲苯和二甲苯也属有害大气污染物，近年来，出于环保和健康的原因也用溶剂汽油等脂肪烃作为稀释剂。

硝酸纤维素在溶液中作为一种胶体，不能形成真溶液而是形成亲油的溶胶。硝酸纤维素的溶解（溶棉），需使用一套合适的混合设备，把硝酸纤维素与溶剂、助溶剂和稀释剂的混合物进行混合。混合器的类型一般选用配有旋转搅拌的垂直缸。有些混合器仅装备推进器型的叶片，有些是涡轮型或碟式搅拌，能使溶液上下旋转运动。在安全措施下高速搅拌会很快溶解。在使用现代高剪切力的搅拌机且在正确的溶解技术指导下，所有规格的硝酸纤维素都可以迅速地溶解。

正确溶解羟乙基纤维素方法和要求如下。

①先用非活性溶剂进行搅拌，打碎厚实的结块以形成均匀的糊状浆。

②搅拌糊状浆并缓慢地加入活性溶剂，以便快速地溶解硝酸纤维素。

由于硝酸纤维素高度的活泼性，必须用这样的方法来溶解。否则可能会造成胶凝化或是延长溶解的时间，从而造成生产的损失、过滤的问题和硝酸纤维素的浪费。

为了得到有效的预湿润，1份（质量）的硝酸纤维素至少需要1.5～2份（质量）的非活性稀释剂。

注意：如果混合溶液中有高比例的稀释剂，则建议留下多余的稀释剂。先加入真溶剂和助溶剂，让硝酸纤维素完全溶解后，再慢慢加入剩余的稀释剂，并加以充分搅拌。

为了保证高剪切力下溶解的安全，正在溶解的硝酸纤维素必须完全浸泡在溶剂中。

对于溶解的速率来说，加入的顺序和所用液体成分的量有重要的关系。假如硝酸纤维素先与助溶剂或者稀释剂相混合，又或者是先与稀释剂和一部分的活性溶剂相混合。随后才加人剩余的活性溶剂，溶解时所需的时间会明显减少。当使用低速、简单推进器型搅拌时，这一程序特别有效。

硝酸纤维素通常在存放一段时间后黏度会略有下降，这种现象称为延迟溶液效应。

应该注意：硝酸纤维素在贮存、运输过程中，要防止硝酸纤维素久贮、过干、过热、震动和混放。消防措施、安全注意事项以及泄漏物、废弃物的处理等，都要遵照有关规定。

二、增稠剂性能与相互作用

1. 增稠剂性能和比较

各种缔合型增稠剂的性能比较见表6-2-1。

表6-2-1　缔合型增稠剂的性能

性质	聚氨酯增稠剂 HEUR	缔合碱溶胀增稠剂 HASE	疏水改性纤维素 HMHEC
成本	最高	视品种而定	稍高于HEC
抗飞溅性	优	很好	很好
流平性	优	尚好到优	好
高剪切速率黏度	很好	尚好到很好	尚好
高光泽潜力	很好	尚好到很好	尚好
抗压黏性	尚好	好到很好	好
对配方中表面活性剂和共溶剂的敏感性	很敏感	中度到很敏感	中度敏感
对pH的敏感性	不敏感	中度敏感	不敏感
对电解质的敏感性	不敏感	中度到很敏感	不敏感
耐水性	稍低于HEC	低于HEC	稍低于HEC
耐擦洗性	很好	稍好到好	好
耐碱性	很好	不好到好	很好
抗腐蚀性	很好	不好	不详
微生物降解	无影响	无影响	可能发生

2. 增稠剂在配方中的相互作用

一般情况下，对水分亲和性，纤维素增稠剂与盐形式的碱溶胀增稠剂相当。一般次序是：酸形式的碱溶胀增稠剂＜非离子合成增稠剂（如HEUR）＜纤维素增稠剂（盐形式的碱溶胀增稠剂）。

增稠剂的选择不仅要考虑增稠剂，还要结合乳漆体系来选择增稠剂。尤其是采用缔合型增稠剂时，要考虑乳液、表面活性剂、成膜助剂和颜料等综合影响，因为它们之间具有交互作用。

成膜助剂、助溶剂和缔合型增稠剂相互作用与其氢键作用参数有关，氢键作用参数大、水混溶性好的溶剂，与缔合型增稠剂的相互作用一般导致黏度下降，如丙二醇和乙二醇。氢键作用参数小、不溶于水的溶剂，一般使黏度上升[2]。

三、增稠剂选择及配方

1. 增稠剂选择

从以上各类增稠剂的增稠机理及特性分析中，可以得到这样一个结论：任何一类增稠剂都有其特点，在涂料的增稠体系中，如果只用一种增稠剂，很难达到长久的贮存稳定性、良好的施工效果和理想的涂膜外观等的统一。通常，在涂料增稠体系中，大多数都是采用两种增稠剂搭配使用来达到较理想的效果。

以HASE、HEUR一起搭配HEC，或者以HASE搭配HEUR来使用，均能取得满意的结果。仅以HEC和HEUR搭配使用，因为亲水亲油性差距太大，往往导致分水；对于厚质和拉毛的涂料，可采用高触变性的纤维素增稠剂或碱溶胀增稠剂。

纤维素类增稠剂纤维素类增稠剂的增稠效率高，尤其是对水相的增稠；对涂料的限制少，应用广泛；可使用的pH范围大。但存在流平性较差，滚涂时飞溅现象较多、稳定性不好，易受微生物降解等缺点。由于其在高剪切下为低黏度，在静态和低剪切有高黏度，所以涂布完成后，黏度迅速增加，可以防止流挂，但另一方面造成流平性较差。有研究表明，增稠剂的相对分子质量增加，乳胶涂料的飞溅性也增加。纤维素类增稠剂由于相对分子质量很大，所以易产生飞溅。此类增稠剂是通过“固定水”达到增稠效果，对颜料和乳胶粒子极少吸附，增稠剂的体积膨胀充满整个水相，把悬浮的颜料和乳胶粒子挤到一边，容易产生絮凝，因而稳定性不佳。由于是天然高分子，易受微生物攻击。

聚丙烯酸类增稠剂聚丙烯酸类增稠剂具有较强的增稠性和较好的流平性，生物稳定性好，但对pH敏感、耐水性不佳。

缔合型聚氨酯类增稠剂这种缔合结构在剪切力的作用下受到破坏，黏度降低，当剪切力消失黏度又可恢复，可防止施工过程出现流挂现象。

并且其黏度恢复具有一定的滞后性，有利于涂膜流平。聚氨酯增稠剂的相对分子质量（数千至数万）比前两类增稠剂的相对分子质量（数十万至数百万）低得多，不会助长飞溅。纤维素类增稠剂高度的水溶性会影响涂膜的耐水性，但聚氨酯类增稠剂分子上同时具有亲水和疏水基团，疏水基团与涂膜的基体有较强的亲合性，可增强涂膜的耐水性。由于乳胶粒子参与了缔合，不会产生絮凝，因而可使涂膜光滑，有较高的光泽度。缔合型聚氨酯增稠剂许多性能优于其他增稠剂，但由于其独特的胶束增稠机理，因而涂料配方中那些影响胶束的组分必然会对增稠性产生影响。用此类增稠剂时，应充分考虑各种因素对增稠性能的影响，不要轻易更换涂料所用的乳液、消泡剂、分散剂、成膜助剂等。

无机增稠剂水性膨润土增稠剂具有增稠性强、触变性好、pH适应范围广、稳定性好等优点。但由于膨润土是一种无机粉末，吸光性好，能明显降低涂膜表面光泽，起到类似消光剂的作用。所以，在有光乳胶涂料中使用膨润土时，要注意控制用量。纳米技术实现了无机物颗粒的纳米化，也赋予了无机增稠剂一些新的性能。

常用的增稠剂有纤维素醚及其衍生物类、缔合型碱溶胀增稠剂和聚氨酯增稠剂。

（1）纤维素醚及其衍生物

纤维素醚及其衍生物类增稠剂主要有羟乙基纤维素、甲基羟乙基纤维素、乙基羟乙基纤维素、甲基羟丙基纤维素等。疏水改性纤维素是在纤维素亲水骨架上引入少量长链疏水烷基，从而成为缔合型增稠剂，其增稠效果可与相对分子质量大得多的纤维素醚增稠剂品种相当。

（2）碱溶胀型增稠剂

碱溶胀增稠剂分为两类：非缔合型碱溶胀增稠剂和缔合型碱溶胀增稠剂。

（3）聚氨酯增稠剂和疏水改性非聚氨酯增稠剂

聚氨酯增稠剂，是一种疏水基团改性乙氧基聚氨酯水溶性聚合物，属于非离子型缔合增稠剂。环境友好的缔合型聚氨酯增稠剂开发已受到普遍重视，除了上面介绍的线性缔合型聚氨酯增稠剂，还有梳状缔合聚氨酯增稠剂。

2. 配方举例[2]

白色丙烯酸乳胶外用建筑涂料配方见表6-2-2。

表6-2-2　丙烯酸乳胶外用建筑涂料配方

项目	配方组分	质量分数/%
1	钛白粉	24
2	滑石粉	16
3	2%纤维素增稠剂溶液	9
4	10%多聚磷酸盐分散剂溶液	1.2
5	50%丙烯酸乳液	38
6	防霉剂	0.1
7	消泡剂	0.1
8	丙二醇	2.6
9	乙二醇	2
10	水	7

生产流程：将钛白粉、滑石粉、多聚磷酸盐分散剂溶液、水和一部分丙烯酸乳液混合，搅拌均匀，经砂磨机研磨至细度合格，再加入其余的原料，充分调匀，过滤包装。该涂料用作一般建筑外墙涂料，以涂刷和滚涂为主，也可以喷涂。

思考题

1. 举例说明增稠剂的增稠机理。

2. 如何选择增稠剂？

实训任务　增稠剂配比试验

能力目标：能够熟练操作试验仪器与设备，运用化工工艺试验工的相关技能，完成增稠剂配比试验任务。包括增稠剂的预处理、配比计算与混合、品质测试等。

知识目标：理解增稠剂配比的相关理论和机理，掌握配比的计算方法；包括水性涂料增稠剂的分类、配方等知识，应用计算方法，设计试验方案。

实训设计：公司涂料车间试验小组开发水性涂料，要求成本低廉，工艺合理。按照车间组织构成，分为若干班组（项目组），选出组长，由组长协调组员进行项目化的工作和学习，完成任务，技能比赛，汇报演讲，以绩效考核方式进行考评。

（一）增稠剂的预处理与加入[1]

羟乙基纤维素在配方中可应用于从无光到高光的各种涂料中，作为增稠剂的用量为总量的0.3%～0.5%，预先配成2%的水溶液，在高速分散时加入。

羟乙基纤维素在溶解前必须分散均匀，不然容易结块，充分分散的羟乙基纤维素在pH为碱性条件下迅速溶解，影响溶解的因素有温度、pH、搅拌速率和添加方式；比较好的方法是在搅拌的情况下加入pH不大于7.5的水中，搅拌均匀，充分分散，然后将溶液的pH提高到8.5，充分搅拌，溶解均匀。

羟乙基纤维素增稠剂的加入常采用喷射的办法，可以分为多段进行。在打浆阶段可在颜填料前加入，比如在加入水、乙二醇等溶剂和成膜助剂之后加入羟乙基纤维素，然后再加入表面活性剂、分散剂、有机氨/胺水和颜填料。

最终调和（调漆缸）阶段，可以在分散缸中制成分散浆，在水合作用开始前迅速打入调漆缸，搅拌均匀；也可以在调漆缸预分散，水合作用开始后加入颜填料和乳液，搅拌均匀。

羟乙基纤维素增稠剂在最后添加可以调整涂料的黏度，办法是在预分散缸中制成分散浆，在水合作用开始前将其投入调漆缸，搅拌均匀。

（二）实训任务

本次实训选用附录二配方五的水性涂料增稠剂试验配方来实施，按照配方要求准备好乳液、颜填料等原料和试验方案，进行人员分组，完成试验任务；试验仪器与原料准备：100～300ml具塞量筒1套；刮板细度计（100μm）1台；小型砂磨机（2L）1台；保温烘箱1台；试验设备一套（搅拌、电炉等）1套；光泽计1台；自动酸价滴定仪1台；250ml棕色小口瓶1箱；比色纸1套；黏度计（涂料4号铜杯）1台；40倍放大镜1个；烧杯8个，天平4台，搅拌器4套，黏度计1台，涂覆板若干，小刷4把，配备投影仪等教学设备的实训室。

试验过程：按照配方设计把羟乙基纤维素在分散缸中制成分散浆，在水合作用开始前迅速打入有主料的调漆缸，搅拌，启动搅拌器，由小到大逐渐加大转速，全面搅动稳定后，按要求多段加入羟乙基纤维素分散浆，调节涂料黏度，搅拌20分钟以上，观察搅拌现象，记录配比过程，每组得出数个样品，记录备案。

试验结果评价：对所得到的水性涂料主料混合物进行直观的涂刷性能（流平性、流挂性等）和黏度等的检测，得出合理的配比范围。

课后任务

1. 查询疏水改性纤维素的应用。
2. 查询分散设备的分类和技术指标。

参考资料

[1] 刘登良. 涂料工艺[M]. 第4版. 北京：化学工业出版社. 2010：188.
[2] 夏宇正. 涂料最新生产技术与配方[M]. 北京：化学工业出版社. 2009.10：30-31.

第三节 颜填料

颜填料对涂料的性能起至关重要的影响，如提供给涂层强的着色力、附着力、遮盖力、光泽、流动性、流平性、耐久性、膜牢固性、透气性和流变性等，赋予涂料良好的施工性、涂层好的外观及优良的综合力学性能，另外颜料常赋予涂料一定的色彩。

近年来对太阳热反射涂料研究越来越多。起到热反射作用的主要有两部分：成膜物质和颜填料。用于太阳热反射涂料的树脂，要求对可见光和近红外光吸收率越低越好，而涂料常用的树脂通常都可以满足，因此，颜填料对涂料热反射性能的影响是主要的。用空心微珠和反射率高的白色颜填料可有效提高涂料的热反射性能，改善涂料的隔热效果[1]。

颜填料在使用过程中一般都要进行分散，颜填料的分散是相当复杂的。一般认为有润湿、粉碎、稳定三个相关过程。润湿是指用树脂或添加剂取代颜料表面上的吸附物如空气、水等，即固\气界面转变为固\液界面的过程；粉碎是指用机械力把凝聚的二次团粒分散成接近一次粒子的细小粒子，构成悬浮分散体；稳定是指形成的悬浮分散粒子在无外力作用下，仍能处于分散悬浮状态。润湿分散剂能缩短研磨分散时间，降低能源的消耗，保证涂料分散体系处于稳定状态，对涂料的诸多性能都起着决定性作用。

近年来出现的氟碳表面活性剂，能用于改善油漆、涂料的润湿、流平性能，防止涂层出现橘皮、缩孔、起皱、厚边等表面缺陷，同时可以改善涂层的光泽性、抗污性和易清洁性能，改进涂料的流平性和抗黏结性能，增加分散在涂料体系中颜料的稳定性，防止颜料漂浮，另外在涂料施工过程中提高膜的防尘效果。应用某些氟碳表面活性剂还具有良好的防雾、抗紫外线性能，提高涂层的耐候性。

一、A颜填料分类

涂料中所用的颜填料大体可分为颜料和填料，其中填料又称为体制颜料。

涂料中所用的颜料以无机颜料为主，其中钛白粉占首位，其次为氧化铁红、铬黄、立德粉等；也用一部分耐候性良好的有机颜料，特别是红色颜料和蓝色颜料。因此可根据颜色将颜料进行分类，如白色的：二氧化钛、铅白、氧化锌、锌钡白、硫化锌。黑色的：炭黑、氧化铁、黑锌粉；黄色的：铬黄、镉黄、氧化铁黄、透明铁黄；红色的：氧化铁红、透明铁红、钼铬红、红丹、镉红；棕色的：氧化铁棕；蓝色的：群青、钴蓝、铁蓝；绿色的：氧化铬绿、钴绿、铅铬绿；等等。

另外用量较大的填料（即体质颜料），被当作低成本的原料添加到涂料中，以提高涂料的固含量，常用的体质颜料有碳酸钙、硅酸镁、硅酸铝、硫酸钙、结晶氧化硅、硅藻土、硫酸钡等。体质颜料最早是从自然界获得，而目前由其他化学工艺副产品得到的体质颜料逐渐增多，很多体质颜料需要专门生产，这些体质颜料在颜色、均匀度、颗粒大小、粒径分布、表面处理等方面有很大的改进，除了作为填料降低涂料成本外，还可提高涂料各方面的性能。它们包括许多化合物，这些物质主要是钡、钙、镁或铝的盐类，硅或铝的氧化物，或是前两类物质衍生的盐类；它们的有用程度与白色不透明颜料相接近，并且体质颜料的种类和数量以及在传统工业中的用途将有更进一步的发展；它们的折射率低，通常在1.45～1.70，呈白色或近似白色，而其他性质的变化范围却很广，如相对密度、颗粒形状、大小、粒径分布、吸油量、化学活性等。

颜填料的种类随着涂料功能的不断增加而逐步发生变化，以下是几种用途较广的颜填料。

钛白粉（TiO_2）：在涂料工业中，最重要的白色颜料就是钛白粉。钛白粉由于折射率高，光散射的能力比其他白色颜料都强，在着色涂料中具有极好的遮盖力，特别是金红石型钛白粉。与其他着色颜料相比，钛白粉颜料在所有白色颜料中表现出最好的亮度。钛白粉由于具有这些优异的光学特性、无毒和化学惰性，可以代替其他所有的白色颜料。

锌钡白（又名立德粉，$ZnS \cdot BaSO_4$）是硫化锌与硫酸钡的混合物。锌钡白是一种中性颜料，故常与酸价高的基料共用，代替氧化锌，以免涂料产生皂化。锌钡白颜色洁白、遮盖力强、着色力好、耐碱耐热，但遇酸分解、遇光变暗、耐候性差、易粉化。锌钡白广泛用作室内隔热涂料。在内墙经济型平光涂料中，常用立德粉代替部分钛白粉作为着色颜料，以降低涂料成本。沉淀硫酸钡：沉淀硫酸钡质地细腻，白度高，耐酸、碱、光、热和化学性能高。

沉淀硫酸钡密度为4.35g/cm^3，吸油量为10%～15%，粒径小而均匀，流动性好，制成隔热涂料涂膜光泽高，流平性好，是目前涂料用量较多的品种。

碳酸钙：碳酸钙分为轻质碳酸钙、重质碳酸钙。轻质碳酸钙纯度在98%以上。平均粒度在3μm以下，白度较重质碳酸钙高，密度为2.71g/cm³，吸油量可达28%～58%。为了减少碳酸钙颗粒的凝聚作用，降低颗粒表面能，往往对填料表面进行改性处理，通常把经过表面处理的碳酸钙称为活性碳酸钙。重质碳酸钙的主要成分为碳酸钙，往往还含有碳酸镁、二氧化硅、三氧化二铝、铁、磷、硫等，密度为2.71g/cm³，吸油量为10%～25%。纯度相对较低，吸油量也较低，一般用于质量相对不高的隔热涂料之中。随着超细粉碎技术的发展，重质碳酸钙将越来越广泛地被采用。

二、润湿分散剂分类

润湿与分散是涂料制备的重要工艺过程。润湿分散剂能有效缩短生产时间，降低能耗，使涂料分散体系处于稳定均匀状态，对涂料的生产与施工都起着不可或缺的作用。由于涂料品种的多样性，所使用的相关润湿分散助剂也是品种繁多。涂料助剂用量虽少，但对涂料性能有很大的影响。

润湿剂、分散剂一般是表面活性剂。颜填料的分散一般要使用润湿分散剂，形成均匀分散体；润湿剂主要是降低物质的表面张力，其相对分子质量较小。分散剂吸附在颜料的表面上产生电荷斥力或空间位阻，防止颜料产生有害絮凝，使分散体系处于稳定状态，一般相对分子质量较大，但目前也有相当一部分具有活性基的高分子化合物作为润湿分散剂使用。分散剂若使用得当，不但能防止颜料沉淀，使涂料具有良好的贮存稳定性，而且能改善流平性，防止颜料浮色发花，获得均一色彩的涂膜，提高颜料的着色力、遮盖力，增加涂膜的光泽；还能降低色浆的黏度、增加研磨色浆中颜料的含量、提高研磨效率，达到节省人力和能源的效果。润湿和分散过程是一个统一连续的过程，所以润湿剂和分散剂又是很难区分的，有的助剂兼备润湿和分散的功能。

在水性体系中介质的表面张力远高于粒子的表面张力，有机颜料被润湿的能力较在有机溶剂中低很多。为了提高颜料的分散性，通常采用表面活性剂来降低水的表面张力，增强颜料的润湿性。水性分散体的稳定性主要依靠电荷斥力，但结构吸附层的空间位阻作用也得到广泛的应用。水性涂料中颜料的分散不仅与颜料的类型有关，而且与体系中基料的类型有很大的关系，并且在水性涂料中要达到较好的分散效果，往往需要多种添加剂的复配，这点与溶剂型涂料有较大差别。

1. 水性涂料用润湿剂

润湿剂都是一些相对分子质量低于1500的表面活性剂，主要作用是降低体系的表面张力。一般可在室温下把水溶液的表面张力从7.2×10^{-4}N/cm降至4.0×10^{-4}N/cm以下，从而有利于分散剂对颜料的作用。阴离子型的润湿剂有二烷基（辛基、己基、丁基）磺基琥珀酸盐、烷基萘磺酸钠、蓖麻油硫酸化物、十二烷基磺酸钠、硫酸月桂脂、油酸丁基酯硫酸化物等。阳离子型的润湿剂有烷基吡啶盐氯化物。非离子型的有烷基苯酚聚乙烯醚、聚氧乙烯烷基醚、聚氧乙烯乙二醇烷基酯、聚氧乙烯乙二醇烷基芳基醚、乙炔乙二醇等。

2. 水性涂料用分散剂

（1）无机类

无机类有聚磷酸盐（焦磷酸钠、磷酸三钠、磷酸四钠、六偏磷酸钠等）。硅酸盐（偏硅酸钠、二硅酸钠）。由于磷酸盐进入水体会造成富营养化，考虑环境问题，磷酸盐类分散剂的应用将会得到控制。

（2）有机类

有机类有阴离子型、阳离子型、非离子型三类。烷基聚醚硫酸酯、烷基芳基磺酸盐、烷基苯磺酸盐、烷基钠磺酸盐、二烷基磺基琥珀酸盐、烷基苯磺酸盐、脂肪酸酰胺衍生物硫酸酯、蓖麻油硫酸化物、聚乙二醇烷基芳基醚磺酸钠等为阴离子型。烷基吡啶氯化物、三甲基硬脂酰铵氯化物等为阳离子型。烷基酚聚乙烯醚、二烷基琥珀酸盐、山梨糖醇烷基化物、聚氧乙烯烷基酚基醚等为非离子型。有机分散剂效果通常好于无机分散剂，特别是对于低极性、易絮凝、难分散颜料（如酞菁蓝、酞菁绿及炭黑等）更为适用。

（3）高分子类

高分子类有聚羧酸盐、聚丙烯酸衍生物、聚甲基丙烯酸衍生物、顺丁烯二酸酐共聚物、缩合萘磺酸盐、非离子型水溶性高分子等。聚丙烯酸盐是此类分散剂中应用较广的一类，聚丙烯酸盐附着在颗粒表面起缓冲作用，在颗粒之间形成空间位阻，起到位阻稳定的作用。然而由于它的极性较小，在颜料表面产生的电荷密度小，静电稳定作用较弱，通常可以通过与聚磷酸盐分散剂配合使用的方法解决此问题。在羧酸类分散剂中引入特种功能性单体，如含磺酸基、氨基等功能性单体，以改善分散剂性能，减少分散剂用量[2]。

三、颜填料种类选择及处理

有些颜料比较难分散，如铁蓝等。将难分散的颜料与易分散的颜料在同一类型的研磨设备中研磨，就可以对比出达到要求细度所需要的研磨时间存在差别，难分散的颜料所需的研磨时间要长很多。消耗的能源也较多。为此，在制备颜料时采取措施，提高颜料的分散性，可以减少研磨时间并节约能耗。例如制备易分散颜料或色浆等加工颜料，就是针对提高颜料的分散性而提出来的。使用具有良好分散性的颜料，涂料的质量也会有所提高，涂料的细度符合标准并较为稳定，颜料不易在贮藏过程中重新聚集成大颗粒沉底，制成的漆膜较为平滑，耐水性也较好。

有些颜料的相对密度相差太大，在涂料中常出现分层，或在涂膜中出现浮色，一般可采用调整颜料的体积浓度（PVC）或加用表面活性剂来解决。有些颜料相互易起化学反应，因此不宜混用，如耐碱性差的颜料，就不宜与带碱性的颜料混用，反之亦然。含铅的颜料不宜与含硫的颜料混用。一般来说，铬黄与群青、铅白同硫化汞不易配色。

四、应用配方举例[3]

（一）砂纹状粉末涂料

表6-3-1　砂纹状粉末涂料配方表

原料	1 #	2 #	3 #	原料	1 #	2 #	3 #
聚酯树脂	30	32.5	25	抗划伤剂	1.5	2	2
环氧树脂	30	32.5	25	抗黏合剂	—	—	0.2
钛白粉	10	15	5	颜料炭黑	0.1	0.25	0.8
硫酸钡	20	10	20	颜料铁红	—	2	—
碳酸钙	7	3	8	颜料中铬黄	0.3	—	—
高岭土	—	—	10	特效纹理剂	0.1	0.25	0.2
有机膨润土	1	2.5	3				

制备方法：根据上述配方，配料后，放入混合机内混合；将混合好的混合料放入挤出机内熔融混炼挤出，挤出机制混炼温度控制在100～130℃，混炼时间控制在20～70s，挤出的片状料冷却后，投入到粉碎机内粉碎、研磨与100～350目的粉末，最后成为砂纹状粉末涂料成品，包装入库。

（二）砂纹金属粉末涂料

表6-3-2　砂纹金属粉末涂料配方表

原料	1 #	2 #	3 #	原料	1 #	2 #	3 #
环氧/聚酯树脂系统	60	—	—	金属铜颜料	—	2	—
聚酯/TGIC系统	—	65	—	金属铝颜料	0.8	—	—
聚氨酯树脂及其固化系统	—	—	80	金属铝颜料PC-100	—	—	3
砂纹剂	0.2	0.1	0.5	金属铝颜料PCI212	—	—	1.5
颜料R-902	15	10	—	气相SiO_2	0.1	0.1	—
颜料Y-103铬黄	—	0.21	—	氧化铝C	—	—	0.1
炭黑	0.1	0.1	—	超细硫酸钡	加至100	—	加至100
307红	0.1	—	—	硫酸钡	—	加至100	—

制备方法：将树脂及其固化系统、砂纹剂、颜料、填料进行高速混合，经熔融挤出、压片破碎、磨粉筛分得筛分物，然后将筛分物和金属颜料、粉体流动促进剂进行干混均

匀，过筛后包装。

（三）水性带锈防腐涂料

1. 水溶性树脂

表6-3-3　水溶性树脂

原料	用量（质量份）	原料	用量（质量份）
醋酸乙烯	79	十二烷基硫酸钠	0.6
丙烯酸丁酯	20	净洗剂TX-10	1.2
丙烯酸	1	过硫酸钾	0.4
去离子水	100		

2. 水性带锈防腐涂料配方

表6-3-4　水性带锈防腐涂料配方表

原料	用量（质量份）	原料	用量（质量份）
水溶性树脂	23～42	多元醇硫酸酯	1～5
氧化铁红	6～12	填料	16～20
亚铁氰化钾	5～10	去离子水	20～30

（1）树脂合成　将乳化剂溶解于水中，加入混合单体，在激烈搅拌下使之乳化均匀。将适量乳化溶液加入反应器中，加入引发剂，升温至70～80℃，保温至液体呈蓝色灰光，开始滴加混合单体乳化液，以一定速率补加余下部分引发剂并保持温度稳定。单体乳化液加完后升温至90～100℃，保温，抽真空，除去未反应单体，冷却，加入胺，调pH至8～9，即得水溶性树脂。

（2）水性带锈防腐涂料的制备　按配方用量，将上述合成得到的水溶性树脂与氧化铁红、亚铁氰化钾、多元醇硫酸酯及填料等，配制成多功能水性带锈防腐涂料。

（四）醋酸乙烯-丙烯酸水性除锈防锈涂料

表6-3-5　醋酸乙烯-丙烯酸水性除锈防锈涂料配方表

原料	用量（质量份）	原料	用量（质量份）
胶料	30～35	复合稳定剂	0.8～1.5
工业磷酸	3.0～3.5	氧化铁红	20～25

续表

原料	用量（质量份）	原料	用量（质量份）
复合缓蚀剂	0.5～1.0	滑石粉	0～10
硫酸锌	1.5	氧化锌	4～6
重铬酸钾	0.5	去离子水	0～30
钼酸铵	0.5		

制备方法：

1. 胶料的合成　在装有搅拌器、温度计和球形冷凝管的500mL三口反应瓶中，加入100mL去离子水、5g聚乙烯醇，开动搅拌，升温至90℃以上，待聚乙烯醇全部溶解以后，加入1g乳化剂OP-10，降温至65℃左右。然后，加入20g经蒸馏并混有一定量丙烯酸的醋酸乙烯酯和4mL 5%的（NH_4）$_2S_2O_8$水溶液，65～75℃保温，当回流基本消失，用滴液漏斗缓慢地加入70～80g混有丙烯酸的醋酸乙烯酯混合液和一定量5%（NH_4）$_2S_2O_8$溶液。加料完毕后，升温至90℃左右进行反应，无回流时，冷却至约50℃，用5%的NH_4HCO_3溶液调节pH为5～6后，慢慢加入8～9g邻苯二甲酸二丁酯，搅拌冷却1h，即可得到白色的液胶料。

2. 涂料的配制

（1）A料　将30mL水、3mL浓磷酸、适量磷酸锌、重铬酸钾及钼酸铵混合均匀后，加入一定量的三乙醇胺、吐温-80、磷酸三丁酯、六次甲基四胺及缓蚀剂JC-03，搅拌下反应0.5h得A料。

（2）B料　将一定量的氧化铁红、氧化锌、滑石粉（均过200目筛），混合均匀得B料。

（3）涂料　在A料中加入胶料30～40g，适量B料，高速搅拌均可，即可得到水性除锈防锈涂料。

思考题

1. P/B是什么意思？如何选取该值？
2. 在防锈涂料中发挥作用的颜填料种类有哪些？
3. 具有太阳光反射功能涂料中的颜填料有哪些？

实训任务　颜填料及润湿分散剂配比试验

能力目标： 能够熟练操作试验仪器与设备，运用化工工艺试验工的相关技能，完成颜填料配比试验任务。包括颜填料及其润湿分散剂的选用，配比计算，预处理，添加及效果测试等。

知识目标： 理解颜填料及润湿分散剂分类及选择的相关理论和配伍机理，掌握其用量的计算方法和预处理的方法。

实训设计：公司涂料车间试验小组开发的水性涂料，目前已完成主料配比试验、增稠剂配比试验，此次将由组长协调组员进行颜填料配比试验，以绩效考核方式进行考评。

（一）颜料用量计算

应根据水性涂料的使用要求，如遮盖力、硬度、涂膜厚度等情况进行用量调整。目前颜填料的品种繁多，所有的产品都是为某些性能设计的，不同等级的产品其用途和价格都不同。应根据所需涂料产品的性质、类别来进行选择，例如，具有优异光学性能的铁白粉，主要用于陶瓷涂料和水性工业涂料；具有高耐候性的钛白粉，适合于管道涂料和汽车涂料等。另外在研发新产品过程中碰到的另一个主要问题就是性价比，要获得良好的性能和满意的价格以适应市场需求[4]。

（二）实训任务

本次实训选用附录二配方六中水性涂料颜料试验配方来实施，按照配方要求准备好乳液、颜填料等原料和试验方案，进行人员分组，完成试验任务；试验仪器与原料准备：100～300mL具塞量筒1套；刮板细度计（100μm）1台；小型砂磨机（2L）1台；保温烘箱1台；试验设备一套（搅拌、电炉等）1套；光泽计1台；自动酸价滴定仪1台；250mL棕色小口瓶1箱；比色纸1套；黏度计（涂料4号铜杯）1台；40倍放大镜1个；烧杯8个，天平4台，搅拌器4套，黏度计1台，涂覆板若干，小刷4把，投影仪等教学设备的实训室；配备投影仪等教学设备的实训室。其他可根据助剂应用效果测试要求进行准备。

要求：检查颜填料细度与涂料要求细度，如颜料细度大于色漆要求的细度，如云母氯化铁、石墨粉等颜料的原始颗粒大于色漆细度的标准，解决办法是先将颜填料进一步粉碎加工，使其达到该有的细度要求。此时，单纯通过研磨分散解决不了颜填料原始颗粒的细度问题。

按照设计把已称重的颜填料混合均匀（如试验设备无高速分散机，此时应先用水分散制浆，便于后序分散），在高速分散机中先与部分漆料混合（润湿分散剂视颜填料实际情况酌情使用），以制得属于颜料色浆半成品的拌合色浆，之后利用砂磨机，把拌合色浆与剩下的漆料进行研磨分散。在条件允许的情况下进行过滤处理。观察涂料黏度，并检测涂料遮盖性及色度等是否达到要求。可通过适当补加调整，记录备案。

表6-3-6　涂料整体效果评价指标

项目	GB/T 9756—2001	检测结果
在容器中状态	无硬块，搅拌后呈均匀状态	（　）硬块，搅拌后呈（　）状态
施工性	涂刷2道无障碍	涂刷（　）道无障碍

续表

项目	GB/T 9756—2001	检测结果
低温稳定性	不变质	（ ）变质
表干时间/h	≤2	≤（ ）
涂膜外观	正常	正常（ ）
耐水性	48h无异常	（ ）h无异常
耐碱性	24h无异常	（ ）h无异常
耐洗刷性/次	≥200	≥（ ）

对所得到的水性涂料试验品进行上表中所列项目的检测，得出合理的配比范围。

课后任务

1. 查询了解最新的研磨工艺及研磨设备。
2. 查询有关颜填料防沉相关知识。

参考资料

[1] 郭文录，张秀荣. 颜填料对建筑涂料光泽的影响[J]. 中国涂料，2003，6：26-28.

[2] 邓艳文，傅和青，张小平等. 润湿分散剂在涂料工业中的应用及其研究进展. 宁波首届涂料用助剂论坛及应用技术交流会论文集[C]. 2005年8月：60-62.

[3] 张玉龙，齐贵亮. 水性涂料配方精选[M]. 北京：化学工业出版社. 2009.

[4] 靳涛，刘立强. 颜填料研究现状及其在隔热涂料中的应用[J]. 材料导报，2008，22（5）：26-30.

第四节 成膜助剂

乳胶漆的涂膜通常是热塑性的，为了保证其性能，所以不能太软。实际上，希望乳液聚合物的玻璃化温度尽可能高，这样涂膜的性能，尤其是硬度和耐沾污性就比较好。但事情总是两方面的，高性能的同时是乳胶漆的最低成膜温度（MFT）也比较高，就会给较低温度下施工和成膜带来问题。因此，往往要加成膜助剂，降低MFT，达到高性能与低施工温度之间的平衡。

成膜助剂是一种可以挥发的暂时性增塑剂，能促进乳胶粒子的塑性流动和弹性变形，改善其聚结性，可在广泛的施工温度范围内成膜。尽管成膜助剂对乳胶漆的成膜有很大作用，但成膜助剂一般为有机溶剂，对环境有一定影响；理想的成膜助剂应该是环境友好型溶剂，作为主要成膜物质的聚合物乳液，加入成膜助剂后，可降低乳液聚合物的最低成膜温度，对涂装带来便利；另外，成膜助剂在水中溶解度小，具有一定的挥发性，成膜过程中能滞留在涂膜中发挥作用，成膜后全部挥发，不影响漆膜性能，也不影响乳液的稳定性，但可能会影响环境；因此成膜助剂应该向环境友好型发展，降低气味，降低挥发性有机物（VOC），开发低毒、安全、具有可接受生物降解性的助剂，或者开发活性成膜助剂，加入少量催干剂，降低了成膜温度，达到不挥发、环境友好的目的。

一、成膜助剂分类

成膜助剂可按其在体系中所处的位置进行分类。见表6-4-1

表6-4-1　成膜助剂分类

类型	在体系中所处位置	物质类别
A型	在乳液聚合物中	烃类
AB型	在乳液聚合物和水的界面上	双酯类
		醇酯类
ABC型	在聚合物颗粒间、边界上和水中	乙二醇酯与 乙二醇酯醚
C型	在水中	乙二醇

经验表明，AB型成膜助剂是目前使用中较有效的成膜助剂。其实，乳胶粒表面吸附着乳化剂，AB型成膜助剂是处在乳液聚合物和乳化剂之间，还是和乳化剂交错吸附在乳液聚合物上，或是其他方式，未见报道。

甲基吡咯烷酮（NMP）可作为聚氨酯涂料的成膜助剂。可再分散乳胶粉涂料的成膜助剂，一般是固体，或将其吸附在填料上。

成膜助剂的种类很多，常用的成膜助剂有十二碳醇酯（即Texanol酯醇或醇酯-12）、苯甲醇（BA）、乙二醇丁醚（EB）、丙二醇苯醚（PPH）。

二、典型成膜助剂理化性质

（一）醇类（如苯甲醇）

对于苯丙乳液，成膜助剂苯甲醇达到最低成膜温度（0℃）时所需的量比Texanol酯醇低，可能是因为相似相容原理。苯甲醇能在最大限度上软化苯丙乳液粒子，使之以较少的用量将乳液的最低成膜温度降至0℃，但苯甲醇的毒性较大，与其他类型乳液的相容性较差。

表6-4-2　几种典型成膜助剂理化性质

性能参数	BA	Texanol	EB	PPH
闪点/℃	100	120	61	120
沸点/℃	205.7	255	171	243
20℃蒸汽压/Pa		1		0.01
水中溶解度/%	4	<1		1.0
20℃密度/（g/cm³）	1.0419	0.95	0.901	1.06
20℃黏度/mPa·s		13.5		24.5
比挥发速率（乙酸正丁酯为100）		0.2		0.2

（二）醇酯类（如十二碳醇酯）

1. 用于乳胶漆中的特点

十二碳醇酯是目前乳胶漆产品使用范围广、用量最大、性能优异的成膜助剂，被涂料行业公认为目前市场上乳胶漆最理想的环保型成膜助剂。其突出的优点如下：

（1）适应性强，多种乳胶体系都具有良好的成膜效果，可以满足各种成膜要求。

（2）用量少，使用少量的十二碳醇酯可以达到优良的成膜效果，表现出很好的高效性。

（3）能够确保漆膜的密实性，使乳胶漆在不利的温度和湿度下干燥时达到良好的漆膜性能。

（4）在不同pH的乳胶漆中有很好的电解质稳定性。

（5）其与水的不相容性可以最大程度避免乳胶漆渗入多孔底材中，从而可以保持漆膜原有光泽，提高乳胶对颜填料的包覆率。

（6）可以作为高固体份涂料的慢干剂，并且在凸板和平板油墨中作为除臭剂来调节溶剂体系的活性。

（7）十二碳醇酯可赋予漆膜更好的耐候性、耐擦洗性、光泽及展色性等漆膜性能。

2. 关于十二碳醇酯

（1）对于乳胶漆，Texanol酯醇的添加量主要取决于乳液聚台物的硬度，较硬的乳液（高T_g值）要比较软的乳液（低T_g值）需要更多的添加量才能达到相同的成膜效果。另外，使用同一乳液的不同配方（PVC不同），也会要求不同的Texanol酯醇的加入量。

（2）在一般情祝下，Texanol酯醇的添加量按纯丙乳液固含量的3%～10%考虑。偏大的加入量可得到更好的效果。在不超过纯丙乳液固含量的12%时，不会对乳液的稳定造成影响。

（3）在乳胶漆生产中使用Texanol酯醇的操作十分简单，原则上可在生产的任意阶段直接搅拌加入。如果在加入的过程中发生凝胶现象，可以用生产乳胶漆中应加份量的水和表面活性剂与Texanol酯醇预先混合，然后将其混合液加入乳液即可。

（4）Texanol酯醇如能分两次加入，会充分发挥它的作用。

（三）醇醚类（乙二醇丁醚、丙二醇苯醚等）

苯氧异丙醇、丙二醇苯醚，化学名称1-苯氧基-2-丙醇、丙二醇苯醚（PPH）为无色透明液体，气味温和，无毒，是乙酸乙酯、丙烯酸酯、苯乙烯-丙烯酸酯等各类聚合物的强溶剂，水溶性小，对降低涂料的VOC效果显著。它是乳胶漆专用聚结助剂及溶剂，低于水的挥发速度，确保它被乳胶微粒完全吸收，形成优异的连续涂膜，从而赋予乳胶漆最好的聚结性和展色性，同时具有良好的储存稳定性。在苯丙乳液中相容性好，添加量较低。在除苯丙乳液外的其他乳液中相容性较好，但需要缓慢滴加，否则容易造成絮凝；对于纯丙乳液，加入PPH会产生絮凝，可以将PPH与醇类溶剂混合后加到乳液中以免造成破乳。

丙二醇苯醚（PPH）与成膜助剂（如醇酯-12）相比，在漆膜完全成型，相同光泽、流动性、抗流挂性、展色性、耐擦洗条件下，PPH产品的用量可降低30%～50%，综合成膜效率提高1.5～2倍，生产成本显著下降。另外，该产品对于颜料的加入，不但具有一定的湿润分散作用，还可以改善乳胶漆中颜料的均匀性及稳定性，对于漆膜的耐擦洗性能、冻融稳定性、附着力、机械强度均有一定的推进作用。PPH产品亦可作为优良的有机溶剂或改性助剂，替代毒性或气味较大的异佛尔酮、苯甲醇、乙二醇醚及其他丙二醇醚系列。因其毒性低，混溶性好，挥发速率适中，优异的聚结及偶合能力，较低的表面张力，可广泛应用于建筑涂料、高档汽车涂料及汽车修补涂料、电泳涂料、船舶集装箱涂料、木器涂料、卷材和卷钢涂料中；还可用于油墨、脱漆剂、黏合剂、绝缘材料、清洗剂、增塑剂以及用作纺织、印染的环保载体溶剂等。

丙二醇苯醚的添加量取决于乳液聚合物的硬度，较硬的应比较软的用量大。才能达到相同的成膜效果。一般情况下，纯丙乳液加入量为3.5%～6%，醋丙乳液添加量为2.5%～4.5%，苯丙乳液一般为2%～4%。

丙二醇苯醚可在制漆的任何阶段加入。如能分两次加入，更能充分发挥其作用。在研磨过程加入1/2，有助于颜料的润湿和分散，在调漆阶段加入1/2，有助于抑制泡沫产生[1]。

（四）醇醚酯类（如乙二醇丁醚醋酸酯等）

乙二醇丁醚醋酸酯是一种高沸点的、含多官能基的二元醇醚酯类溶剂，可用作乳胶漆的助聚结剂，它对多种漆有着优良的溶解性能，使它在多彩涂料和乳液涂料中获得广泛的应用。主要用于金属、家具喷漆的溶剂，还可用作保护性涂料、染料、树脂、皮革、油墨的溶剂，也可用于金属、玻璃等表面清洗剂的配方中，另可用作化学试剂。

乙二醇丁醚醋酸酯有着十分高的沸点，主要用于高温烤瓷以及印刷油墨的高沸点溶剂，也用作乳胶漆的助聚结剂；由于该溶剂挥发速度很慢，在水中溶解度低，所以可作为丝网印刷油墨的溶剂，以及聚苯乙烯涂料印花釉的溶剂[2]。

三、应用配方举例[3]

（一）有机硅改性丙烯酸乳液外墙涂料

表6-4-3 有机硅改性丙烯酸乳液外墙涂料配方

原料	用量（质量份）	原料	用量（质量份）
硅丙乳液	100	增稠剂	1～2
颜、填料	10～25	硅酸乙酯水解物	适量
成膜剂	2～3	其他助剂	适量

制备方法：将各种颜填料加入到含有分散剂、消泡剂的水中，利用砂磨机进行分散研磨，细度合格后在搅拌下添加到含有成膜助剂和硅酸乙酯水解物的硅丙乳液中。混合均匀后加入增稠剂，调整到适当的黏度。

（二）超耐候性硅丙外墙涂料

表6-4-4 超耐候性硅丙外墙涂料配方

原料	用量（质量份）	原料	用量（质量份）
硅丙乳液	40～60	成膜助剂	2～3
钛白粉	20～30	分散剂	0.1～0.2
改性膨润土	10～20	pH调节剂	适量
复合增稠剂	0.1～0.3	增塑剂	0.7～1.0
消泡剂	0.1～0.3	去离子水	适量

制备方法：将配方量的水、分散剂、成膜助剂、增稠剂、增塑剂依次加入容器中，混合均匀后将钛白粉和改性膨润土加入，高速分散30min，再用胶体研磨至细度合乎要求后，过滤，即得白色漆浆。用pH调节剂将漆浆调至pH=8～9，加入硅丙乳液和消泡剂，搅拌分散均匀后，即得硅丙乳液。

（三）自清洁硅丙外墙涂料

表6-4-5 自清洁硅丙外墙涂料配方

原料	用量（质量份）	原料	用量（质量份）
去离子水	200	羟乙基纤维素	3.2
AMP-95	2	硅丙乳液	400
润湿分散剂	7	杀菌剂	2

续表

原料	用量（质量份）	原料	用量（质量份）
成膜助剂	30	防霉剂	6
消泡剂	3	遮盖性乳液	30
钛白粉	220	聚氨酯增稠剂	6.8
填料	90		

制备方法：

①预混合：按照配方标准称取各种物料，在低速搅拌（300～400r/min）下按顺序加入分散介质水、润湿分散剂、部分消泡剂、填料、颜料以及增稠剂A。

②高速分散：将其在高速搅拌下（1200～1500r/min）进行分散，颜、填料粒子在高速搅拌机高剪切速率作用下，被分散成原级粒子，并且在分散助剂的作用下达到分散稳定状态，高速分散时间在20～30min，然后加入增稠剂B，中速（900～1100r/min）进行分散，分散5～8min。

③调漆：当颜、填料达到所要求的细度时，加入基料、剩余消泡剂、pH调节剂、适量增稠剂C及其他助剂，此过程在调漆缸中低速（300～400r/min）搅拌，以得到具有合适黏度和良好稳定性的涂料。

（四）有机硅改性丙烯酸荧光涂料

表6-4-6　有机硅改性丙烯酸荧光涂料配方

原料	用量/%	原料	用量/%
有机硅改性丙烯酸乳液	40	成膜助剂	2
荧光颜料乳剂	24	增稠剂	0.5
滑石粉（600目）	5	消泡剂	0.3
去离子水	27	防沉剂	1.2

制备方法：将荧光颜料乳剂、滑石粉、水经过高速搅拌预混，然后加入有机硅改性丙烯酸乳液中，搅拌，再依次加入成膜助剂、消泡剂、防沉剂，最后加入增稠剂，搅拌即成荧光涂料。

思考题

1. 对应乳胶漆产品，哪种成膜助剂的使用最广泛？

2. 成膜助剂使用量涉及因素有哪些？

3. 成膜助剂的过度使用会对产品造成什么影响？

实训任务 成膜助剂配比试验

能力目标：能够熟练操作试验仪器与设备，运用化工工艺试验工的相关技能，完成成膜助剂配比试验任务。包括成膜助剂的选用，配比计算，预处理，添加及效果测试等。

知识目标：理解成膜助剂分类及选择的相关理论和配伍机理，掌握成膜助剂用量的计算方法；包括成膜助剂的分类、选择等知识，应用计算方法，设计试验方案。

实训设计：公司涂料车间试验小组开发的水性涂料，目前已完成主料配比试验，增稠剂配比试验，颜填料配比试验，现打算改善涂料成膜性，以绩效考核方式进行考评。

（一）试验用量计算

试验用量计算：成膜助剂的用量主要应根据乳液的MFT（最低成膜温度）。乳胶漆的MFT和成膜助剂的助成膜效能，通过试验确定。

一般情况下，成膜助剂的用量按配方中乳液量来考虑，实际上确定成膜助剂用量的较方便方法是，根据乳液和乳胶漆的MFT高低以及成膜助剂的助成膜效能，按配方总量来计算。

确定成膜助剂用量时，不仅要考虑乳液的低温成膜性，更应注意乳胶漆的低温成膜性，如在5℃或较低温度下的成膜性，因为部分乳胶漆会在这种条件下施工。

（二）成膜助剂配比试验

本次实训选用附录二配方七中水性涂料成膜助剂试验配方来实施，按照配方要求准备好乳液、成膜助剂等原料和试验方案，进行人员分组，完成试验任务；试验仪器与原料准备：搅拌器一台；量筒10mL一个；胶头滴管若干；3～4块430mm×150mm×（3～6）mm无石棉纤维水泥平板；2块90mm×38mm×25mm硬木平板；直径为3mm的小钉1枚；毛长约20mm；黑猪棕刷若干；蒸馏水；洗衣粉；洗刷仪器；配备投影仪等教学设备的实训室。

值得注意的是成膜助剂的加料次序，通常在调漆阶段加入，并在乳液加入后，应一边慢速加入一边不停地混合。也有将成膜助剂在颜料和填料研磨分散前加入的。这对乳液比较安全，但憎水的成膜助剂会被润湿分散剂乳化。也有可能被颜料和填料黏着吸入了一部分。对于无机-有机复合涂料生产而言，其关键技术是硅溶胶与乳液树脂的混合，首先要将成膜助剂加入聚合物乳液树脂中，然后要调节pH，这一点很重要，否则会使溶胶析出不溶的胶体，破坏了硅溶胶的稳定性，一般乳液pH控制在8～9为宜，此处调节pH多用多功能助剂AMP-95进行。

成膜性对涂膜光泽、低温颜色变化和耐洗刷性有影响：未加入成膜助剂的乳胶漆，在低温下干燥时不易成膜或成膜不良，涂膜表面粗糙、无光泽，甚至有龟裂，造成较强的光散射。加入成膜助剂后能改善了树脂颗粒之间的聚结，从而降低了涂层对水蒸气的透过性；涂层干燥后收缩引起的基料树脂之间的应力松弛改善了涂层对底材的附着性；胶粒更加紧密地结合，涂膜机械强度提高，从而使涂膜能够抗断裂和完全剥离，较大提高耐候性和耐擦洗性。

这里主要是利用检测耐洗刷性来对成膜助剂应用效果评价，检测参照GB/T 9266—2009《建筑涂料涂层耐洗刷性的测定》。

课后任务

1. 查询成膜助剂最新发展趋势。
2. 查询有关成膜助剂在水性涂料成膜过程中的挥发情况。

参考资料

[1] 周兆喜，姜艳，王忠宝等.成膜助剂丙二醇苯醚在乳胶漆中的应用[J].助剂应用，2005年第4期：190-192.
[2] 刘登良主编.涂料工艺[M]. 北京：化学工业出版社，2009.12.
[3] 张玉龙，齐贵亮.水性涂料配方精选[M]. 北京：化学工业出版社，2009.5.

第五节　消泡剂

在工业生产过程中，只要涉及搅拌的都会存在泡沫的问题，如制浆造纸、纺织印染、涂料加工、污水处理、生物发酵、石油开采与精炼、建筑工业、黏合剂等。这些工业过程中的泡沫可能会造成很多问题，如生产能力减小、原料浪费、反应周期延长、产品质量下降等。由此可见，有害泡沫的控制和消除具有极大的技术与经济意义。泡沫的消除方法很多，有机械方法和化学方法。机械方法主要通过调节体系的温度和压力等方法消泡，化学方法主要指向体系中加入一定量的消泡剂。相比较而言，添加消泡剂的方法被认为是高效的方法。

消泡剂，顾名思义是消除泡沫的一种助剂。它消除的对象是泡沫，且是对日常生产和生活带来危害的泡沫。工业过程中的泡沫消除基本依靠消泡剂。消泡剂是一种表面活性剂，在气/液界面处发挥作用，能消除涂料生产和施工时所产生的泡沫。

以往，溶剂型涂料的消泡问题并未引起人们太多的重视，其原因是传统型涂料起泡的概率并不高，再者消泡也比较容易。现在，由于我国涂料工业的快速发展，涂料品种的不断增加，档次不断升级，高档的汽车涂料、木器涂料、修补涂料、卷材涂料等层出不穷，人们对涂料的装饰性、保护性要求更高，所以消泡已成为高档产品必须考虑的技术措施。

再者，由于环保意识的强化，节约资源环保型涂料、绿色健康型涂料得以快速发展。

这些涂料包括水性涂料、无溶剂型涂料、高固体份涂料、UV涂料（紫外光固化涂料）等。特别是水性涂料，还有水性油墨等，这些产品的不断出现，与传统溶剂型涂料相比更易起泡，而且难以消除，“泡冠”会延长生产时间并降低生产设备的有效容积。涂料工业的发展对消泡提出了更高层次的要求。

还有涂装技术的发展。当今的涂装技术是以高速、省力、自动化为主流。这些技术的应用使涂料体系内发生紊流、飞溅、冲击，产生气涡的概率增大，容易产生传统工艺中不易出现的弊病，消泡也是其中一个急需解决的问题。

消泡作用包括破泡、抑泡和脱泡。当体系加入消泡剂后，其分子杂乱无章地广布于液体表面，抑制形成弹性膜，即终止泡沫的产生。当体系大量产生泡沫后，加入消泡剂，其分子立即散布于泡沫表面，快速铺展，形成很薄的双层膜，进一步扩散、渗透、层状入侵，从而取代原泡沫薄壁。由于其表面张力低，便流向产生泡沫的高表面张力的液体，这样低表面张力的消泡剂分子在气\液界面间不断扩散、渗透，使其膜壁迅速变薄，泡沫同时又受到周围表面张力大的膜层强力牵引，这样，致使泡沫周围应力失衡，从而导致其破泡。不溶于体系的消泡剂分子，再重新进去另一个泡沫膜的表面，如此重复，所有泡沫全部覆灭[1]。

一、消泡剂分类

具有消泡作用的助剂可分为消泡剂和脱泡剂，在水性涂料中主要使用消泡剂，在溶剂型涂料和无溶剂涂料中使用的多是脱泡剂。

1. 消泡剂的组成

一般来说，消泡剂是由三种基本成分组成的，即载体、活性体、扩散体（主要是润湿剂和乳化剂，也可以不用）。

在水性乳胶漆和水性油墨中，使用矿物油系消泡剂是很多的。这类消泡剂的活性剂主要有脂肪酸金属皂、有机磷酸酯、脂肪酸酰胺、脂肪酸酰胺酯、脂肪酸酯、多亚烷基二醇、疏水二氧化硅等。活性化合物可以是固体的，也可以是液体的，固体的必须是微细的颗粒，液体的必须是乳液液滴，有时是单一的一种，也有时是复合的，还有的加入少量有机硅。

扩散剂大部分是乳化剂和润湿剂，用以保证活性物质的渗透性及扩散性，典型的扩散剂有脂肪酸酯、脂肪醇、辛基酚聚氧乙烯醚、脂肪酸金属皂、磺化脂肪酸、脂肪酸硫代琥珀酸酯等。

载体也可称为溶剂组分，通常是脂肪烃。但以往多用芳香烃，因其对人体健康和环保有危害，限制了它们的应用。脂肪烃毒害性小，但在水相中溶解性较低，对光泽有不利的影响。

载体可将消泡剂所有成分组合到一起，便于添加，同时还可以降低成本。另外，载体的自身表面张力也很低，体现出了消泡的特性。但对泡沫体系来说，对载体是有选择性的。

有机硅系列是现代水性涂料和水性油墨所用消泡剂的主流产品。其活性部分是聚硅氧烷链段，依靠改性的聚醚链段来控制其相容性。多数是采用疏水和部分亲水聚醚来改性聚硅氧烷。聚醚与有机硅是依靠硅氧碳键和碳硅键相连接。后者耐温性和耐水解性更好些。

消泡产品有浓缩型的、100%活性物质和乳化型的。乳化型的必定含有乳化剂，载体多数是水。这些产品中有的含有疏水SiO_2粒子，有的不含。由于某些聚醚改性硅氧烷具有高的展布力，它不添加疏水性的固体粒子，也同样具有出色的消泡能力。

2. 脱泡剂的组成

脱泡剂必须与涂料体系有一定的不相容性，相容性太好，会导致脱泡失效；相容性过差，会导致产生缩孔之类的负面作用。因为涂料体系是千差万别的，一种脱泡剂不可能与所有涂料体系都相匹配。所以脱泡剂不可能是通用的。

脱泡剂的活性物质有有机硅类、聚合物类、氟硅类、有机硅/聚合物混合类几大类。

有机硅类脱泡剂又可分为聚二甲基硅氧烷（硅油）、聚醚改性聚硅氧烷、烷基、芳基改性聚硅氧烷等。

有机硅类脱泡剂表面张力比较低，非常容易进入泡沫体系，添加量比较少，不易引起浑浊，脱泡能力好，可快速将微泡带至表面。这类脱泡剂的缺点是，当泡沫形成后，不易消除，抑泡能力比较低。

聚合物非硅类的脱泡剂主要有聚醚、聚丙烯酸酯、氟碳共聚物、氯醋共聚物、丙烯酸共聚物等。这类脱泡剂一般对表面张力影响不大。向涂料中调入时不如硅类脱泡剂，需要时间较长。当泡沫形成后，非常容易消除。具有很强的抑泡性能。这类脱泡剂的缺点是相容性差，容易引起浑浊。

通常是采用改变聚合物的化学结构，对脱泡剂进行平衡调整：

（1）通过对聚合物极性的改变，可以使脱泡剂拥有不同的相容性，具有不同的扩散能力。

（2）通过对聚合物分子量的改变，可以使脱泡剂拥有不同的相容性，具有不同的消泡能力。

因脱泡剂多用于溶剂型涂料，其载体绝大部分是各类不同类型的有机溶剂，有酮类、酯类及芳香烃类化合物，还有些载体是由两种或两种以上的混合溶剂组成的。

扩散剂不常用，但用于水性涂料的脱泡剂也有乳化型的，乳化剂是少不了的。

二、典型消泡剂理化性质

消泡剂形态有油型、溶液型、乳液型、泡沫型。消泡剂均具有消泡力强、化学性质稳定、生理惰性、耐热、耐氧、抗蚀、溶气、透气、易扩散、易渗透、难溶于消泡体系且无理化影响、消泡剂用量少、高效等特点。

有机硅消泡剂、聚醚消泡剂和矿物油消泡剂是当今消泡主体物种。如何进一步提高消泡剂的性能，降低消泡剂产品的用量成了科研工作者的重要任务。

（一）矿物油类

矿物油型的消泡剂也是一类比较重要的消泡剂，其主要在油墨、胶黏剂、涂料等方面应用比较广泛。矿物油型的消泡剂的基本组成是矿物油、疏水粒子和乳化剂等。其基本制备工艺是将矿物油和疏水粒子在高温下混合，以便于疏水粒子在矿物油中的分散，然后在温度较低时加入乳化剂，以达到消泡剂在水中能自乳化分散的目的。但是，根据不同的行业、不同的工序，有时需要消泡剂分散性好，有时又不需要消泡剂分散性好。这是因为这些行业中本身就使用到大量的分散剂、润湿剂等表面活性剂，它们也能将消泡剂分散开来，发挥消泡剂的最佳作用。

1. 载体

作用：有助于载体和起泡体系的结合，易于分散到起泡体系里，把两者结合起来，其本身的表面张力低，有助于抑泡，且可以降低成本。

载体一般多选用矿物油，由碳原子和氢原子组成的化合物。通过对原油中250～415℃的馏分进行氢化而得到的物质，包括煤油、柴油、机油、白油、液蜡、烷基苯、环烷油。这些矿物油室温下为液体，用量为消泡剂总质量的60%～85%。

2. 活性成分

作用：消泡、抑泡和脱气等作用，同时减小表面张力。主要消泡物质包括脂肪酸金属皂、白炭黑、氧化铝、氧化镁、氧化锌。

脂肪酸金属皂包括脂肪酸的酞胺、镁盐、铝盐、钙盐、锌盐中的一种或多种。可以是一种或两种按任意比例混合。

白炭黑，二氧化硅俗称白炭黑，按照合成方法分沉淀法白炭黑和气相法白炭黑两种，按表面性质分为亲水白炭黑和疏水白炭黑两种。

消泡助剂主要包括硬脂酸、聚酞胺蜡及改性聚酸胺蜡、聚乙烯蜡及改性聚乙烯蜡、硅油或者改性硅油、聚醚等，这些物质单独使用或混合使用，用量为消泡剂总质量的0.5%。

3. 乳化剂

作用：使活性成分分散成小颗粒，便于分散在水中，更好地起到消泡、抑泡效果。

乳化剂包括阴离子表面活性剂、阳离子表面活性剂、非离子表面活性剂。优选非离子表面活性剂，非离子表面活性剂主要包括脂肪醇聚氧乙烯醚、脂肪酸聚氧乙烯醚、聚氧乙烯脂肪胺化合物、蓖麻油聚氧乙烯醚等。

（二）有机硅类

水相体系中的消泡剂种类很多，有聚硅氧烷、脂肪醇、矿物油等类型的，相比较而言，有机硅消泡剂被认为是水相体系中的高效消泡剂。

大量实验证明，单纯的二甲基硅油不具有消泡和抑泡作用，根据某研究者的理论，单纯的二甲基硅油不能达到泡膜的表面上，故不能很好地发生消泡作用。单纯的二甲基硅油型消泡剂称为慢消泡剂。将细小的白炭黑粒子加入到二甲基硅油中，经过特定的化学工艺处理得到的硅脂有明显的消泡和抑泡性能，因此硅脂型消泡剂就被称为快消泡剂。

有机硅类消泡剂系由硅脂、乳化剂、防水剂、稠化剂等配以适量水，经机械乳化而成。其特点是表面张力小，表面活性高，消泡力强，用量少，成本低。它与水及多数有机物不相混溶，对大多数气泡介质均能消泡，它具有较好的热稳定性，可在5～150℃宽广的温度范围内使用，其化学稳定性较好，难与其他物质反应，只要配置适当，可在酸、碱、盐溶液中使用，无损产品质量。由于有机硅消泡剂在不同的行业中有着不同的侧重点，提高有机硅消泡剂的品质是至关重要的，其品质主要包括抑泡性能、消泡性能、稳定性、相容性、抗剪切性能等。

（三）其他类

包括低级醇以及酯类，如异丙醇、丁醇、磷酸三丁酯等由于具有一定毒性和VOC，而且消泡效果不明显，抑泡性不好。另外还有一些有机的极性化合物，主要指一些HLB值（表面活性剂分子中亲水基和亲油基之间的大小和力量平衡程度的量，定义为表面活性剂的亲水亲油平衡值）较低的表面活性剂，比如聚醚是一类由C—O—C键组成的聚合物，主要是利用双金属催化剂或强碱作催化剂在含有活性O—H 或N—H键上嵌入环氧乙烷（EO）、环氧丙烷（PO）或环氧丁烷（BO）而形成的。聚醚用作消泡剂主要是利用其溶解性和温度之间的关系特性。对于含EO的非离子表面活性剂来说，随着温度的升高，聚醚在水中的溶解性从溶于水向不溶于水过渡。当聚醚在水中以一定大小的颗粒存在时，它就符合不溶于起泡介质这条消泡剂的特性。因此，它能在此时充当某些介质中的消泡剂。特别是一些不能用有机硅作为消泡剂的行业与领域，例如钢板清洗、电路板清洗、造纸工业等。

但是在很多实际的情况中，聚醚的消泡能力不够，而且实际的消泡温度变化范围较大，此时聚醚消泡剂表现出明显的缺陷。因此，就有必要对聚醚改性，所以通过研究聚醚的结构与组成提高聚醚型消泡剂的抑泡性能势在必行。

三、消泡剂选择与评价

一般在选择水性涂料的消泡剂的时候要按照消泡能力强、稳定性好、不影响光泽、没有重涂性障碍的条件来选择。

在具体试验时，要按照各类消泡剂厂商的推荐量，并核算其价格，当加入的不同类型消泡剂在相近成本的基础上，进行泡沫高度测试法，以对消泡剂种类选择试验，此目的是为保证筛选到对于该产品性价比最高的消泡剂，最大程度降低成本。在此基础上，进行消泡剂用量的研究。

最后我们还要注意消泡剂和流平剂用量调配：二者在种类和用量上的合理搭配，才得以保证水性涂料涂装时既拥有良好的流动流平性，又不会产生气泡。消泡剂用量过多时会影响到漆膜，从而产生缩孔现象。为了消除缩孔现象，那就得借助流平剂了。可是流平剂加入后又会降低消泡效果，特别是降低了消泡剂的长效性。所以前期消泡剂的选择至关重要，合适的消泡剂，不仅使产品在出厂时具有良好的抑泡和消泡作用，而且还有长效性，即使是贮存一年半载，也能保证产品依然有良好的消泡效果。同时合适的消泡剂还能保证对体系有较大的宽容性，不会因用量的稍多或稍少而引起消泡作用的减弱。所以此次消泡剂种类的选择和用量情况，在后期流平剂添加后效果将会显现[5]。

消泡剂应用效果评价包括短暂效果评价和长效性评价[1]；短暂效果评价采用泡沫高度测试法，测试时可以采用不同方式，第一种是取一定数量的涂料，倒入带有标线刻度的量杯里，用微型空气压缩机将空气导入涂料体系内，观察杯内含有不同类型消泡剂的涂料高度，涂料液面越高，消泡效果越差；第二种方式是取一定数量的涂料，在一定条件下，高速搅拌涂料数分钟，然后马上倒入带有标线刻度的量筒内，测量涂料的高度，同时称重。密度小、液面高的消泡效果不佳。

长效性评价采用密度测定法；该法将经高速搅拌后的涂料倒进密度杯内，测定涂料密度，然后将涂料密封贮存。经过一定时间再测定密度，检查密度值是否有变化；若密度小，说明消泡剂有部分失效或全部失效。一定要在标准条件下进行。

另外，还需注意消泡剂与涂料相容性评价，一般采用淋涂试验法；该法是将经高速搅拌的含有消泡剂的涂料，立刻倾倒在与框架成25° 角摆放的聚酯膜上观察干膜的表面状态，检查消泡及脱泡效果。观察相容性时一定要用清漆。

四、应用配方举例[2][3][4]

（一）水性双组分聚氨酯涂料配方

例：水性双组分聚氨酯木器涂料

表6-5-1　水性双组分聚氨酯木器涂料原料配比

组分一	用量/%	组分二	用量/%
羟基丙烯酸树脂（29.16）	69.43	聚醚改性水分散多异氰酸酯（WDP）	5.53
BYK-346（0.04）	0.08	RM-825（10%去离子水溶液）（0.06）	2.85
去离子水	22.11		

制备工艺如下：

组分一是由羟基丙烯酸树脂与缔合型增稠剂、消泡剂混合后搅拌制得，然后再添加适量水，获得所需的固含量。在适宜的搅拌条件下，加入WDP组分二（NCO：OH为1：1）搅拌2～10 min。

（二）固体环氧树脂水性涂料

表6-5-2 水性环氧清漆的配方

组分	质量分数/%
水性（乳化）环氧树脂	93.0～94.0
消泡剂	0.2～0.3
润湿剂	0.2～0.3
去离子水	5.0～6.0

注：*m*（环氧水性清漆）：*m*（固化剂）为6：（1.0～1.1）。

制备工艺如下：

环氧乳液加去离子水和助剂搅拌均匀即为A组分。当使用时，加入固化剂搅拌均匀，放置15min后，便可涂布使用。

（三）水性仿玉瓷涂料

表6-5-3 水性仿玉瓷涂料配方

原料配比	质量份	原料配比	质量份
固含量45%的氯乙烯-偏氯乙烯共聚乳液	65	乙二醇	6
磷酸三钠	2	甲基纤维素	2.7
水	24.06	VLB增白剂	0.2
乳百灵A	0.03	磷酸三丁酯	0.01

制备工艺如下：

按上述组分及其质量份备料，先将磷酸三钠溶解于水预制磷酸三钠溶液，接着将氯乙烯-偏氯乙烯共聚乳液和乳化剂放入磷酸三钠溶液进行聚合乳化，然后放入乙二醇中和乳液，再分别放入流变改性剂、水性着色颜料和消泡剂，搅拌均匀进行改性、着色和消泡，最后均质灌装即为成品。

（四）水溶性热交联硅钢片涂料

表6-5-4 水溶性热交联硅钢片涂料配方

原料	1#	2#	原料	1#	2#
丙烯酸	80	80	AIBN	10	5

续表

原料	1＃	2＃	原料	1＃	2＃
甲基丙烯酸甲酯	150	150	三乙醇胺	90	90
丙烯酸丁酯	100	100	正丁醇	400	400
丙烯酸羟乙酯	100	100	巯基乙醇	1.2	1.2
烯丙基脲单体	50	50			

制备工艺如下：

首先在搅拌釜中加入热交联性丙烯酸树脂和无机填料，高速分散0.5h后，加入氨基树脂搅拌均匀，再加入各种助剂来调节其流变性能和固含量，然后加入消泡剂去泡沫后出料。

（五）容器内壁涂料

表6-5-5 容器内壁涂料配方

原料	1＃	2＃	3＃	原料	1＃	2＃	3＃
二聚米糠泊酸	74	70	78	284-P消泡剂	1.5	1	2.5
二乙烯三胺	26	30	22	乙醇	46	50	50

制备工艺如下：

首先在反应釜中按上述配方各组分配比投入（除乙烯外）各组分，搅拌升温至140℃，保温30min，继续升温，保温1h，抽真空30min，降温至60℃，加入乙醇，兑稀、过滤、出料。

思考题

1. 在选择水性涂料消泡剂时的注意事项？
2. 消泡剂通常的加入方法及用量范围？
3. 试从外因和内因两方面阐述泡沫成因。

实训任务 消泡剂配比试验

能力目标：能够熟练操作试验仪器与设备，运用化工工艺试验工的相关技能，完成消泡剂配比试验任务。包括消泡剂的选用，配比计算，预处理，添加及效果测试等。

知识目标：理解消泡剂分类及选择的相关理论和配伍机理，掌握消泡剂用量的计算方法；包括水性涂料消泡剂的分类、选择等知识，应用计算方法，设计试验方案。

实训设计：公司涂料车间试验小组开发的水性涂料，目前已完成主料配比试验、增稠剂配比试验、颜填料配比试验、成膜助剂配比试验，发现产品中出现很多气泡。此次将由组长协调组员进行消泡剂配比试验，以绩效考核方式进行考评。

（一）试验用量计算

一般高黏度的乳胶漆，由于消泡困难，稳泡因素也多，加量稍多些，一般为0.3%～1.0%。低黏度的乳胶漆或水溶性涂料，尤其是水溶性涂料，由于含有一定量的助溶剂，可以适当减少用量，一般为0.01%～0.2%即可。其他水性涂料或树脂，一般为0.1%左右。加量并不是越高越好，多了会引起缩孔、油花等漆病，含硅的消泡剂多了，还会影响再涂性。

选定消泡剂，可以参考用量范围，并综合考虑配方本身（体系黏度），选定初始用量，预分散后开始添加。注意搅拌速度不宜过快。当泡沫减少直至消失或者极少量时，停止加入，计算加入质量，并核算成百分比，记录备案；另外可用小刷子直接在涂覆板（此处最好用马口铁板，因为小木板片本身存在小孔，不利于关键现象的观察）上进行涂刷，观察干膜后效果，主要观察是否有小气泡或者缩孔。通过不同方法对消泡剂使用效果进行检测，如效果不理想，可再次添加消泡剂直至得到合理的配比量。

（二）实训任务

本次实训选用附录二配方八中水性涂料消泡剂试验配方来实施，按照配方要求准备好原料，制定试验方案，进行人员分组，完成试验任务；试验仪器与原料准备：1000mL标准刻度量杯4个；微型空气压缩机1台；高速搅拌机4台；密度杯4个；聚酯膜1卷；电炉1套；500mL烧杯8个，天平4台，搅拌器4套，涂覆板若干，小刷4把，各类消泡剂。观察搅拌现象，记录配比过程，每组得出数个样品，记录备案，最后进行消泡剂应用效果评价与涂料相容性评价。

课后任务

1. 查询生产放大时消泡剂预处理及添加所涉及的设备。
2. 查询脱泡剂在溶剂型涂料中应用效果的检测方法。

参考资料

[1] 刘登良主编. 涂料工艺[M]. 北京：化学工业出版社，2009. 12.
[2] 李东光主编. 涂料配方与生产（四）[M]. 北京：化学工业出版社，2011. 9.
[3] 强亮生总主编. 涂料制备——原理 · 配方 · 工艺[M]. 北京：化学工业出版社，2011. 2.
[4] 张玉龙，齐贵亮. 水性涂料配方精选[M]. 北京：化学工业出版社，2009. 5.
[5] 王芸，吴飞，曹治平. 消泡剂的研究现状与展望[J]. 化学工程师，2008年第9期：26-28.

第六节　流平剂、防冻剂

助剂的应用取决于涂料用树脂的发展，涂料用树脂的发展促进了助剂应用的进步，这些树脂如环氧树脂、聚氨酯树脂、聚酯树脂与丙烯酸树脂制成的涂料表面容易出现不符合涂覆要求的缺陷，如凹凸不平、针孔等，一般采用流平剂加以改善；而在水性涂料配方中的水容易在冰点下结冰，影响水性涂料的应用，因此防冻剂应运而生。

一、流平剂

涂料的成膜性能在很大程度上取决于成膜过程中的流动、流平性能。流平性不良的涂料往往在成膜过程中会产生一些缺陷，如缩孔、鱼眼、橘皮、针孔、厚边、浮色及发花等现象，这些缺陷不仅影响涂膜的装饰效果，而且会降低涂膜的保护性能。

影响涂料成膜过程中的流动及流平性能的因素比较多，主要影响因素有涂料的表面张力、被涂底材的临界表面张力、涂料的施工黏度及涂料所用溶剂的溶解力、挥发速度和湿膜厚度，以及涂料的施工环境及施工方式，涂料的黏度以及被涂表面的处理程度等；其中最重要的影响因素是涂料的表面张力和在成膜过程中湿膜产生的表面张力梯度以及湿膜表层的表面张力均匀化能力。为了克服以上缺陷，最有效的方法就是在涂料中使用表面流动控制剂，即流平剂。

20世纪出现的硅油，有些人称为硅酮，确切地讲应称为聚硅氧烷，特别是聚甲基硅氧烷被用来改善涂料的流平及润湿问题，可以消除成膜过程中产生的缩孔、针孔、橘皮等现象。但后来在使用过程中发现其一些副作用，主要是会引起被涂物表面的污染而影响层间附着力，因而需要改进[1]。

近几年来，国内外对水性涂料用流平剂进行了大量的研究。由于环保型涂料如：水性涂料、粉末涂料等的研发，带动了与其相关的流平剂的发展。

丙烯酸系流平剂的合成一般用丙烯酸丁酯与胺基酯聚合，聚合引发剂一般用BPO（过氧化苯甲酰）、AIBN（偶氮二异丁腈）聚合温度控制在80～90℃，溶剂用甲苯、二甲苯、环己烷等，聚合物的相对分子质量控制在4000～10000。分子量分布越窄，流平效果越好。目前流平剂聚合的方法有乳液聚合、离子聚合、自由基聚合等方式。流平剂自20世纪70年代末开始研究以来，原来单一功能的涂料流平剂已经不能满足社会的要求，无毒，无污染，多功能的涂料流平剂才能满足人们的需要。同时从提高经济效益与社会效益的角度考虑，应注重原料的选择，生产路线的优化，改良现有产品。

（一）流平剂分类

按照涂料用流平剂的结构及作用原理，一般将流平剂分为溶剂类流平剂、有机硅氧烷或改性有机硅氧烷流平剂、聚丙烯酸酯类流平剂、氟流平剂或含氟改性流平剂等。

1. 溶剂型流平剂

这类流平剂以高沸点溶剂为主要成分，如：芳烃、酯、酮、醇醚等，有些品种还添加少量的其他表面活性剂。这类流平剂可以调节溶剂对树脂的溶解性及挥发速度，避免因黏度大，溶剂挥发过快而影响漆膜流动所造成的流平问题。在烘烤型涂料中还可以防止气泡、针孔现象的产生。

2. 有机硅氧烷或改性有机硅氧烷流平剂

聚二甲基硅氧烷及改性聚二甲基硅氧烷流平剂，这类流平剂是目前应用较多的一类，其最大的优点是具有良好的流平性和手感。早期多使用未改性的硅油（聚二甲基硅氧烷），但由于其相对分子质量难于控制，导致与涂料相容性存在问题，另外未改性的硅油也会影响到涂层间的附着力。现在大多使用一些改性的聚二甲基硅氧烷作为流平剂。

（1）聚醚改性：在聚二甲基硅氧烷主链上引入醚键来改善其对涂料体系的相容性，同时仍保持高的迁移性，在进行上层涂装后迅速迁移至上层漆膜表面而对层间附着力影响较小。国内外许多公司都有此类流平剂，这类流平剂的缺点是热稳定性不好，在烘烤温度高于150℃时会产生分解而失去应有的特性，引起涂层附着力下降及层间附着力问题。

（2）聚酯改性：聚酯改性聚二甲基硅氧烷流平剂，主要用于烘烤漆中。

（3）有机硅改性：通过在主链的侧基上引入有机基团，如苯基或烷基来改性，可以改善与涂料的混溶性、耐热性等。

（4）反应性官能团改性：通过在主链的侧基接入带有反应性的官能团进行改性，这些反应基团指可以与树脂或固化剂进行交联反应的基团，如羟基、氨基、羧基、环氧基、异氰酸酯类等。

3. 聚丙烯酸酯类流平剂

理想的聚丙烯酸酯类流平剂应具有：较窄的相对分子质量分布；较低的表面张力；较低的玻璃化温度；适当的相对分子质量以及与成膜物有限的相容性。这种流平剂由于比涂料的表面张力低以及不完全混溶性而部分迁移到涂层表面，在湿膜表面形成单分子膜，减少了表层流动，促进涂膜表面张力均匀化，抑制溶剂挥发速度，给予湿膜更多的流平时间，因而起到减轻或消除橘皮、刷痕、针孔、缩孔、浮色、发花等表面缺陷的作用。这类流平剂与成膜树脂的相容性非常重要，如果相容性太好则不会在涂膜表面形成单分子层而影响流平作用。但是相容性过差的流平剂又会导致涂膜发雾，光泽降低，失光等不良现象。与改性的聚二甲基硅氧烷流平剂相比，聚丙烯酸酯类流平剂相对安全，即使添加过量也不会影响重涂性和层间附着力，随着其用量增加，表面张力下降，缩孔减少，光泽、鲜艳性提高，但过量会带来副作用，如：漆膜发雾、失光等。通常其最高用量不超过涂料总量的2%。

4. 氟流平剂或含氟改性流平剂

氟碳助剂有较高的表面活性，高的热稳定性，高的化学稳定性及憎水油特性，即所谓的三高二憎。在涂料中加入少量的氟碳助剂可以提高涂料的流平性并增加涂层的光洁度。实验表明：氟碳助剂比聚硅氧烷流平剂用于涂料的效果更好。但推广应用氟碳助剂面临两个问题：一是合成氟碳助剂在技术上仍有一定的难度，所以价格比较高，一般用户还难以接受；二是安全性问题，即制备氟碳助剂的起始原料——全氟磺酸的毒性问题。尽管氟碳助剂的成本较高，但由于其添加量少而且有些性能是含硅或碳氢助剂（如聚丙烯酸酯）不能达到的，或者说要达到这个性能需要加入大量的助剂。

近年来一些公司已推出在涂料、油墨、黏合剂中应用的一些氟碳助剂或氟碳改性聚合物助剂。氟碳改性聚合物流平剂，特别是氟碳改性聚丙烯酸酯流平剂在烘烤型涂料，如卷材涂料以及汽车原厂漆、修补漆等领域中获得了广泛的应用[2]。

（二）典型流平剂产品

目前涂料用流平剂种类较多，我们按其使用的场合大致可分为三类：一是粉末涂料用流平剂，二是溶剂型涂料流平剂，三是乳胶涂料流平剂。以下介绍几种流平剂[1]。

1. 固态流平剂RB503

表6-6-1　固态流平剂RB503产品详情

固态流平剂RB503	
概述	由固体环氧树脂为载体的固态流平剂，经精细改性加工而成
技术参数	乳白色片状或颗粒； 软化点：80～105℃； 摄氏度固体含量：≥99%； 环氧值：0.05～0.12mol/100g
应用及性能	使用时将RB503按配方总量的3.5%～5%预先混融后挤出。具有流平性好、漆膜丰满、上粉率高、良好的分散、边角覆盖极佳、粉体流化性好的特点。可制备纯环氧或混合型粉末涂料
包装要求	聚乙烯内衬，牛皮纸袋装，净重25kg
贮存条件	存放于阴凉干燥处，避免潮湿，不与其他化学品接触

2. 固态流平剂RB504

表6-6-2　固态流平剂RB504产品详情

固态流平剂RB504	
概述	由固体聚酯树脂为载体的经精细改性加工而成
技术参数	乳白色片状或颗粒； 软化点：95～115℃； 摄氏度固体含量：≥99%； 酸值：35～60mgKOH/g

续表

固态流平剂RB504	
应用及性能	使用时将RB504按配方总量的3.5%～5%预先混融后挤出。具有流平性好、漆膜丰满、上粉率高、边角覆盖极佳。粉体流化性好的特点。可制备纯环氧或混合型粉末涂料
包装要求	聚乙烯内衬，牛皮纸袋装，净重25kg
贮存条件	存放于阴凉干燥处，避免潮湿，不与其他化学品接触

3. 流平剂RB505

表6-6-3 流平剂RB505产品详情

流平剂RB505	
概述	以通用粉末材料为载体，吸附二氧化硅基上的聚丙酸丁酯粉末固体流平剂
技术参数	外观：自由流动的白色粉末； 有效含量：≥50%； 挥发份：≤2.5%
应用及性能	消除鱼眼、缩孔现象，降低涂膜表面张力。优良的流平效果，充分助于颜料的分散性，较低的用量有利于降低成本。增进改善对基材的润湿。使用RB505可按配量总量2%～3%，预先混融后挤出，用户可根据填料配比进行配方调整
包装要求	聚乙烯内衬，牛皮纸袋装，净重25kg
贮存条件	存放于阴凉干燥处，避免潮湿，不与其他化学品接触

4. 通用型流平剂T988

表6-6-4 通用型流平剂T988产品详情

通用型流平剂T988	
概述	T988是三氧化硅吸附的聚丙稀酸流平剂，适用于各种热塑性及热固性粉末涂料
技术参数	外观：白色自由流动粉末； 活性成分：≥60%； 挥发性：小于1.5%
应用及性能	本品具有降低涂膜表面张力、消除鱼眼及缩孔作用，对提高涂膜光泽及映像度均有显著作用。增进对基材的润湿，减少橘皮，不含硅酮成分，不影响重涂附着性； 本品不含润湿促进剂，用户可根据情况进行调整，本品使用量为粉末的0.8%～1.2%； 本品适用如：环氧，混合性，TGIC，羟烷基酰胺，聚氨酯丙烯酸体系

（三）流平剂选择与评价

选择流平剂，可以参考用量范围，并综合考虑配方本身（体系黏度），选定初始用量，预处理后开始添加。注意搅拌速度不宜过快，记录备案。

流平剂应用效果评价：

（1）样品制作

用已经选定的树脂跟待选流平剂，按照产品推荐用量，等分做工作曲线，制备10个样品。

（2）测试

①相容性，漆样是否清晰透明；

②清晰度判断：漆样刮膜固化，表面是否清晰，影子轮廓是否清晰等；

③稳泡能力，各个漆样品，3000转分散25min，装试管，一看起泡溢出速度，二看泡破裂速度；

④瞬间流平速度；

⑤表面控制能力，喷涂固化，看表面有无长短波；

⑥抗缩边能力；

⑦重涂影响，不打磨原漆重涂，判断层间附着力；

（3）工艺影响因子评价

用既定的树脂，换用不同的溶剂和不同的分散速度，比较前述因子的结果。评价该流平剂对剪切力和工作溶剂的依赖性。

（4）理化性能影响因子评价

主要评价耐污、耐磨、抗化性等，添加与没添加的区别。如果以上评价都没问题，基本就没问题了，不但能用，后期应用出问题的风险也小。有问题要记录清楚，以便为今后产品检验和技术服务提供依据。

应该注意，流平性指涂料在施工后，涂膜流展成平坦而光滑表面的能力。涂膜的流平是重力、表面张力和剪切力的综合效果。用GB/T 1750—79（89）测定。若出现液体涂料涂布在垂直的物体表面上，由于受重力的影响，部分湿膜的表面容易有向下流坠，形成上部变薄，下部变厚或严重的形成半球形（泪滴状）、波纹状的现象，称之为流挂性，造成这样的原因主要是涂料的流动特性不适宜、湿膜过厚等，此时需要改变流变性来平衡涂料流平与流动的关系[3]。

（四）应用配方举例[4][5][6]

1. 汽车铝轮毂底粉涂料

表6-6-5　汽车铝轮毂底粉涂料配方

原料	1 #	2 #	3 #
酸值为30～60mgKOH的羧基聚酯	30	60	50
环氧当量为600～750的环氧树脂	100	40	80
环脒与多元酸盐消光固化剂	8	0	5
安息香	1	0.6	0.8
硫酸钡	10	50	30
钛白粉	20	0	10
丙烯酸共聚物流平剂	1.5	0.8	1.2

制备方法：首先将各组分按配比预混合，其中预混合时间为200～250s，分散速度为800～1000r/min；然后在温度100～110℃下混炼挤出；最后粉碎过筛即得。

2. 热固型低光粉末涂料

表6-6-6　热固型低光粉末涂料配方

原料（制备粉末涂料）	1 #	2 #	3 #	4 #
环氧树脂（E-12）	80	80	80	80
丙烯酸消光树脂	25（AR-1）	10（AR-4）	30（AR-3）	20（AR-2）
双氰胺	2.8	3.6	—	3.2
取代双氰胺	—	—	1.8	—
流平剂（503）	7.0	7.3	7.3	7.3
安息香	0.5	0.5	0.5	0.5
硫酸钡	28.6	27	29	28
钛白粉	30	30	30	30

制备方法：将一定比例的环氧树脂、丙烯酸消光树脂、共固化剂、流平剂、除气剂、颜料、填料等预混合，然后经阻尼式螺杆挤出机均化挤出，然后冷却、粉碎，过200目筛，即得所要低光粉末涂料。

3. 水溶性玻璃烘烤涂料

表6-6-7　水溶性玻璃烘烤涂料配方

原料	1 #	2 #	3 #
水溶性有机硅环氧树脂（HL-W101树脂）	26	33	38
丁醚化三聚氰胺树脂	6	8	10
α-氨基硅烷偶联剂	1	1.5	2
有机硅BYK-301流平剂	0.3	0.4	0.5
丙二醇甲醚助溶剂	15	16	17
水	51.7	41.1	32.5

制备方法：按配方将丁醚化三聚氰胺树脂先加到搅拌罐中，用助溶剂溶解后，依次加入水溶性有机硅环氧树脂（HL-W101树脂）、偶联剂、流平剂和水，搅拌均匀即可。

4. 高流平、耐沾污PVA内墙涂料

表6-6-8　高流平、耐沾污PVA内墙涂料配方

原料	用量/%	原料	用量/%
10%聚乙烯醇	15	钛白粉	5
防腐剂	0.1	立德粉	10
防霉剂	0.1	硅灰石粉	5
消泡剂	0.4	重质碳酸钙	20
羟乙基纤维素	0.4	轻质碳酸钙	5
醇酯12	0.7	去离子水	25.5
丙二醇	0.5	蜡乳液	4
分散剂	0.3		

（1）料浆的制备

将水和各种助剂、羟乙基纤维素按一定比例混合搅拌至羟乙基纤维素完全溶解，然后加入颜、填料搅拌均匀，再将所得的浆料研磨至细度小于30μm备用。

（2）聚乙烯醇增稠溶液的制备

以2399型号聚乙烯醇为主，加入适当助剂，以去离子水作为水溶液，约在95℃下制成10%的聚乙烯醇增稠溶液备用。

（3）涂料的配制及配方

将磨细的料浆、聚乙烯醇和苯丙乳液按比例混合均匀，边搅拌边加入蜡乳液，即制成

涂料。

二、防冻剂[7]

水性涂料施工时需向涂料中加水，搅拌均匀后即可施工。但是加水带来一个难以克服的问题，即水结冰的问题。特别是在冬季施工时，气候特别寒冷，室外气温都在0℃以下。涂料一旦冻融，与被保护钢材的黏结性能大大降低。如此反复，涂层就会出现冻融开裂或涂层与钢板脱落问题。因此，研究水和防冻剂在冬期的特性很有必要。

涂覆面积如果较大，涂覆涂料时采用保温措施，需要投入大量的人力、物力，消耗大量的能源。如果在涂料里掺加防冻材料，既经济又简便。但防冻剂是一种综合性很强的助剂，如果对它的组成与原理认识不清，就可能在选用防冻剂类型时与涂料其他组分的作用矛盾。

以前乳胶漆常用的防冻剂是乙二醇，乙二醇本身不会直接对生物体作用，但乙二醇经过动物肝脏分解以后则对生物体产生剧毒，为了减少防冻剂对生物的毒害，早期采取的措施有用毒性很小的丙二醇代替乙二醇做乳胶漆的防冻剂；增加乳胶粒本身的抗冻融稳定性，减少体系对防冻剂的需求；也有开发以大豆油为原料的丙二醇系列产品。

（一）防冻剂选用

随理论与研究的深入，对防冻剂的作用机理也逐渐明朗，先后提出的理论有冰点理论、冰晶畸变理论、液灰比平衡理论、成熟度理论等；一般来说，水性防火涂料的防冻剂的选用准则如下：

（1）选用防冻剂前必须充分熟悉水性涂料的原料配比、各组分含量、化学组成等，只有了解了涂料配方，才有可能根据施工特点，选用适当的防冻剂。

（2）选用的防冻剂不能对涂覆基层有腐蚀作用。不能照搬其他配方的防冻剂，不用或能产生腐蚀作用的防冻剂，如NaCl、Na_2SO_4、$CaCl_2$等。

（3）选用的防冻剂不能影响涂料的使用目的。防冻剂不能影响涂料的黏结强度和各项性能，充分考虑防冻剂的添加量。

（二）防冻剂的分类

防冻剂按功能分，可以分成防冻组分、早强组分、减水组分、引气组分、活化组分等。防冻组分主要作用是降低防火涂料中液相的冰点，如$CaCl_2$、NaCl等；早强组分的主要作用是参与或加速早期水化反应，使涂料尽快地获得防冻害的早期强度。减水组分可使涂料减水10%～25%，使涂料更加密实并增加了后期强度；引气组分大部分由阴离子表面活性剂组成的减水剂，对涂覆基层有引气作用（引气3%～5%）。由于空隙的增加及孔结构改变，可对冻害起缓解作用。活化组分在冰点下对涂料水化起活化作用，提高早期强度。

（三）工业用防冻剂

（1）工业亚硝酸盐

比如工业亚硝酸钙，具有早强、防冻、阻锈、抗氧化的良好效果；工业亚硝酸钠，白色或微黄色结晶或颗粒状粉末，无臭，味微咸，易吸潮，易溶于水，微溶于乙醇，有阻锈效果，但其有毒，添加量要适当。

（2）工业乙醇胺

乙醇胺有单乙醇胺（一乙醇胺）、二乙醇胺和三乙醇胺；分子中有氮原子与羟基，故兼有胺与醇的化学性质。三乙醇胺为弱碱性，无色。吸湿性稠状透明液体，主要起早强作用。

（3）工业甘油

甘油一般指丙三醇，有甜味、无毒，具有很强的吸水性，水溶液的冰点很低，如66.7%的甘油水溶液的冰点为-46.5℃，所以，甘油水溶液可以作防冻剂和致冷剂。

（四）防冻剂的检验

根据GB 14907—2002关于6.4.12与6.6中试验方法，检验涂料试样的耐冻融循环次数，要求耐冻融循环次数≥15，涂层应无起层、脱落、起泡现象。附加耐火性能钢梁内部达到临界温度的时间衰减不大于35%，方属合格。

（五）防冻剂应用配方举例

高装饰性、耐冲刷硅丙外墙乳胶漆，配方如表6-6-9所示：

表6-6-9　高装饰性、耐冲刷硅丙外墙乳胶漆配方

原料	用量（质量份）	原料	用量（质量份）
丙烯酸树脂	40～50	分散剂	0.3～0.5
钛白粉	20～30	消泡剂	0.3～0.6
填料	10～15	防冻剂	1.5～2.5
增稠剂	0.5～1.0	杀菌防霉剂	0.5～0.8

制备方法：按照配方比例称取原材料，将其投入电动搅拌机中，在一定温度下，搅拌混合一段时间，待混合均匀后，便可出料，再经研磨过滤，便可装桶备用。

改性醋酸乙烯涂料，配方如表6-6-10、6-6-11所示：

表6-6-10　乳液共聚原料配方配方

原料	用量/质量%	原料	用量/质量%
醋酸乙烯	300	OP-10	3

续表

原料	用量/质量%	原料	用量/质量%
丙烯酸丁酯	33	过硫酸铵	3.5
甲基丙烯酸甲酯	40	蒸馏水	450
丙烯酸	10	PVA	1.2
十二烷基硫酸钠	8		

表6-6-11　改性醋酸乙烯涂料配方

原料	用量/质量%	原料	用量/质量%
乳液	26	增稠剂	2
轻质碳酸钙	24	分散剂	0.8
去离子水	20	防冻剂	1
颜填料	20	消泡剂	1
助剂	5	防霉剂	0.2

制备方法：

1. 聚合工艺

（1）按设定比例的醋酸乙烯、丙烯酸丁酯、甲基丙烯酸甲酯、丙烯酸、十二烷基硫酸钠、OP-10（烷基酚聚氧乙烯醚）混合。

（2）在反应器中加入乳化剂、去离子水、PVA开启搅拌，使体系充分乳化。然后加入少量a中混合物，在80℃下反应20min，把剩余的单体混合物连续滴入反应器，在2h滴加完毕。

（3）升温至85℃，反应1h结束。

2. 涂料制备工艺

首先将颜填料、助剂、水加入容器中分散研磨；待均匀后倒入混合器，在搅拌下加入乳液、分散剂、防冻剂、消泡剂、防霉剂等，搅拌均匀；胶体磨研磨、过滤、混合，检验包装。

思考题

1. 缩孔现象与使用流平剂之间的关系？

2. 氟碳聚合物及氟碳改性聚合物助剂的发展所需解决的关键问题是什么？

实训任务　流平剂、防冻剂配比试验

能力目标：能够熟练操作试验仪器与设备，运用化工工艺试验工的相关技能，完成流平剂和防冻剂配比试验任务。包括助剂的选用，配比计算，预处理，添加及效果测试等。

知识目标：理解助剂分类及选择的相关理论和配伍机理，掌握助剂用量的计算方法；包括水性涂料助剂种类、选择等知识，应用计算方法，设计试验方案。

实训设计：公司涂料车间试验小组开发的水性涂料，目前已完成主料配比试验、增稠剂配比试验、颜填料配比试验、成膜助剂配比试验、消泡剂配比试验，发现产品涂膜不平整，偶有小孔、流挂、不防冻等现象。此次将由组长协调组员进行流平剂和防冻剂配比试验，以绩效考核方式进行考评。

（一）试验用量计算

试验用量的计算，可在具体试验时，在对环境友好的前提下，按照助剂使用的推荐量，计算其价格，在相近成本的基础上，进行助剂种类的筛选，以对助剂种类进行选择试验，目的是为了保证筛选到对于该产品性价比最高的助剂，最大程度降低成本。在此基础上，进行流平剂和防冻剂用量的性能试验。

（二）实训任务

本次实训选用附录二配方九中水性涂料流平剂、防冻剂试验配方来实施，按照配方要求准备好原料，制订试验方案，进行人员分组，完成试验任务；试验仪器与原料准备：试验仪器与原料准备：搅拌设备一套；100～300ml具塞量筒1套；保温烘箱1台；黏度计（涂料4号铜杯）1台；40倍放大镜1个；天平4台，搅拌器4套，涂覆板若干，小刷4把，配备投影仪等教学设备的实训室。观察搅拌现象，记录配比过程，每组得出数个样品，记录备案，最后进行样品的测试，首先测试相容性，观察清晰度和稳泡能力，记录相关数据，评判瞬间流平速度、表面控制能力、抗缩边能力、重涂影响等；其次是工艺影响因子评价和理化性能影响因子评价，最后测定耐冻融循环次数，做详细的记录。

课后任务

1. 查询如何使消泡剂和流平剂合理搭配。
2. 查询如何在施工过程中避免出现流平性不佳的情况。

参考资料

[1] 程春萍. 涂料自流平剂的研究进展[J]. 内蒙古石油化工，2009年15期：6-7.
[2] 刘会元，牛广轶，盛荣良. 涂料的流动、流平与相关助剂的应用[J]. 上海涂料，2007.46

（10）：37-39.
[3] 刘登良主编. 涂料工艺[M]. 北京：化学工业出版社，2009. 12.
[4] 李东光主编. 涂料配方与生产（四）[M]. 北京：化学工业出版社，2011. 9.
[5] 强亮生总主编. 涂料制备——原理 · 配方 · 工艺[M]. 北京：化学工业出版社，2011. 2.
[6] 张玉龙，齐贵亮. 水性涂料配方精选[M]. 北京：化学工业出版社，2009. 5.
[7] 何世家. 水性防火涂料防冻剂制备及其涂料性能研究[D]. 重庆大学. 2005. 10.

第七节　防腐剂

水性涂料中的很多物质往往可以成为各种微生物的营养来源，如乳胶涂料中加入纤维素类衍生物，就会成为微生物的营养源。涂料若被微生物污染，只要温度、湿度等生长条件适宜时，微生物就会大肆繁殖，使涂料发霉变质，黏度下降并产生臭味，这种现象称为“腐败”。霉菌侵蚀干燥后的涂膜，形成黑色的淤积斑，导致涂料失去附着力而过早破坏，严重影响涂料的装饰效果，这种现象称为涂膜的“霉变”。为了防止乳胶漆涂料在储存期间罐内腐败以及涂膜在潮湿环境下长霉，有必要加入防霉剂、防腐剂，以达到罐内防腐、涂膜防霉的作用。

一、防腐剂、防霉剂、防锈剂简介

由于近几年病毒事件不断发生，防霉杀菌剂在涂料中的应用成为业界热点，尤其是建筑涂料行业对防菌涂料的热情高涨。但很多防霉杀菌剂对人体和环境都有一定的副作用，欧洲制订第五届环保行动计划，要求涂料行业尽量减少商用防霉杀菌剂的用量和种类。防霉杀菌剂主要向不含氯、低毒高效、广谱长效和降低VOC含量方向发展。对人体明显有害的有机汞类广谱防霉剂和甲醛等品种的防霉剂，以及对人体有明显皮肤敏感性的防霉杀菌剂将会被取缔。如何减少防霉杀菌剂对环境的污染并且提高杀菌效果成为这个领域的发展方向[1]。

（一）防霉剂、防腐剂

理想的防霉剂、防腐剂产品应具备以下几个基本条件：

（1）要求有广谱的抗微生物活性，药效高，活性长久，对各种霉菌、细菌有广泛的致死作用或抑制作用，且使用浓度低，即通常所说的广谱高效。

（2）与涂料体系有好的相容性，即要求防霉剂在涂料配置过程中易于分散，能够与体系形成一个均匀的整体，在涂料贮存及运输过程中不会出现沉淀、分层、析出等现象；同时不会影响色彩涂料的明度、饱和度等色彩指标。

（3）环保型，要求防腐剂本身的毒性较小无刺激性气味，不会对皮肤造成腐蚀，符合国家对该产品的环保要求。

（4）较长的防霉时效性，即要求防霉菌的抑杀效果保持尽可能长的时间。

（5）价廉易得，使用方便。

不同种类的防腐剂和防霉剂的由于作用机理不同，有着各自不同的抑菌谱，在某些情况下，多种防腐剂和防霉剂的复配使用，可起到互补和协同增效作用，比使用单一的防腐剂或防霉剂更为有效，在扩大抗菌广谱性的同时，可以减小使用浓度，从而提高产品的安全性。

如Proxel系列下常用于水性涂料中的几种产品，我们对其组成和特点进行比较，如下表6-7-1所示。

表6-7-1　Proxel系列产品组成和特点

	组成	典型添加量	特点
GXL	20%BIT丙二醇水溶液	0.05～0.2	pH12
BD20	20%Brr水性分散体	0.05～0.2	零VOC，中性pH
AQ	9.25%BH水溶液	0.075～0.5	无溶剂，低黏度，零VOC
CMC	1.5%CMIT/MFT铜盐稳定剂	0.05～0.3	广谱低毒，通过EPA标准
BZ Plus	Brr与ZPT复配方	0.05～0.3	pH范围广，耐高温
TN	BIT+甲醛释放物	0.05～0.2	快速、长效
BC	BIT与CMIT/MIT复配方	0.05～0.2	零VOC，快速，广谱
BP	106　CMIT/MIT+甲醛	0.05～0.2	见效快，广谱

从绿色环保和整个市场需求来看，我们可以优先选择零VOC和不含甲醛的抗菌剂作为研究对象，同时考虑到研究的广泛性和典型性，结合各产品的组成成分不同，相对合适的抗菌剂有Proxel AQ、Proxel BZ Plus、Proxel BC。

复合型防腐防霉剂在未来的涂料防腐防霉体系中将占主导地位，在绿色防腐、防霉成为方向的今天，复合、功效性防腐防霉剂的研制、开发与应用将会有很大的发展前景。

另外用微胶囊包覆技术处理防霉杀菌剂，可以延长防霉杀菌效果并减少环境污染。纳米光催化杀菌剂的新技术研究近年来吸引人们投入很多的精力，但真正用于涂料大规模工业化生产的还未见报道[2]。

（二）防锈剂

防锈剂是指可以减少锈的生成的化合物。防锈剂也指可以抑制铁或亚铁金属表面（在其表面主要生成水合亚铁化合物）被腐蚀的化合物。可以用一种或不同的防锈剂抑制锈的生成，提供长期的腐蚀保护。防锈剂在抑制用水性涂料涂装的易拉罐或其他金属容器的生锈中起着重要的作用。

此外，防锈漆也能起到防锈作用，防锈漆又叫防锈涂料，是由成膜物质、防锈颜料、填料等构成的一种功能性涂料。防锈漆的作用是防止金属生锈和增加涂层的附着力，金属涂刷防锈漆以后，其表面与大气隔绝，防锈漆中含有防锈剂，能使金属表面钝化，阻止外来的有害物质与金属发生化学或电化学作用。

具有代表性的几种防锈漆包括：

（1）红丹防锈漆。这是一种用红丹与干性油混合而成的防锈底漆。该漆渗透性、润湿性好，漆膜柔韧性好，附着力强。

（2）铁红酚醛防锈漆。它的漆膜附着力较好，且不会受面漆软化而产生咬底，供喷漆打底防锈用。

（3）铁红醇酸防锈漆。它具有良好的附着力，防锈能力强，硬度大，有弹性，耐冲击，耐硝基性强，对硝基漆和醇酸漆有较好的黏合性能。

（4）锌黄防锈漆。用纯酚醛漆料加入锌铬黄颜料经过研磨调制而成。它的附着力强，对海洋环境具有高度抵抗能力，用于轻金属底层的涂刷。

（5）灰色防锈漆。它具有防锈和耐大气侵蚀的优良性能，适用于涂刷室外钢铁构件，如高压线铁架、铁栏杆等。由于它是油性的，干燥较慢。

除了以上几种具有代表性的防锈漆，还有很多其他类型的防锈漆，都要具备以下条件：

具备一般建筑涂料的装饰性能，而且对于腐蚀介质应具有良好的稳定性，涂膜长期与腐蚀介质接触，不会被溶解、溶胀、破坏、分解及发生不良的化学反应。

涂层应具有良好的抗渗性，能阻挡有害介质或有害气体的侵入。

与建筑物基层具有良好的黏结性，涂层应有较好的机械强度，不会开裂及脱落，外用防腐涂料还应有良好的耐候性能。

（三）防霉剂、防腐剂分类及作用机理

微生物一旦在水性涂料中产生，会迅速生长繁殖，造成水性涂料的腐败霉变。可以在一定时间内抑制某些微生物（细菌、真菌、酵母菌、藻类等）的生长和繁殖的物质称为抗菌剂或抑菌剂助剂，抗菌剂的研究早从20世纪80年代初就已经开始，目前，大致可以分为天然生物抗菌剂、无机抗菌剂以及有机抗菌剂三大类。

天然抗菌剂是指从大自然中提取出来的，其中以壳聚糖、大蒜素等最为典型，但一般数量较少。无机抗菌剂是指利用金属离子的抗菌性，如银、铜、锌等，进行物理吸附离子交换制作成具有抗菌性能的材料，其中最常用的为银离子抗菌剂。无机抗菌剂稳定性好，安全，但其价格较为昂贵，制作工艺复杂且见效慢。

有机抗菌剂主要是有机酸、醇、酯等物质，根据其化学结构可以分为20多种类别，其中最为常见的有季胺盐、季膦盐、双胍类、咪哩类、噻哩类、异噻唑酮衍生物等。比较典型的抗菌剂有以下几类：

1. 异噻唑啉酮类

20世纪50年代末期，科学家们开始对一些简单的异噻唑啉酮化合物的杀菌作用产生兴趣。20世纪60年代中期，两位研究者最早提出该类化合物的合成方法。美国某公司首先于20世纪70年代初进行研制并取得了专利，至此之后，异噻唑啉酮类开始被广泛地应用于工业循环冷却水、涂料、皮革、造纸、油墨、海事、纺织、木材、洗漆剂、化妆品、食品包装等几乎渗透到了工业的每一个领域。

作用机理：异噻唑啉酮类化合物的主要作用机理是迅速进入菌体细胞内，与其蛋白质硫醇发生作用，破坏细胞酶，蛋白质变性，不但抑制了细菌的呼吸而且破坏了其自我修复能力，从而彻底导致细胞死亡。

在工业上，最常见的两种异噻唑啉酮类抗菌剂为1，2-苯并异噻唑啉-3-酮（简称BIT）、5-氯-2-甲基-4-异噻唑啉-3-酮/2-甲基-4-异噻唑啉-3-酮（简称CMIT/MIT）。这两类常用的异噻唑啉酮的特点比较如下表6-7-2所示

表6-7-2　BIT与CMIT/MIT特点比较

	优点	缺点
苯并异噻哩啉酮类BIT	温度和pH稳定性佳，杀菌速度快，获得了EC等多项认证	水溶性稍差，杀菌谱线略有缺陷，对亲核试剂敏感，价格昂贵
异噻唑啉酮类CMIT/MIT	水溶性、相溶性好，杀菌广谱快速，低毒，获得EC和USA多项认证，价格低廉	对温度、pH敏感，稳定性差，对硫醇等亲核试剂敏感

2. 吡啶硫酮类

吡啶硫酮锌是锌的螯合物，简称ZPT，为有名的抗头屑成分，同样在水性涂料中的抗细菌方面也有优秀的表现。

其作用机理是吡啶硫酮锌能侵入细胞内部，破坏细胞的离子梯度，在各种酸碱条件下将细胞内部的钠、钾、镁等菌体生长所需的营养离子置换出来，从而使得细胞生长受到抑制，最终死亡。吡啶硫酮锌的一大益处就是其在作用于细胞的同时，本身并未被消耗。

特点：

吡啶硫酮锌的优点是：抗菌谱广，毒性低，它不仅作为防霉防藻剂，而且还用在洗发剂和化妆品中，在洗发剂中用于去头皮屑。

吡啶硫酮锌既能用于干膜防霉，又可用于干膜防藻。在水中溶解度低，约8mg/kg，在丙二醇中溶解度200mg/kg。热稳定性好，在100℃至少能稳定120h。可在pH为4.5～9.5使用。

吡啶硫酮锌的缺点是，在紫外线下会逐步降解。贮存温度应在10℃以上。当低于1.5℃时，吡啶硫酮锌会沉淀结块。

除上面介绍的有机抗菌剂外，还有一类无机抗菌剂，目前也开始在涂料中应用。它抗菌谱广，抗菌期长，毒性低，不产生耐药性，耐热性好。其中，一类是利用银、铜、锌、钛等金属及其离子的杀菌或抑菌能力制得的抗菌剂。重要的是无机金属离子型抗菌防霉剂。之后人们先后选择以沸石、硅灰石、陶瓷、不溶性磷酸盐等与金属离子化学结合力较强的物质作载体（如负载银离子）制备抗菌剂。

在涂料工业中，常见的无机金属氧化物抗菌剂是纳米ZnO和纳米TiO_2。纳米ZnO和纳米TiO_2是一类光催化性无机抗菌剂。纳米TiO_2光催化剂无机抗菌剂一般采用锐钛型TiO_2，因为它具有良好的抗菌、净化空气和降解有机物的作用[2]。

二、应用配方举例[3]

（一）氧化铁红水性防锈涂料

表6-7-3　氧化铁红水性浆参考配方

原材料名称	W/%
水	40.0～45.0
H34分散剂（海川）	1.0～2.0
A10消泡剂（海川）	0.5～1.0
红云母	15.0～20.0
氧化铁红	10.0～15.0
磷酸锌	6.0～8.0
冶炼氧化锌	3.0～4.0
超细硫酸钡	6.0
400目滑石粉	10.0

表6-7-4　氧化铁红水性防锈涂料参考配方

原材料名称	W/%
醇酯-12	2.0～2.5
苯丙乳液	45.0～50.0
丙二醇	1.5～2.5
AMP-95	0.5
水性氧化铁红浆	40.0～45.0
防锈剂	2.0～5.0
增稠剂	0.1～0.3
流平剂	0.1～0.3

1. 色浆的制备

称取配方量的水，加入分散剂、消泡剂，搅拌均匀，再依次加入颜填料，搅拌至无结块后进入研磨工序，分散至细度≤50μm。

2. 配漆

将配方量的氧化铁红色浆在搅拌下加入成膜助剂、防锈剂、pH调节剂及成膜物苯丙乳液，再缓慢地分批加入配方量的增稠剂和流平剂，搅拌30min过滤包装。

（二）防霉抗菌内墙涂料

表6-7-5　防霉抗菌内墙涂料

原料	用量（质量份）	原料	用量（质量份）
合成树脂乳液	200～250	消泡剂	3～8
防霉抗菌剂	20～40	流平剂	10～20
颜料	200～250	成膜助剂	8～12
填料	250～300	增稠剂	5～10
分散剂	5～10	纯水	250～300

制备方法：按照配方比例精确称料，加入电动搅拌机中，在一定的温度下，强力搅拌混合一段时间，直到混合均匀为止，然后，再经研磨与过滤后便可装桶备用。

（三）水性双组分聚氨酯防腐涂料

表6-7-6　主漆A（含羟基组分）

原料	用量（质量份）	原料	用量（质量份）
BASF羟基丙烯酸乳液	400	硫酸钡	87.5
DMEA（1∶1在水中）	8	三聚磷酸铝	50～100
FuC2030（分散剂）	3	改性磷酸锌	250～300
DC65（消泡剂）	0.5	TEGO822（消泡剂）	0.8
润湿剂	5	二乙二醇丁醚乙酸酯	15
防沉剂	1	去离子水	60
金红石型钛白粉	52.5	总计	约800

制备方法：将配方中前10项依次加入搅拌混合均匀后，在砂磨机中高速研磨至细度≤25μm，再加入消泡剂、成膜助剂、水、缓蚀剂，搅拌均匀，过滤包装。

注：施工配比为：主漆A∶固化剂B∶水=5∶1∶1。

（四）水性自交联纳米改性聚氨酯道路标志涂料

表6-7-7　纳米复合道路标志涂料配方

原料	用量（质量份）	原料	用量（质量份）
2342弹性乳液	30～45	纳米SiO_2	1～4
多胺聚合物（自制）	1～4	杀菌防霉剂	0.4～0.9
金红石型TiO_2	8～10	成膜助剂	1～2
绢云母	8～16	分散剂	1～3
三氧化二铝粉	5～8	消泡剂	0.4～1.0
玻璃粉	10～20	表面活性剂	0.3～0.6
碳酸钙、滑石粉等	8～15	氨水（28%）	2～4

制备方法：首先应对纳米SiO_2进行硅烷偶联剂的表面处理，然后才能加入涂料中，在一定温度下反应混合一段时间，待混合均匀后，便可出料，再经研磨过滤方可装桶备用。

三、抗菌剂种类选择

不同种类的防腐剂和防霉剂由于作用机理不同，有着各自不同的抑菌谱，所以要根据实际情况对抗菌剂的种类进行选择。

（1）罐内防腐剂主要有异噻哩啉酮（MIT/CMrr，BIT）、聚六亚甲基双胍（PHMB）、2-溴基-2-硝基-1,3-丙二醇（Bronopol）、戊二酸（Glutaraldehyde）、酚类（Phenolics）、季铵盐（Quats）等。

异噻唑啉酮因其抗菌能力强，应用剂量小，相容性好，毒性低，并且对多种细菌都具有很强的抗菌作用，在工业上被广泛应用，已成为尼泊金酯、苯甲酸类杀菌防腐剂的更新换代产品。异噻唑啉酮是一类衍生物的通称，其中活性成分为2-甲基-3-异噻唑酮和5-氯-2-甲基-3-异噻唑酮。

（2）干膜防霉抗藻的抗菌剂主要有吡啶硫酮锌（ZPT）、异噻唑啉酮（BBIT，OIT，DCOIT）、多菌灵（Carbendazim）、碘代丙炔基氨基甲酸酯（IPBC）、百菌清（CHTL）、敌草隆（Diuron）、三类（Irgarol）、去草净（Terbutryn）等。

多菌灵成本低，防霉性能好，但对藻类和链格孢无效；IPBC在高pH环境下不稳定同时也没有抗藻性。

异噻唑啉酮类虽然广谱，但易被胺和强氧化还原剂分解，同样在干膜防霉抗藻效能方面并不出色。

百菌清、敌草隆、去草净，这三类多数有植物毒性且没有防霉功能。

吡啶硫酮锌抗菌谱广，毒性低，稳定性高，直接作用于微生物细胞，且有个最大的特点是在杀死细菌的同时本身并未被消耗，是一种绿色环保的广谱高效低毒的防霉抗藻剂。

思考题

1. 哪些因素会加速涂料的腐败和发霉?
2. 腐败、发霉会对涂料和涂膜造成什么后果?
3. 基于涂料“罐中腐败”的可能性，在生产涂料时，对环境有哪些要求?

实训任务　防腐、防霉剂配比试验

能力目标：能够熟练操作试验仪器与设备，运用化工工艺试验工的相关技能，完成防霉、防腐剂配比试验任务。包括防霉、防腐剂的选用，配比计算，预处理，添加及效果测试等。

知识目标：理解防腐防霉剂分类及选择的相关理论和配伍机理，掌握防腐防霉剂用量的计算方法；包括水性涂料防腐防霉剂种类、抑菌谱、选择等知识，应用计算方法，设计试验方案。

实训设计：公司涂料车间试验小组开发的水性涂料，目前已完成主料配比试验、增稠剂配比试验、颜填料配比试验、成膜助剂配比试验、消泡剂配比试验、流平剂、防冻剂配比试验，发现个别小组的产品在罐底出现黑色小点。经放大观察，发现涂料出现腐败，此次将由组长协调组员进行防腐防霉剂配比试验，以绩效考核方式进行考评。

本次实训选用附录二配方十中水性涂料防霉、防腐、防锈剂试验配方来实施，按照配方要求准备好原料，制订试验方案，进行人员分组，完成试验任务；试验仪器与原料准备：试验仪器与原料准备：搅拌设备一套；100～300mL具塞量筒1套；保温烘箱1台；黏度计（涂料4号铜杯）1台；40倍放大镜1个；天平4台，搅拌器4套，涂覆板若干，小刷4把，配备投影仪等教学设备的实训室。

（一）试验用量计算

应根据水性涂料的使用环境来选择罐内防腐剂和漆膜防霉剂的种类并参考厂家推荐用量设计其合适用量。首先，要考虑使用地区的气候条件，在炎热潮湿地区，各类微生物滋生迅速，应使用高效杀菌剂且用量较大；其次，如果是外墙涂料不仅要受日晒的影响，还要受风雨的侵蚀，也需要给予特别的考虑。

（二）防腐防霉剂配比试验

根据上述计算的用量进行称量，如果是固体要事先研磨，用水稀释分散。有时助剂不易与水混溶，可通过搅拌形成浑浊液，边向搅起的调漆缸慢慢滴加，边晃动浑浊液，使助剂尽量均匀分散于水中。滴加结束，记录备案。

（三）防腐、防霉剂应用效果检测

在试验条件允许的情况下，可进行湿态防腐挑战测试、干膜抗霉菌测试（可参照中华人民共和国国家标准GB/T 1741—2007进行）、干膜抗细菌测试（可参照GB/T 21866—2008）、干膜抗藻性测试。

课后任务

1. 查询了解防腐、防霉剂应用效果检测方法。
2. 查询有关防藻剂的相关知识。

参考资料

[1] 姚昕. 助剂在水性涂料中的作用及对其性能的影响[J]. 江西化工，2010年第4期：4-6.
[2] 刘登良主编. 涂料工艺[M]. 北京：化学工业出版社，2009. 12.
[3] 张玉龙，齐贵亮. 水性涂料配方精选[M]. 北京：化学工业出版社，2009. 5.

第七章　工艺优化

科学实验主要包括探索性实验和应用性实验，探索性实验是探索自然规律、创造发明或发现新物质的实验，是前人或他人从未做过或还未完成的实验；应用性实验是指应用已有科学技术知识所进行的实验，但二者没有严格界限。

小试属于实验、试验、生产环节中的中间阶段，主要任务是运用试验中所掌握的知识，创造性地开展试验工作，关键是如何确定试验方案，确定试验方案的原则是经济、合理、可行、安全。确定试验方案的内容包括原料及工艺路线的选择、试验装置与流程选择、试验方案的设计等，核心是如何优化，达到质量上最优、经济上合理、技术上可行、安全环保的目标。

所谓优化试验设计方法，就是把数学上的优化理论、技术应用于试验设计中，科学的安排试验、处理试验结果的方法；采用科学的方法去安排试验，处理试验结果，以最少的人力和物力消费，在最短的时间内取得更多、更好的生产和科研成果的最有效的技术方法，下面首先介绍最优化方法。

第一节　优化方法

在生产和科学试验中，人们为了达到优质、高产、低消耗等目标，需要对有关因素的最佳组合（简称最佳点）进行选择，关于最佳组合（最佳点）的选择问题，称为优选问题。

优选法，是指研究如何用较少的试验次数，迅速找到最优方案的一种科学方法。例如：在科学试验中，怎样选取最合适的配方、配比；寻找最好的操作和工艺条件；找出产品的最合理的设计参数，使产品的质量最好，产量最多，或在一定条件下使成本最低，消耗原料最少，生产周期最短等。这种最合适、最好、最合理的方案，一般总称为最优；把选取最合适的配方、配比，寻找最好的操作和工艺条件，给出产品最合理的设计参数，叫做优选。也就是根据问题的性质在一定条件下选取最优方案。

优选的方法有很多种，对于同一问题有时也有不同的优选方式，有的方法虽然能做出优选，但可能涉及因素多，试验时间和周期长，耗费也多，并且试验也不好把握，这时理论上虽行得通，但实际不可取。我们选择的优选方法最好涉及因素尽量少，耗时短，试验周期短，并且还要考虑经济方面的问题，因此方法很重要。

配方优化问题是材料领域中的一个重要研究内容，为了获得性能优异、能满足使用要求的配方，需根据产品的性能要求和工艺条件，通过试验、优化、鉴定，合理地选用原材料，确定各种原材料的用量配比关系；对于这样一个复杂的多目标配方体系，试验方法的设计就显得尤为重要；近年来对配方优化设计的应用研究很多，面对众多的试验设计方法，如何合理选用试验设计方法及优化方法已成为配方设计者必须面临的问题，下面对近年来各种试验方法做简明的介绍。

一、试验设计方法

试验设计是配方设计的基础，理想的试验设计方案应当是以尽可能少的试验次数反映尽可能多的信息，试验点在试验空间中的分布要合理，既有一定的均匀性，又便于试验结果的分析与模型的建立；橡胶配方优化研究中最早使用的试验方法是单因子试验；后来是正交设计正交回归设计，它们在优化设计中的地位与作用是毋庸置疑的；近年来又出现了许多新型的试验设计方法，如均匀设计法、信噪比试验设计、物理试验设计、数学试验设计等新型的试验设计方法，试验设计可分为单因素变量的试验设计和多因素变量的试验设计；根据目标优化选择分为单目标最优化问题和多目标最优化问题。

（一）单因素变量试验方法[1]

单因素变量法比较简单，特别是用来鉴定新材料，或生产中原材料变动时，只做较少的试验就可作出判断，见效快，试验数据易于处理，通过图表直观比较即可得出结论；正因为如此，这种方法在配方试验中仍然有一定的价值，试验方法如黄金分割法、平分法（对分法）、分批试验法（均匀分批试验法、比例分割分批试验法）、分数法（裴波那契法）、爬山法、抛物线法等。

1. 对分法

如果每做一次试验，就可以根据试验结果决定下一次试验的方向，这时可用对分法。对分法是单因素试验设计方法之一，亦称平分方法，是优选法中最简单的一种方法，即每个试验点都取在试验范围的中点，将试验范围对分为两部分，以此来寻找最佳值的试验设计方法。该方法只有当每做一次试验就可以判断试验好坏、决定取舍的情况下才能运用。这种方法较别的优选法简单，易掌握，试验次数最少。

它的具体运用过程是：首先，根据经验确定试验区间（a，b），第一次试验在（a，b）的中点x_1=（$a+b$）/2处做，若试验结果表明x_1处取值过大（或过小）了，则去掉大于x_1（或x_1以下）的一半，第二次试验在（a，x_1）的中点x_2=（$a+x_1$）/2（或在（x_1，b）的中点x_2=（x_1+b）/2）处做，做了第一次试验，可将区间（a，b）缩小一半，然后在保留区间中点做第二次试验，再根据第二次试验结果，又将区间缩小一半，如此继续在余下的区间内试验下去，直到找到最佳点。

2. 黄金分割法

单因素优选法中，平分法最方便，一次试验就能把试验范围缩小一半。但它的条件不易满足，每次试验要能决定下次试验的方向。

最常遇到的是只知道在试验范围内有一个最优点，再大些或再小些试验效果都差，而且距离最优点越远试验效果就越差，这种情况称之为单峰函数。对于一般的单峰函数，平分法不适应，必须采用黄金分割法或分数法。

黄金分割法是最著名的一种优选法，我国常称之为0.618法。它在工农业生产、交通运输、桥梁建筑、工艺美术、科学研究等各个领域中应用十分广泛，全国各行各业都将优选法运用于生产实践，从而产生了巨大的经济效益。有研究表明，用这种“黄金分割法”做16次试验相当于用“均分法”2500多次试验所达到的精度。实践证明，在选择合适的生产条件、进行新产品的试制、确保达到产品质量的情况下，“黄金分割法”确实能让我们快速选择最佳方案。

3. 分数试验法

分数试验法：利用菲波拉契数列1，1，2，3，5，8，13，21，34，55，89，144……构成3/8，5/8，8/13，13/21，21/34，34/55，55/89，89/144……分数在试验中进行取值的方法，称为分数试验法。具体的可以参考相关书籍。

4. 分批试验法

前面所介绍的平分法、黄金分割法、分数法有一个共同的特点，就是必须根据前一次试验的结果才能安排后面的试验。这样安排试验的方法其优点是总的试验次数很少，但缺点是试验只能一个一个地做，试验的时间累加起来可能较长，无法在较短的时间内完成全部试验，并得出结论。

与此相反，也可以把所有可能的试验同时都安排下去，根据试验结果找出最好点，这种方法称为同时法。例如，把试验范围平均地分为若干份，在每个分点上同时做试验。很显然，它的好处是试验总时间短，但却是以多做试验为代价的。当某项试验要求在最短的时间内得出结论，而每个试验的代价不大，又有足够的设备，这种方法当然也是可行的。

但较好的办法是将全部试验分几批做，一批同时安排几个试验而不是一个试验，这样可以兼顾试验设备、代价和时间上的要求。这就是分批试验法。这种试验设计方法又分为预知要求法和比例分割法两种。

5. 牛顿迭代法

牛顿迭代法又称为牛顿-拉夫逊（拉弗森）方法，它是牛顿在17世纪提出的一种在实数域和复数域上近似求解方程的方法；迭代法也称辗转法，是一种不断用变量的旧值递推新值的过程，跟迭代法相对应的是直接法（或者称为一次解法），即一次性解决问题。迭代算法是用计算机解决问题的一种基本方法。它利用计算机运算速度快、适合做重复性操作的特点，让计算机对一组指令（或一定步骤）重复执行，在每次执行这组指令（或这些步骤）时，都从变量的原值推出它的一个新值。

6. 线性规划法

线性规划法是解决多变量最优决策的方法，是在各种相互关联的多变量约束条件下，解决或规划一个对象的线性目标函数最优的问题，即给予一定数量的人力、物力和资源，如何应用而能得到最大经济效益。其中目标函数是决策者要求达到目标的数学表达式，用一个极大或极小值表示。约束条件是指实现目标的能力资源和内部条件的限制因素，用一组等式或不等式来表示。

线性规划是决策系统的静态最优化数学规划方法之一。它作为经营管理决策中的数学手段，在现代决策中的应用是非常广泛的，它可以用来解决科学研究、工程设计、生产安排、军事指挥、经济规划；经营管理等各方面提出的大量问题。

7. 最小二乘法

最小二乘法，又称最小平方法，是一种数学优化技术，它通过最小化误差的平方和找到一组数据的最佳函数匹配。利用最小二乘法可以简便地求得未知的数据，并使得这些求得的数据与实际数据之间误差的平方和为最小。通常用于曲线拟合。很多其他的优化问题也可通过最小化能量或最大化熵用最小二乘形式表达。最小二乘法还可用于曲线拟合。其他一些优化问题也可通过最小化能量或最大化熵用最小二乘法来表达。

（二）多因素试验设计方法

在大多数的配方研究中，需要同时考虑两个或两个以上的变量因子对性能的影响规律，这就是多因素配方试验设计的问题；与单因素配方设计不同的是，在基本配方拟定中选择了两个或两个以上的不同组分因素，然后考察这些因素对配方性能的影响规律，这无疑使研究问题变得复杂化，试验次数也将增多。

统计数学的数理统计方法应用于多因素试验设计的方法很多，例如纵横对折法、坐标转换法、平行线法、矩形法、多角形试验设计法、三角形对影法、列线图法、等高线图形法、正交试验设计法、组合试验设计法、中心复合试验设计法、均匀设计法等。目前应用最为广泛的试验设计方法为正交设计，回归设计、均匀设计法。

二、试验方法

（一）正交试验法

正交表具有试验次数少、试验点代表性好的特点，正交试验设计法是对试验范围内的配方，进行整体设计、综合比较、统计分析。正交试验所安排的试验点具有“均衡分散性”，所以每个试验都有很强的代表性，正交试验表能够比较全面地反映出试验的情况，可对正交试验设计法的配方进行结果分析，得出因子的显著性和最佳水平组合，能很容易地确定以下内容：

（1）对指标影响显著的因子和对指标无关紧要的因子。

（2）对指标最为有利的水平搭配。

（3）在最优水平组合下指标大致的变化范围。

（4）进一步试验的方向。

（二）回归设计

回归试验设计有回归的正交设计、回归的旋转设计等。为在性能预报和寻找最优配方的过程中排除误差干扰，推荐在一次方程回归时用正交设计，二次方程回归时用旋转设计。这些具有旋转性，能使与中心点距离相等的点上的预测值的方差相等。

在试验设计时，首先必须根据实践经验和初步预想，确定各因素的变量范围，然后进行线性变换，按设计表安排试验。还必须在中心点做一些重复试验，以便确定回归方程拟合好坏的F检验。

一般说来，正交试验法只能定性地分析相关变量之间的关系，要建立变量之间的定量关系（也就是常说的经验公式问题），就要应用回归分析法。回归分析法是研究相关关系的一种有力数学工具，它是建立在对客观事物进行大量试验和观察的基础上，用来寻找隐藏在那些看似不确定的现象中的统计规律性的一种数理统计方法，是一种比较适合单目标优化数据处理的模型。

（三）均匀设计

均匀设计作为一种新的适用于多因素、多水平的非正交设计方法，尽管难以估计出方差分析模型的主效应和交互效应，但可以估计出回归模型的主效应和交互效应。均匀设计的基础是回归分析。

均匀设计是通过精心设计均匀设计表来安排试验的。要求试验点分布得更均匀，数据离散性大，具有更强的代表性，因而试验次数更少，试验消耗更低，可减少多次试验带来的试验误差。

其试验数据分析方法一般采用回归分析模型，目前应用较多的是结合回归模型，采用逐步回归建立回归方程得到配方因子与性能之间的定量关系。但此模型得到的回归方程精度不高。有待于采用一种更适合均匀设计特点的建模方法，更好地发挥均匀设计的优势。

三、试验数据优化方法分析[2]

（一）方差分析

方差分析比较适合正交试验设计方法的数据处理，它可建立起性能与因子之间定性的关系，此方法的数学模型是建立因子水平的改变引起的平均偏差平方和与误差的平均偏差平方和的比值；如果比值很小，说明某因子或因子交互作用的水平改变对指标的影响在误差范围内，即水平影响对指标无显著的影响；反之，因子的水平改变对性能指标有显著的影响，该因子为显著因子。

（二）逐步回归

逐步回归分析是混凝土配方优化设计中最常用的数据处理方法之一，其基本思想是，将显著变量逐个引入，同时每引入一个新变量后，对已选入的变量要进行逐个检验，将不显著变量剔除，这样保证最后所得的变量子集中的所有变量都是显著的。这样便得到“最优”变量子集。逐步回归在每一步中有三种可能的功能表述如下：

a. 将一个新的变量引入回归模型，这时相应的F统计量必须大于检验F值的选入量。

b. 将一个变量从回归模型中剔除，这时相应的F统计量必须小于检验F值的剔除量。

c. 将回归模型内的一个变量和回归模型外的一个变量交换位置。

执行功能a和b时要注意如下原则：

设在当前步骤中有S个变量不在回归模型中，有t个变量在回归模型中。今欲从S个变量中挑选一个加入回归模型之中，显然应挑选使回归效果最好的变量。这里回归的效果可用方差分析表中F值来衡量，显然我们要从S个变量中挑选一个变量使F值达到极大。类似地，若欲从t个变量中删除一个变量使其离开回归模型，我们就是要选择删除后使回归效果最好的变量，或选择对当前回归模型贡献最小的变量。如果在某一步中，既能实现a又能实现b，两者之和就是c功能。

（三）人工神经网络

人工神经网络，对生物神经系统的结构和功能进行数学抽象、简化和模仿而逐步发展起来的一种新型信息处理和计算系统。人工神经网络能够映射任意函数，不像回归方程那样需预先给定基本函数，而是以试验数据为基础，经过有限次的迭代计算而获得的一个反映试验数据内在联系的数学模型，其具有极强的非线性处理、自组织调整、自适应学习及容错、抗噪能力，特别适用于研究混凝土材料配方与其性能之间非线性关系的复杂系统。

在众多神经网络模型中，最有代表性的、应用最广泛的是误差逆传播的多层前馈式网络，即BP型神经网络。BP神经网络是非常好的非线性处理的智能化方法，对于非线性数据具有很强的拟合能力。如过分追求拟合的精度时就会出现过拟合的现象，使得样本噪声被拟合进来。当神经网络处理模型的网络节点数过多时，会严重影响网络训练的效率，而且精度也会下降。因此选择神经网络的网络节点数，同时体现专业知识的特征指标，是提高神经网络泛化效果的关键。

（四）主成分分析法

主成分分析法是一种模式识别的方法。系统的描述是模式识别的基础，可以用一组特征参数来描述任一系统，不同的系统采用不同的特征参数组来描述。

特征评选，即对每个特征进行评价，从中找出那些对识别作用大的特征，去掉那些对识别作用小的特征，从而实现系统识别的特征简化。如果我们依次挑选出前M个最有效的单个特征，这些特征中可能有些是相关的，那么这M个特征放在一起可能不一定是最佳组合。

这些新特征的提取过程即为主成分分析，这些新特征称为主成分。线性变换实质上是坐标变换，通过坐标变换从原有特征得到一批个数相同的新特征，新特征包含了原有各特征的信息，且这些新特征中的某几个包含了原有特征中的主要信息。因此，保留几个包含主要信息的特征作为近似系统识别的新特征，可达到减少特征个数的目的，实现系统识别特征简化。

第二节 正交试验

在工艺优化中采用最多的方法是正交法，下面对此进行详细介绍[3]。

一般来说，解决多因素问题比单因素问题要复杂一些。因为在众多因素中，有的对试验结果影响大，有的影响小，有的是单独起作用，有的则是与其他因素联合起作用（通常称之为交互作用）。所以，多因素试验的任务，就不仅要搞清每个因素对结果的影响情况，而且要分清诸因素中谁主谁次，要弄清它们之间的关系。在这个基础上，才能选出对产品的产量、质量指标有利的生产条件。正交试验设计，就是一种解决多因素试验问题确有成效的数学方法。

正交试验设计又称正交试验法、正交设计法，是根据因子设计的分式原理，采用由组合理论推导而成的正交表来安排设计试验，并对结果进行统计分析设计的多因子试验方法。在科学研究、生产运行、产品开发等实践中，考察的因素往往很多，而且每个因素的水平数也很多，此时如果对这些因素的每个水平可能构成的一切组合条件均逐一进行试验，即进行全面试验，试验次数就相当多。例如：考察4个因素，每个因素有3个水平，则进行全面试验共需进行$3^4=81$次试验。又例如：考察7个因素，每个因素有2个水平，则进行全面试验共需进行$2^7=128$，可见全面试验试验次数多，所需费用高，所耗时间长。

对多因素试验，人们一直在试图解决以下两个矛盾：①全面试验次数多与实际可行的试验次数小之间的矛盾；②实际所做的小数试验与全面掌握内在规律之间的矛盾。

也就是说，人们一直在寻找一种多因素试验设计方法，这种方法必须具有以下特点：①试验次数小；②所安排的试验点具有代表性；③所得到的试验结论可靠合理。

正交试验设计（Orthogonal experimental design）是研究多因素多水平的一种设计方法，就是利用事先制好的特殊表格——正交表来科学地安排试验，并进行试验数据分析的一种方法。

正交试验设计由于具有优良的均衡分散性和整齐可比性，其设计的试验点具有强烈的代表性，在工艺改革等多因素试验设计问题中，往往能以较少的试验次数，分析出各因素的主次顺序以及对试验指标的影响规律，筛选出较满意的试验结果。

考虑进行一个三因素、每个因素有三个水平的试验。如果做全面试验，需做3^3=27次，若从27次试验中选取一部分试验，常将A和B分别固定在A1和B1水平上，与C的三个水平进行搭配，为A1B1C1、A1B1C2、A1B1C3。做完这3次试验后，若A1B1C3最优，则取定C3这个水平，让A1和C3固定，再分别与B因素的三个水平搭配，A1B1C3、A1B2C3、A1B3C3。这3次试验做完以后，若A1B2C3最优，取定B2、C3这两个水平，再做两次试验A2B2C3、A3B2C3，然后一起比较，若A3B2C3最优，则可断定A3B2C3是我们欲选取的最佳水平组合。这样仅做了8次试验就选出了最佳水平组合。

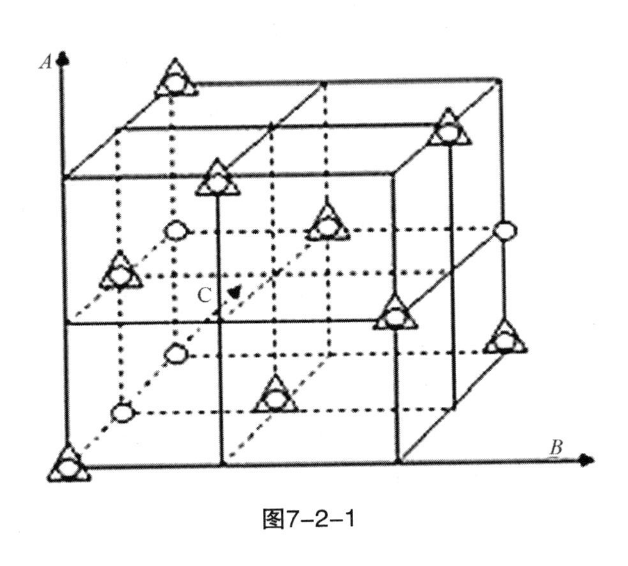

图7–2–1

我们发现，这些试验结果都分布在立方体的一角，代表性较差，所以按上述方法选出的试验水平组合并不是真正的最佳组合。

如果进行正交试验设计，利用正交表安排试验，对于三因素三水平的试验来说，需要作9次试验，用“△”表示，标在图中。如果每个平面都表示一个水平，共有九个平面，可以看到每个平面上都有三个“△”点，立方体的每条边上都有一个“△”点，并且这些“△”点是均衡地分布着，因此这9次试验的代表性很强，能较全面地反映出全面试验的结果，这就是正交试验设计所特有的均衡分散性。我们正是利用这一特性来合理地设计和安排试验，以便通过尽可能少的试验次数，找出最佳水平组合。

20世纪40年代，正交试验设计法首先应用于农业中，20世纪50年代推广到工业领域，取得了显著的效果。我国从20世纪60年代开始应用这一方法，20世纪70年代得到推广。

通常将正交试验选择的水平组合列成表格，称为正交表。例如做一个三因素三水平的试验，按全面试验要求，须进行$3'^{3}$=27种组合的试验，且尚未考虑每一组合的重复数。若按L_9（3）正交表安排试验，只需作9次，按L_{18}（3）正交表进行18次试验，显然大大减少了工作量。因而正交试验设计在很多领域的研究中已经得到广泛应用。

正交设计在实际工程中可以灵活运用，它主要适用于：水平数相同或不相同的试验；考虑或不考虑交互作用的试验；单一指标或多指标的试验；计量指标或非计量指标的试验；分批或不分批试验；安排区组或进行裂区设计；单一或联合的正交试验；利用正交表做配方设计；利用正交表做序贯设计；利用正交表可以对试验结果做直观分析、级差分析、方差分析、回归分析和协方差分析等。

一、正交表

正交表是正交试验设计法中合理安排试验，并对数据进行统计分析的一种特殊表格，是一整套规则的设计表格，是正交试验设计的基本工具。

用L作为正交表的代号，例如L_9（3^4），它表示需作9次试验（表的横行数），最多可观察4个因素（表的纵列数），每个因素均为3水平。

具体见表7-2-1。

表7-2-1　正交表L_9（3^4）

试验号 \ 列号	1	2	3	4
1	1	1	1	1
2	2	1	2	2
3	3	1	3	3
4	1	2	2	3
5	2	2	3	1
6	3	2	1	2
7	1	3	3	2
8	2	3	1	3
9	3	3	2	1

一个正交表中也可以各列的水平数不相等，我们称它为混合型正交表，如L_8（4×2^4），此表的5列中，有1列为4水平，4列为2水平。

具体见表7-2-2。

表7-2-2　正交表$L_8(4 \times 2^4)$

列号 试验号	1	2	3	4	5
1	1	1	1	1	1
2	1	2	2	2	2
3	2	1	1	2	2
4	2	2	2	1	1
5	3	1	2	1	2
6	3	2	1	2	1
7	4	1	2	2	1
8	4	2	1	1	2

下面举几个常用的正交表：

表7-2-3　正交表$L_4(2^3)$

列号 试验号	1	2	3
1	1	1	1
2	1	2	2
3	2	1	2
4	2	2	1

表7-2-4　正交表$L_8(2^7)$

列号 试验号	1	2	3	4	5	6	7
1	1	1	1	1	1	1	1
2	1	1	1	2	2	2	2
3	1	2	2	1	1	2	2
4	1	2	2	2	2	1	1
5	2	1	2	1	2	1	2
6	2	1	2	2	1	2	1
7	2	2	1	1	2	2	1
8	2	2	1	2	1	11	2

表7-2-5 正交表$L_9(3^4)$

试验号＼列号	1	2	3	4
1	1	1	1	1
2	2	1	2	2
3	3	1	3	3
4	1	2	2	3
5	2	2	3	1
6	3	2	1	2
7	1	3	3	2
8	2	3	1	3
9	3	3	2	1

二、正交表的性质

（1）每一列中，不同的数字出现的次数相等。例如在两水平正交表中，任何一列都有数码“1”与“2”，且任何一列中它们出现的次数都是相等的；如在三水平正交表中，任何一列都有“1”“2”“3”，且在任一列的出现数均相等。

（2）任意两列中数字的排列方式齐全而且均衡。例如在两水平正交表中，任何两列（同一横行内）有序对数共有4种：（1，1）、（1，2）、（2，1）、（2，2）。每种对数出现次数相等。在三水平情况下，任何两列（同一横行内）有序对共有9种，1.1、1.2、1.3、2.1、2.2、2.3、3.1、3.2、3.3，且每对出现数也均相等。

以上两点充分地体现了正交表的两大优越性，即“均匀分散性”“整齐可比”。通俗地说，每个因素的每个水平与另一个因素各水平各碰一次，这就是正交性；正交表的获得有专门的算法，可参阅其他专著。

三、试验安排

正交试验设计的关键在于试验因素的安排。通常，在不考虑交互作用的情况下，可以自由地将各个因素安排在正交表的各列，只要不在同一列安排两个因素即可（否则会出现混杂）。但是当要考虑交互作用时，就会受到一定的限制，如果任意安排，将会导致交互效应与其他效应混杂的情况。

因素所在列是随意的，但是一旦安排完成，试验方案即确定，之后的试验以及后续分析将根据这一安排进行，不能再改变。

根据选取的因素及因素水平的取值，制订一张反映试验所要考察研究的因素及各因素水平的“因素水平综合表”。该表在制订过程中，对于每个因素用哪个水平号码，对应于哪个量可以随机地任意确定。一般讲最好是打乱次序安排，但一经选定之后，试验过程中就不能再变了。

常用的正交表较多，有几十个，可以灵活选择。应注意的是，选择正交表与选择因素及其水平是相互影响的，必须综合考虑，而不能将任何一个问题孤立出来。选择正交表时一般需考虑以下两个方面的情况：

（1）所考察因素及其水平的多少。选用的正交表，要能容纳所研究的因系数和因素的水平数，在这一前提下，应选择试验次数最小的正交表。

（2）考虑各因素之间的交互作用。一般说来，两因素的交互作用通常都有可能存在，而且因素的交互作用在通常情况下可以忽略不计。

根据制订的因素水平表和选定的正交表来安排试验时，一般原则如下：

（1）如果各因素之间无交互作用，按照因素水平表中固定下来的因素次序，顺序地放到正交表的纵列上，每一列放一种因素。

（2）如果不能排除因素之间的交互作用，则应避免将因素的主效应安排在正交表的交互效应列内，以妨碍对因素主效应的判断。

（3）把各因素的水平按照因素水平表中所确定的关系，对号入座后，试验方案随即确定。

四、极差分析

在完成试验收集完数据后，将要进行的是极差分析（也称方差分析）。

极差分析就是在考虑A因素时，认为其他因素对结果的影响是均衡的，从而认为，A因素各水平的差异是由于A因素本身引起的。

用极差法分析正交试验结果应引出以下几个结论：

（1）在试验范围内，各列对试验指标的影响从大到小排列，哪列的极差最大，表示该列的数值在试验范围内变化时，使试验指标数值的变化最大。所以各列对试验指标的影响从大到小的排列，就是各列极差D的数值从大到小的排列。

（2）试验指标随各因素的变化趋势。

（3）使试验指标最好的适宜的操作条件（适宜的因素水平搭配）。

（4）对所得结论和进一步研究方向的讨论。

五、正交试验设计的基本步骤

（1）确定试验因素及水平数；

（2）选用合适的正交表；

（3）确定试验方案，做试验、填数据，即因素顺序入列，水平对号入座，列出试验条件，填写试验结果；

（4）对正交试验设计结果进行分析，包括极差分析和方差分析；

（5）确定最优或较优因素水平组合。

第三节　正交试验设计举例

下面以热熔性反光路标涂料配方的优化为例来说明正交试验设计[4][5]。

路标涂料有热熔性、溶剂型和水溶性3大类，随着国民经济的迅速发展，交通运输量逐日递增，需求迅速增长。因溶剂涂料对环境污染，因此多数厂家生产热熔性涂料，而水溶性涂料由于成本高，生产难度大，我国尚在起步阶段，这将是今后的研制方向，因为水溶性涂料更有益于环保。热熔性涂料生产工艺简单、用作路标耐久易干、夜间能见度高、不含溶剂，是环境友好涂料。因此在国内外均已广泛应用，我国有数百家厂家生产，但规模大多很小，市场竞争非常激烈。如何降低成本，提高质量，就要从原材料质量、配方优化及提高施工工艺这3方面入手考虑。本实例说明配方优化方法。

一、确定基础配方

表7–3–1　热熔性反光路标涂料基础配方

配方实例	石英砂	滑石粉	树脂	钛白粉	$CaCO_3$	石蜡	玻璃珠	DOP
百分含 / %	30	6.5	17	6	30	2	5	3.5

配方优化方法是在原有基础配方中，从众多组分中选出影响质量的主要因素及水平，可采用正交试验的方法优化配方，原基础配方有在施工时软点低、流动性差等缺点，所以要优化。

原材料进厂后各项指标要严格按照国家标准（GB）进行检测，如对树脂的挥发分、比重、酸值、软化点等进行测试，符合国标后方能投产。

我们的优化目标是在产品符合国标前提下要求涂料保持一定流动度（易施工）同时获得较高的软化点。

二、利用正交表确定试验方案并测试结果

正交设计是一种用较少的试验次数，找到最佳配方的科学试验设计法。我们在原基础配方中选用树脂（E+F）、邻苯二甲酸二辛脂（DOP）、石蜡这3种因素并确定4个水平，见表7-3-2。

表7-3-2　三因素四水平正交表

水平	1	2	3	4
E+F	60/25	65/20	72.5/12.5	85/0
DOP	12.5	13.5	15.0	17.5
石蜡	10.0	9.0	7.5	5.0

用正交表定出试验的16个配方，本试验配料总量500g，结果见表7-3-3。

表7-3-3　正交试验结果

试验号	E+F	DOP	石蜡	软化点/℃	流动度/mm
1	1（60/25）	1（12.5）	1（10.0）	104.7	42.6
2	1	2（13.5）	2（9.0）	108.0	42.0
3	1	3（15.0）	3（7.5）	107.2	43.0
4	1	4（17.5）	4（5.0）	97.2	46.0
5	2（60/25）	1	2	105.4	42.0
6	2	2	1	105.0	48.0
7	2	3	4	104.2	43.0
8	2	4	3	105.8	47.8
9	3（72.5/12.5）	1	3	107.9	43.4
10	3	2	4	105.5	39.7
11	3	3	1	104.7	47.0
12	3	4	2	102.0	45.0
13	4（85/0）	1	4	112.3	37.6
14	4	2	3	109.6	43.0
15	4	3	2	106.3	41.0
16	4	4	1	104.5	42.0

三、分析试验结果

配方试验结果的分析见表7-3-4，表中K_i为这一水平的测试值之和，例如：E+F的水平1的软化点之和即K_i=104.7+108.0+107.2+97.8=417.7，K_i为其平均值，即K_i=417.7／4=104.4，其它依次类推。

极差R是K_i的最大数减最小数，极差R的大小用来衡量试验中相应因素作用的大小，R大的因素通常是重要因素。

表7-3-4 试验分析表

因素	软化点			流动度		
	E+F	DOP	石蜡	E+F	DOP	石蜡
K_1	417.7	430.3	426.7	173.6	165.6	179.8
K_2	420.4	428.1	421.7	181.0	172.9	170.0
K_3	420.1	422.4	430.5	175.1	174.0	177.2
K_4	432.7	410.1	419.6	163.6	180.8	166.3
P_1	104.4	107.6	106.7	43.4	41.4	45.0
P_2	105.1	107.0	105.4	45.2	43.2	42.5
P_3	105.0	105.6	107.6	43.8	43.5	44.3
P_4	108.2	102.5	104.9	40.9	45.2	41.6
R	3.1	5.1	2.7	4.3	3.8	3.4

从表7-3-4可知。各因素对涂料性能影响有主次之分，对于软化点，从主到次的顺序是DOP、E+F、石蜡。对于流动度，从主到次的顺序是E+F、DOP、石蜡。

需要说明的是：因素不变，如果水平的确定数据改变，则主次关系可能改变。

四、确定配方

（一）树脂的影响

树脂是涂料中的黏合材料，本试验控制树脂总量一定，改变国产树脂E和进口树脂F的比例，可见E比例高时具有较高的软化点。为保证一定的流动度，F的含量可选2%左右。

（二）DOP的影响

DOP是增塑剂，即含量越高，塑性越好，流动性越好，软化点越低。在保证涂料有一定柔韧性情况下，尽可能选较高的软化点，故选择水平2。

（三）石蜡的影响

石蜡是黏度调节剂，可降低涂料的软化点及提高流动度。由于使用了价高的进口石蜡。在同等性能下，为考虑成本选择石蜡含量少的水平2。

五、第二次正交试验

第一次正交试验解决了软化点、流动度问题，所选配方基本达到预期要求，但使脆性增加。为满足冬季施工要求，考虑增加一种EVA树脂。EVA的作用是：改善漆膜黏结性抗张力，显著提高漆膜耐低温性能及弹性，不易龟裂。

为此我们在第一次正交试验配方的基础上选择影响大的EVA、E+F树脂、石英砂+$CaCO_3$这3个因素做第二次正交试验，测定每个配方的软化点、流动度及白度，确定主次关系，优选出较佳配方。

由于涂料组分较多，必须对主要因素进行研究，在第一次正交试验的基础上，根据产品所要达到的质量指标要求，我们固定其他组分不变，重点选择影响较大的树脂EVA、E+F及填料（石英砂+碳酸钙）这三个因素，因素水平见表7-3-5。

表7-3-5　因素及水平正交表

水平	1	2	3
树脂（EVA）	0.8	1.7	2.5
树脂（E+F）	15+1	14+1	15+0
填料（石英砂+碳酸钙）	32+30	31+31	30+32

根据因素水平表，选择对应的正交表，确定试验方案，测定软化点、白度、流动度等，试验结果见表7-3-6。

表7-3-6　试验分析表

试验号	EVA	E+F	（石英砂+碳酸钙）	软化点/℃	流动度/mm	白度
1	0.8	15+1	32+30	110.2	36.1	64.2
2	0.8	14+1	31+31	113.9	32.5	66.4
3	0.8	15+0	30+32	118.6	33.4	63.4
4	1.7	15+1	31+31	113.1	34.4	62.9
5	1.7	14+1	30+32	126.3	31.2	59.5
6	1.7	15+0	32+30	120.5	30.8	60.4
7	2.5	15+1	30+32	117.6	32.4	61.4
8	2.5	14+1	32+30	118.9	30.9	64.4
9	2.5	15+0	31+31	120.9	29.8	59.6

因为第一次正交试验中已选出较好的配方，配方中，树脂总量17%，填料62%较合适，初步解决软化点太低问题，但出现冬天施工时，存在涂层发脆问题，所以要加EVA树脂，改善涂料耐低温性能，使之不易龟裂。

流动度用压片法测定，烘焙温度恒温（160+2）℃，软化点用软化点测定仪测，白度用白度计测。

综合评定结果见表7-3-7，表7-3-7中K_i为其平均值。

表7–3–7　极差分析

K_i	软化点/℃			流动度/mm			白度		
	EVA	E+F	（石英砂+碳酸钙）	EVA	E+F	（石英砂+碳酸钙）	EVA	E+F	（石英砂+碳酸钙）
K_1	342.7	340.9	349.6	102.0	97.8	194.0	188.5	188.6	189.0
K_2	359.9	359.1	347.9	96.4	94.6	96.7	182.8	189.9	188.9
K_3	357.4	360.0	362.5	93.1	94.0	97.0	185.0	183.4	184.3
P_1	114.2	113.6	116.5	34.0	34.3	32.6	64.7	62.8	62.9
P_2	120.0	119.7	116.0	32.1	31.5	32.2	60.9	63.3	63.0
P_3	119.1	120.0	120.8	32.0	31.3	32.3	61.7	61.1	61.4
R	5.8	6.4	4.8	3.0	3.0	0.4	3.8	2.2	1.6

图7-3-1所示是因素对软化点、流动度、白度的影响趋势图。

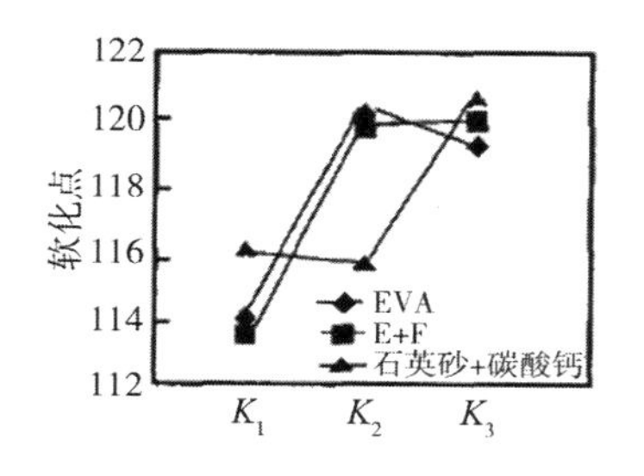

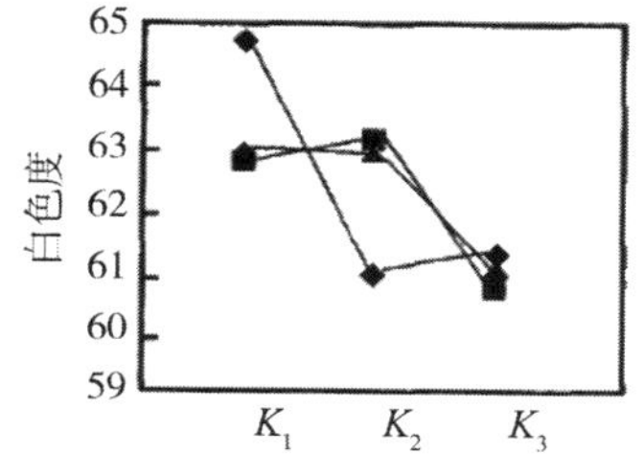

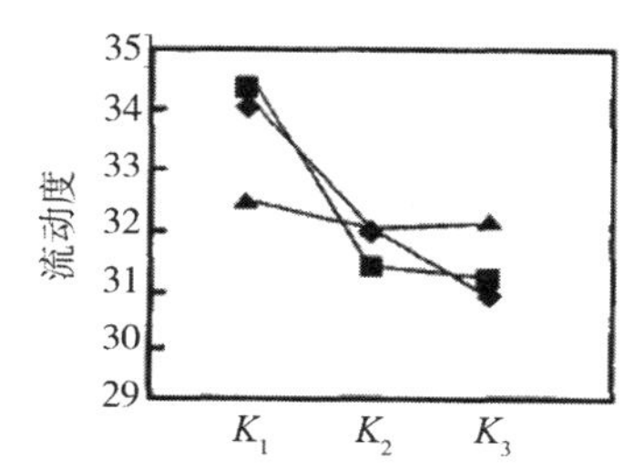

图7–3–1　各因素的影响趋势

从表7-3-7及图7-3-1可看出，在其他因素不变时，配方中树脂与填料对指标（产品质量）影响的主要因素是E+F。

需要说明的是：因素不变，如果水平的确定数据改变，则影响趋势有可能改变。如何从众多配方中选择一个较佳配方呢，这要从生产实际经验出发，制订出实验室控制指标和生产上控制标准，经过反复实践摸索出如下控制标准（见表7-3-8）。

表7–3–8　涂料的指标控制

指标	软化点/℃	流动度/mm	白度
试验	120～122	31～32	>60
生产	110～112	33～36	>70

由表7-3-8可见，实验室控制指标，与同样的配方所生产出涂料的指标有所不同，这是

因为我们在做正交试验时只配500g用手工在研体上混合，而生产上投料至少1t以上，用机械混合，时间比手工混合长，搅拌均匀，使钛白粉的遮盖力提高，因此白度会增加，但软化点降低了，流动度增加了。表7-3-8数据是我们在反复试验的基础上得出的，其他指标试验与生产基本一致。

根据表7-3-8标准确定了这次正交试验的较佳配方：EVA，1.7；E+F，15+0；石英砂+碳酸钙，30+32。以上配方既考虑质量要符合国标，也考虑了原材料的成本，因为F是日本进口岛在油树脂，价格要比国产424树脂高一倍。以上配方适合冬季施工时使用。

通过以上实例说明了正交试验优化配方的方法。这次试验是在第一次试验配方的基础上选择影响较大的EVA、E+F、填料这3个因素做第二次正交试验，测定了每个配方的软化点、流动度及白度等，确定了影响因素的主次关系，优选出较佳配方。在生产上检验其他各项指标（外观、抗压、耐磨、耐碱、加热残留等）均符合并超过交通部JT-1280-95标准。

采用方差分析F检测法得出的影响因素主次顺序与极差分析一致，E+F对流动度有一定影响。

本实例提供的是一种优化配方的方法，假如原材料生产厂家不同，则配方也要随着调整。严格意义上说，路标涂料没有固定的配方。

第四节　工艺选择

工艺的选择要考虑的问题包括原料及工艺路线的选择、试验装置与流程选择、试验方案的设计等，不仅要选用科学的优化方法，还需要在经济、技术、环保、安全、可持续等方面加以全面考虑。

一、原料与工艺路线选择

一个产品的生产可以选用不同的原料，也可以采用不同的工艺路线，原料及工艺路线的选择是确定试验方案的开始，是基础而重要的工作，它不但影响产品的经济性，而且影响试验结果甚至决定试验的成败。通常，价格低、来源广、无毒无害、无污染的物质是原料选择中优先考虑的对象。而路线短、反应条件温和、分离容易、不良反应少、产品收率高、环境污染少的工艺路线是工艺路线选择中优先考虑的对象。在实验室中，应尽量避免高温、高压、高真空及需要特殊安全防护措施的工艺方案。

二、试验方案设计

试验方案设计是指通过有效的组织，确定用较少试验工作得到较好的试验结果的试验方案，以节省人力、物力和时间。试验方案设计不涉及试验的具体操作步骤，主要是合理安排试验次数和各因素在不同试验中的水平。不同类型的试验，试验方案设计的重点可以不同。

验证性试验侧重对工艺路线或试验方法的比较与选择；设计性试验侧重试验的组织。在化工产品的开发和精细化工试验中，试验方案设计应用最多的是正交试验设计法。

试验方案设计中的基本概念：

（1）指标。在试验方案设计中，试验指标是用来衡量试验效果的概念，由指标名称和指标数值两部分组成。在合成试验中，转化率、收率、产品的性能等常被用作试验指标。

（2）因素。可能影响试验指标的试验条件称为因素。如反应物种类、纯度、配比，所用溶剂和催化剂的种类以及反应时间、温度、压力等都可能是试验的影响因素。只考察一个因素对试验指标的影响，称为单因素试验；考察两个以上因素对试验指标的影响称多因素试验。精细化工试验一般属于多因素试验。

（3）水平。因素在试验中所处状态或取值的变化，可能引起指标变化。通常把因素变化的各种不同状态或取值称为该因素的水平。比如，如果考查反应物浓度这一因素，那么反应物的不同浓度值就是浓度因素的不同水平。再如，当温度是被考查的因素时，如果试验安排在80℃、90℃、100℃下各进行一次，那么这三个温度值就是温度（因素）的三个不同水平。

（4）定量化。在试验指标中，有些指标是可以用数量表示的，称为定量指标，如转化率、产率等。然而，有些指标不能直接用数值表示，如光滑度、色泽等，称为定性指标。对于定性指标，通过对评定结果打出分数或评出等级，就可以用数值来表示，这就是定性指标的定量化。

（5）试验组合（或称水平组合）。一次试验的基本条件是由所有因素的一个水平构成的。比如某试验取A试剂100g，B试剂15mL，温度100℃，构成一次试验基本条件。一次试验完成后，改变一个（或多个）因素的一个水平，就得到了另一个试验方案。

三、试验装置与流程选择

试验装置与流程的选择是以原料与工艺路线选择为基础的。试验装置与流程的选择应遵循科学性、实用性、经济性、安全性、先进性和预见性的原则，做到因地制宜。所选装置应该便于操作、易于调节控制。能使用简单装置就不用复杂的装置。在先进性方面，应作总体权衡，不能脱离试验目标而片面追求装置的先进性。

第五节 试验注意事项

试验方案实施是试验全过程的核心步骤。试验方案设计得再好，如果操作技术不好和经验不足，那么可能仍然得不到好的试验结果。试验操作中，必须按照试验方案要求的步骤，科学、规范、大胆而细心地操作，注意观察试验现象、如实记录试验数据、分析处理试验中可能遇到的问题。试验操作中，要求尊重事实、尊重试验结果。

一、试验误差

试验操作中，需对多种现象进行测量和研究。由于试验方法和试验设备的不完善、周围环境的影响和操作者认识能力的限制，测量值与真值之间不可避免地存在着差异。这种差异在数值上表现为误差。误差一般分为绝对误差、相对误差，其来源主要有以下四个方面。

（一）仪器装置误差

仪器装置误差包括标准量具产生的误差和仪器仪表产生的误差。标准量具产生的误差，如标准砝码、标准电池、移液管、容量瓶等的量值本身隐含误差。仪器仪表产生的误差，如天平、压力表、真空表、温度计等仪器仪表在指示或显示时会产生误差。

（二）环境误差

测量时环境状态与规定状态不一致引起测量装置和被测物本身的变化，所造成的误差称为环境误差。温度、湿度、气压、电磁强度、照明强度、振动场强度等环境因素的变化都可能引起环境误差。例如，用玻璃温度计测量同一个反应温度时，在冬天测量和在夏天测量就存在差别，原因是温度计裸露在空气（环境）中的部分被冷却或加热程度不同，导致裸露在空气中的水银柱热胀冷缩程度不同。

（三）方法误差

由于测量的方法不完善而造成的误差。例如在容量分析中，如果被滴定的溶液中含有沉淀样品，由于沉淀对溶剂产生吸附作用，那么当滴定达到等当点附近，溶液一有变色又会马上消失，使得终点现象不明显，于是继续滴定就很容易造成过量。而如果在滴定前将沉淀物过滤除去，那么终点现象明显，分析结果就会更加准确。

（四）人员误差

由于测量的操作者受分辨能力的限制，或因工作疲劳引起视觉器官的生理变化，或因固有习惯引起的读数误差，以及精神上的因素产生一时疏忽等所引起的读数误差。例如，读滴定管的刻度或旋光仪的刻度，每个人的读数可能不完全一样，这是由于个人的眼睛分辨力存在差异。又如，做试验时聊天、看书报等，常造成记错时间、看错读数等。

以上四种误差的来源，按误差的特点和性质又可重新划分为系统误差、随机误差和疏忽误差。必须注意的是各类误差之间在一定条件下可以相互转化。

二、试验评估指标

试验评估是试验中不可缺少的一个环节。试验评估中经常用到如下评估指标。

（一）转化率

转化率指在化学反应体系中，参加反应的某种原料量占通入反应体系中该总量的百分数。转化率数值的大小反映该种原料在反应过程中的转化程度。对有循环物料的反应过程，根据考查体系的不同，转化率又分为单程转化率和总转化率。

单程转化率是以反应器为研究对象的，其值等于参加反应的反应物量占通入反应器的反应总量的百分数。

总转化率则以包括反应器和分离器的全循环体系为研究对象，其值等于参加反应的反应物量占通入循环体系的新鲜反应物量的百分数。

从经济观点看，总希望提高单程转化率，但单程转化率提高后，往往使得反应过程的不利因素相应增多，如副反应比例增加，反应停留时间过长等。因此，合适的转化率要根据反应自身的特点及实际经验综合确定。

（二）产率和收率

产率是指某一特定产物的实际产量占理论产量的百分数。由于反应物通常又有多种，计算产率时常按限制反应物参加反应的总量计算该产物理论产量。收率是指某一特定产物的实际产量占限制反应物加入量的百分数；物理过程（如分离、精制等）的收率是指得到目标产品的质量占加入原料质量的百分数。

（三）产品质量

产品质量包括产品外观、纯度、杂质含量等，它是工艺试验效果的具体体现。

（四）原料消耗

原料消耗是成本核算的主要依据之一。它是指得到单位质量的产品所消耗的原、辅材料的量，又分为理论原料消耗和实际原料消耗。理论消耗是以化学反应式为基础计算所得到的原材料的消耗量；实际消耗是在实际操作中，原辅材料的真实消耗量，由于副反应的存在以及多个环节中的原料损失，致使原料的实际消耗要大于理论消耗，通常把两者的差别用原料的利用率表示。

试验中，为了提高原料利用率，一方面要对工艺条件、设备装置等进行优化改进，另一方面要加强经济意识，谨慎操作，减少浪费。

（五）技术与经济评价

技术和经济是相辅相成、密不可分的两个方面。只有在技术可靠、经济合理的前提下，新技术才有应用价值，产品才有市场竞争力。在试验中，反应物转化率、产品收率、产品质量等指标，仅体现了该项目的技术状况。对试验进行技术经济评估，还要考虑原料成本、设备费用、动力成本。附加值等经济指标。在试验研究阶段，由于原料消耗能够较准确地计算出来，因此产品成本是可以作粗略估算的，这样对附加值就能做到心中有数。

（六）安全与环保评价

安全生产与保护环境是对化工生产的基本要求。在试验中，有时会涉及有毒有害、易燃易爆的物质，这时应采取必要的安全和环保措施来消除其危害。在试验研究阶段，应该充分考虑安全与环保措施。

思考题

1. 举例说明常见的优化方法。
2. 多种优化方法能不能同时使用？

实训任务　优化工艺参数

能力目标：能够熟练运用化工工艺试验工岗位的相关技能，完成涂料配方的优化任务，包括最优化方法的选取、正交试验设计、工艺条件选择等。

知识目标：了解涂料配方的相关理论，掌握配方试验的优化方法，掌握正交试验结果的分析方法，以及对配方工艺进行对比、分析、总结的方法与要点。

实训设计：公司涂料车间试验小组开发涂料，要求降低成本，优化工艺；按照车间组织构成，分为若干班组（项目组），选出组长，由组长协调组员进行项目化的工作和学习，完成配方优化任务，进行辩论，汇报演讲，以项目考核方式进行考评。

一、选择优化方法

用正交表安排多因素试验的方法，称为正交试验设计法，也是化工试验常用的方法之一；其优点是试验次数少、数据点分布均匀、分析方法多；可用极差分析方法、方差分析方法、回归分析方法等对试验结果进行分析，得出有价值的结论。

正交表具有正交性，保证了用正交表安排的试验方案中因素水平是均衡搭配的，数据点的分布是均匀的；因素、水平数愈多，运用正交试验设计方法，愈能显示出它的优越性，如前面提到的6因素3水平试验，用全面搭配方案需729次，若用正交表来安排，则只需做27次试验。

在化工生产中，因素之间常有交互作用，试验的正交设计可以节约研发成本。

二、实训任务　配方优化试验与结果分析

对于溶剂型涂料，参照附录2配方一：溶剂型热固性氟碳建筑涂料进行优化试验，按照溶剂型涂料试验工艺来实施。

对于粉末涂料，附录2配方三：高光型粉末涂料进行优化试验，按照粉末涂料试验工艺来实施。

对于水性涂料，本次实训选用附录2配方十一：水性涂料组分优化试验，按照水性涂料试验工艺来实施。

试验仪器准备：100～300ml具塞量筒1套；刮板细度计（100μm）1台；小型砂磨机（2L）1台；保温烘箱1台；试验设备一套（搅拌、电炉等）1套；光泽计1台；自动酸价滴定仪1台；250ml棕色小口瓶1箱；比色纸1套；黏度计（涂料4号铜杯）1台；40倍放大镜1个；烧杯8个，天平4台，搅拌器4套，黏度计1台，涂覆板若干，小刷4把，配备投影仪等教学设备的实训室；按照配方十一准备原料，制定试验方案，进行人员分组。

按照优化方法，在以前助剂试验研究的基础上设计配方优化方案，进行试验研究，并且对试验结果进行分析，得出明确的结论。

课后任务

1. 查询优化方法在工业中的应用。
2. 查询筛选法。

参考文献

[1] 何少华等. 试验设计与数据处理[M]. 长沙：国防科技大学出版社，2002. 10.
[2] 吴有炜等. 试验设计与数据处理[M]. 苏州：苏州大学出版社，2002. 3.
[3] 刘莉，辛振祥. 配方优化设计方法简介[J]. 橡塑技术与装备，2004，30（10）.
[4] 李似姣. 热熔性反光路标涂料配方的优化之一[J]. 商丘师范学院学报，2002，18（2）.
[5] 李似姣. 热熔性反光路标涂料的研制（Ⅱ）[J]. 商丘师范学院学报，2003，19（2）.

第八章　试验技术报告

一项化工技术从研究开发到开工生产包括实验室研究、小试开发试验、工艺放大试验、工艺设计、建设调试等诸多环节，需要提交的技术文件有实验室研究报告、小试开发试验技术报告、工艺放大试验技术报告、化工工艺设计技术包等，立项建设时还需要环境影响评估报告、可行性研究报告等经济、环保方面的评估文件。

实验室研究报告：问题的提出、背景、目的、意义、研究方法与内容、研究结果分析（科学性、可靠性、价值、局限性）、结论与建议。

小试开发试验技术报告：技术背景、问题来源、研究方案、研究内容、研究方法、技术路线、工程应用和（经济、社会、环境）效益分析与评价；对主要成果进行总结，提出结论与建议。

工艺放大试验技术报告：生产工艺路线的审验、设备材质与型式的选择、搅拌器型式与搅拌速度的审验、反应条件的进一步研究、工艺流程与操作方法的确定、原材料和中间体的质量控制等。

化工工艺设计包括内容：设计基础、工艺说明、物料平衡、消耗量、界区条件表、卫生安全环保说明、分析化验项目表、工艺管道及仪表流程图 、建议的设备布置图及说明、工艺设备表、工艺设备、自控仪表、特殊管道、主要安全泄放设施监测数据表、有关专利文件目录。最后编制工艺手册。

工艺手册内容：工艺说明、正常操作手册、开车准备工作程序、开车程序、正常停车程序、事故处理原则、催化剂装卸、采样、工艺危险因素分析及控制措施、环境保护、设备检查与维护、分析化验手册、附则等。

第一节　技术报告内容

新产品研发的技术报告包括研发的目的和意义、技术路线、主要技术性能指标、技术关键和解决途径、创新性和先进性、结论等。

新产品研发的目的和意义要从产品与国家产业、技术、行业政策的相符性，对促进产品结构与产业结构优化升级的重要性，对主要应用领域需求的迫切性来阐述，指产业背景；新产品研制的技术路线是研制过程中采取了哪些原理、方法、工艺等内容，指技术背景和研究方案。

报告中要说明新产品的功能特点和主要技术性能指标，强调需要检测的项目、技术关键以及解决途径，即研究方法和措施。

新产品的技术路线要有创新性和先进性，可以与当前的产品适当比较，了解所开发新产品的知识产权状况，最后做出分析和总结，提出进一步提高质量和性能的方法和措施；与前面介绍类似，技术报告也可以根据国家标准[1]，按照下列要求进行撰写。

一、技术背景

阐述该项目课题的相关领域发展情况和关键技术，包括国内外对本课题的研究现状和进展，详细介绍发展趋势、前沿热点等；对本课题目前的技术和方案进行描述，可以参考专利、期刊、书籍，结合附图，进行剖析，解析目前课题涉及技术的缺点和不足之处。

当前社会对该课题的研究状况，包括国外、国内、省市区内对该课题或有关内容研究的状况，如深度、广度、已取得的成果或存在的问题，有何问题还没有研究或有待于进一步研究等；已做了哪些前期研究，取得了哪些和本课题有关的初步成果；本课题是在什么平台上进行研究的；本课题研究的主要理论依据和思路等。

二、问题来源

一般选题来源于自选课题，上级主管部门指定课题与横向联系单位委托课题（包括联合攻关课题）三种形式。无论哪种形式的课题都来自两大方面：①解决社会实践的紧迫需要。这是一种直接性来源。②从查阅文献资料，了解最新学科的成果和有关学科发展的趋势及前沿中挖掘课题。这是一种间接性来源。通过查阅大量的文献资料，即从前人的理论总结基础上派生、外延与升华出来，从而选出具有更高价值的能充实、完善甚至能填补其空白的课题。

三、研究方案和内容

研究方案是实施科学研究的前提，是工作框架或计划，可以在实际工作过程中不断调整。研究方案强调计划意识、工作目标，规划整体与局部、内容与方法、目的与步骤之间的关系，内容涉及研究的重点与难点、工作步骤程序、目标任务、时间安排、分工与协作、工具与用具、预期研究成果等。

一般情况下，研究方案包括课题的界定与表述，课题研究的目的和意义，课题研究的指导思想和原则，课题研究的假说，课题研究的对象和范围，课题研究的主要材料来源，课题研究的步骤，方法和时间，成果及其表达形式，课题研究的组织和管理，课题经费预算等。

研究内容就是课题目标的细化，对每一个子目标采取相应的研究方法进行试验研究，在方案和措施的保证下，依照技术路线开展研究。

四、研究方法

不同的课题，有不同的研究方法。这是研究报告的重要部分，以实验研究法为例，其内容应包括：研究的对象及其取样、仪器设备的应用、相关因素和无关因素的控制、操作程序与方法、操作性概念的界定、研究结果的统计方法。

试验方法是获取第一手科研资料重要和有力的手段。大量的、新的、精确的和系统的资料，往往是通过试验而获得的。试验方法是探索自然奥秘和发明新物品的必由之路。实验是检验真理的唯一标准。有许多科学理论和技术的正确与否都是通过实验的方法才能得到验证的。

涂料试验方法应该按照系统完整的原则，现行涂料颜料产品与试验方法标准见附录一。

试验设计时，通常采用正交试验法，常用因子表示影响试验性能指标的因素，水平表示每个因素可能取的状态，交互作用表示各因素对指标的综合影响。正交试验设计方法的关键合理选择正交表。正交表是试验设计方法中合理安排实验并对试验数据进行统计分析的主要工具。

选用正交实验设计，首先确定因素、水平、交互作用。在涂料配方设计前，应先有一些小型的探索性试验基础，以便决定正式试验的价值和可行性。要选择好起作用的因素，合理选择水平，使两水平的距离适当打开。最后还要注意各因素间的交互作用等。

五、技术路线

技术路线一般是指研究的准备，启动，进行，再重复，取得成果的过程；是指为了达成研究目标，准备采取的包括技术手段、具体步骤及解决关键性问题的方法等在内的研究途径，阐述应尽可能详尽，每一步骤的关键点要交代清楚并具有可操作性。

技术路线可以采用流程图或示意图说明，再结合必要的解释。合理的技术路线可保证顺利地实现既定目标。技术路线的合理性并不是技术路线的复杂性。

技术路线包括研究路线流程图和生产工艺流程图两部分。其中，研究路线流程图主要包括：

（1）做成树形图，按照研究内容流程来写，一般包括研究对象、方法、拟解决的问题，相互之间关系；

（2）做成结构示意图：根据研究项目的子内容、研究顺序、相互关系、方法、解决问题做成结构示意图。

六、分析与评价

试验部分结束后，要对课题的工程应用进行效益分析与评价，在经济、社会、环境等方面分析与讨论，对研究结果提出中肯的评价。这是研究报告的主体部分，要求现实与材料要统一、科学性与通俗性相结合、分析讨论要实事求是，切忌主观臆断，可以用不同形式表达研究结果。

七、结论与建议

试验结束后，要对主要成果进行总结，提出建议，这是研究报告的主体部分，内容包括本课题研究方法的科学性、结果的可靠性、价值、局限性和进一步研究的建议。

结论是研究报告的精髓部分。文字要简练、措词、慎重、严谨、逻辑性强。主要内容包括该课题研究解决了什么问题，还有哪些问题没有解决；课题研究结果说明了什么问题，是否实现了原来的假设；结论中有必要指出要进一步研究的问题。

报告的最后要有参考文献 、附录等。

第二节　试验技术评价[2]

一、技术方面

（一）配方性能

涂膜性能检测是涂料检测中最重要的部分。涂膜的检测结果基本反映了产品的质量水平和它的功能水平。涂膜性能检测的内容主要包括四个方面：①基本物理性能的检测，其中有表观及光学性质、机械性能和应用性能（如重涂性、打磨性等）；②耐物理变化性能的检测，如对光、热、声、电等的抗干扰能力的检测；③耐化学性能的检测，主要是检查涂膜对各种化学品的抵抗性能和防腐蚀（锈蚀）性能；④耐久性能的检测。

性能优异的涂料在配方涂膜的各项检测中应该是良好的。

（二）施工工艺

涂料的施工性能至关重要，它直接影响到涂膜的质量。过去由于大多采用手工施工，对涂料施工性能要求不多，也不严格。随着现代化大生产流水线施工的发展，对涂料施工性能的要求项目逐渐增多，规定逐渐严格，例如现代电泳漆的施工性能就是一个典型例子。涂料施工性能从将涂料施工到被涂物件开始，至形成涂膜为止，其中包括施工性（刷涂性、喷涂性或刮涂性）、双组分涂料的混合性能、活化时间和使用有效时间、使用量和标准除装量、湿膜和干膜厚度、流平性和流挂性、最低成膜温度、干燥时间、遮盖性能等。电泳漆、粉末涂料则各有其特定的施工性能。对涂料施工性能的检测是对涂料能否符合被涂物件需要的一个重要方面。它的检测结果在一定程度上说明这种涂料产品最佳的施工条件。施工性能检测方法虽然尽量模仿实际施工情况，但由于方法的可行性和结果的重现性的要求，是在特定条件下进行检测的，因而与实际施工时的情况还是有出入，这是需要注意的。另外有一些项目只能得到比较性结果，而不能数值化。

涂料施工是发挥涂料性能的关键，对涂膜性能有重要的影响。随着时代的发展，施工方法发生了日新月异的变化，涂料施工过程更加机械化、自动化和连续化。选用合适的涂布方法可以提高涂料利用率和施工效率，并且能够保证涂膜质量，发挥涂料的作用，同时可以改善施工的劳动条件和强度。

涂布方法分为手工工具涂装、机械设备涂装和电力涂装三类。手工工具涂装是古老传统的涂漆方法，目前还在应用，主要有刷涂、滚刷涂、刮涂、丝网涂等方法。机械设备涂装是目前应用最广的一种方法，最主要的是喷枪喷涂法，包括空气喷涂、无空气喷涂和热喷涂，除此之外还有浸涂、淋涂、滚涂、抽涂等。电力涂装是近几年发展最快的方法，现在已从机械化逐步发展到自动化、连续化和专业化，有的方法已与前处理和干燥前后工序连接起来，形成专业的涂装工程流水线。这类方法包括静电粉末涂装、电沉积涂装和自沉积涂装等。这三类涂布方法有其各自的特点，手工工具涂装效率低，但方便灵活，目前仍被用于大规模涂装前的预涂和小批量的涂装等，而机械设备和电力涂装的效率高，涂装效果也好，但是往往对复杂结构的被涂物无能为力，而且设备投资成本很高，适于大规模的涂装。在实际工作中一般依据被涂物的形状、涂布的目的、对涂层质量的要求和涂料的特性来选择适当的涂装方法。

二、对环境影响

根据《中华人民共和国环境保护法》等有关法规，在项目实施过程中对生产过程中排出的污染物应采取必要的措施，使之达到国家规定的标准。项目设计时，应按照清除污染、保护环境、综合利用、化害为利的原则进行设计，三废治理工程与主体工程项目同时设计、施工，同时建成投产，使生产中产生的“三废”达到国家规定标准后排放，如废气排放标准为《工业“三废”排放试行标准》（GBJ 4），尽可能减少对环境的影响。

设计的主要标准依据如《中华人民共和国环境保护法》《建设项目环境保护管理条例》国务院（1998）253号、《建设项目环境保护设计规定》（1987）国环字第002号、《污水综合排放标准》（GB 8978—1996）、《工业企业厂界噪声标准》（GB 12348—2008）、《环境空气质量标准》（GB 3095—2002）、《大气污染物综合排放标准》（GB 16297—1996）等。

三、经济方面

和设计任何产品一样，涂装配套的设计也是各方面因素的平衡。通常，设计质量好的涂装配套和设计价格低廉的涂装配套都不是很难的事，但是设计一个既好又便宜的涂装配套就需要平衡各种因素。一般来说，满足最基本的保护功能是设计涂装配套时要考虑的首要因素，在这个前提的基础上，才可以考虑如何降低成本。涂装配套的成本包括很多方面，设计时既要考虑涂料自身的成本，同时也要考虑底材处理、涂装方法甚至工期等各方面的成本。

例如，对于在工厂内的大批量生产，采用喷射底材处理、标准的涂层组合以及无空气喷涂的施工方法可能是成本最低的，但是如果是同样的被涂物在没有动力源的野外进行涂装，采用简单的打磨处理，用对底材处理要求较低的带锈涂料和刷涂方法可能反而是比较经济的。

在选择涂料时，涂膜的使用年限是非常重要的参考因素，由于被涂物建造条件的限制，有的可以随时进行涂膜维护，有的则永远不可能进行维护，因此对涂膜系统的使用年限要求是不同的。ISO 12944标准中将钢结构的涂膜使用寿命分为L、M、H（低、中、高）三个级别，分别为5年、10年和15年，但是要注意，这里所说的涂膜使用寿命只是一个技术参数，是设计涂装配套和对涂膜进行维修和换涂的依据，而往往并非涂膜的担保使用年限。对于不同的使用年限，在选定涂料时不仅要考虑涂料的品种，还要考虑其膜厚以及不同种涂料的搭配。因此，常常会出现同一个建筑物的不同部位采用不同的涂膜系统的情况。例如海上钻井平台，其甲板平台和生活区部位由于维修方便可以使用相对比较廉价而涂膜使用寿命不是很长的涂层组合，在飞溅区和水下部位，由于防腐要求苛刻且维修困难，就要使用涂膜寿命年限较长的重防腐涂层组合，而对于钢管桩等无法维护的埋地部位，则往往采用永久或半永久的涂层组合，很多时候还需要同时采用涂料以外的其他防腐措施。

第三节　专利技术申报[3]

一、化学类发明专利申请文件的特点

化学领域的发明，内容既复杂又十分广泛，在文件撰写和审批程序上均有一些特殊的要求。

说明书中发明内容要充分公开、完整、清楚，使所属领域的技术人员能够实施。公开不充分包括技术方案的描述不完整、过于简单、只公开了必要特征的一部分内容，其余的作为“技术诀窍”不公开，包括对所用到的原料等采用代号或者商品名称；也包括背景技术不准确、目的不明确、效果描述不充分、实施例的数量太少等，对一个化工过程而言，所涉及的工艺参数和影响因素不仅很多，而且相互交叉。由于化学领域属于试验性较强的科学领域，影响发明结果的因素是多方面的，在文件撰写过程中，要重视实施例的撰写；有断言，没有令人信服的试验数据和试验方法也是不符合要求的。

权利要求书的独立权利要求概括不能过宽和过窄，且必须完整，符合新颖性的要求。

二、化学类发明专利申请技术交底书

技术交底书主要内容包括七个部分：名称、技术领域 、背景技术、发明或实用新型内容、附图说明、具体实施方式、附图。

（一）名称

发明或实用新型申请的名称应当采用本领域通用的技术术语，清楚、简短、全面地反映要求保护的主题和类型；一般不得超过25个字。

（二）技术领域

这部分内容要写明发明或实用新型所属或者直接应用的具体技术领域，既不是广义或过于宽泛的技术领域，也不是发明或者实用新型本身；应该在该技术交底书中列举出本发明或实用新型已知和潜在的技术或产品的应用领域及其应用方式。

（三）背景技术

背景技术在技术交底书中起着比较重要的作用，或许会直接影响到他人对整个技术构思的正确理解及评价，因此发明人应当在该部分给出发明人目前所知的、与本发明构思最接近的现有背景技术。

背景技术部分通常包括三个方面的内容，即：

（1）背景技术出处，通常可采用给出文献具体出处或指出其属于公知公用情况两种方式；

（2）背景技术的技术现状，要简要加以说明，如主要结构或工作原理等；

（3）背景技术的客观评价，指出所存在的主要优缺点等，但切忌采用诽谤性语言；不需要写入针对现有技术的革新方案。

（四）发明或实用新型内容

在技术交底书中，这部分内容很重要，要对整个发明构思进行总体性、分层次地概括和说明。通常包括三个方面的内容，即：

（1）发明或实用新型要解决的技术问题：发明人应针对现有技术中存在的缺陷或不足，用正面、简洁的语言客观阐明所要解决的技术问题。

（2）解决其技术问题所采用的技术方案：对于作为说明书核心部分的技术方案，一般情况下应当首先概括出体现本发明构思的最基本的技术方案，然后分层次概括作为进一步改进的其他技术方案，对这些技术方案的描述，应当清楚、完整，以所属领域的技术人员能够实现为准；可以直接委托代理人进行概括和撰写，或者在技术交底书中告知所重点关注的技术改进点之后、同代理人经过充分交流来共同完成对该部分的修改。

（3）所采用的技术方案相对于现有技术带来的有益效果：发明人通常可以从生产率、质量、精度和效率的提高，能耗、原材料、工序的节省，加工、操作、控制、使用的简便，环境污染的治理，以及有用性能的出现等方面显示出有益效果。

（五）附图说明

技术交底书中最好提供附图，按照机械制图国家标准，对各幅附图的图名、图示的内容做出简要的文字说明；附图不止一副的，应当对所有附图按顺序逐一进行说明，并且每幅附图应当单独编一个图号。

（六）具体实施方式

具体实施方式部分是技术交底书的主要组成部分，它对于充分公开、理解和实现发明构思，提炼和撰写权利要求，以及在申请文件定稿后进入审查阶段并针对审查意见做出意见陈述和修改都是十分重要的，发明人应当在技术交底书中尽可能详细地描述该部分。

这部分内容应当具体描述至少一个优选的具体实施方式，并在提供有附图的情况下参照附图，及对附图中组成部件采用附图标记编号的方式来进行描述，所描述的具体化程度应当达到使所属技术领域的技术人员按照该内容能够重现发明构思，而不必再付出创造性劳动；

在权利要求中出现概括性（或功能性）描述以覆盖较宽的保护范围时，对该部分应当给出至少两个不同的实施例，除非这种概括对本领域普通技术人员来说是明显合理的；此外，当权利要求相对于背景技术的改进涉及数值范围时，通常应给出两端值附近（最好是两端值）的实施例，当数值范围较宽时，还应当给出至少一个中间值的实施例。

对于化学类产品，应当提供其化学名称、基本结构式、组分，各组分的含量范围和作用，以及必要的物性参数及其检测方法等，此外，还应当提供化合物的至少一种制备方法及应用领域；对于药物类化合物，还应提供该药物的药理、毒理试验及其结果和药效试验其及结果等。

对于多个技术领域的工艺方法，应当与附图对应，具体描述该工艺方法包括哪些工艺步骤、每个工艺步骤的操作工序和操作条件，以及每个工艺步骤的作用等；对于工艺方法中采用的设备或材料，可以给出具体的参数如型号、规格或选择范围值等。

（七）附图

附图在技术交底书中的作用在于用图形补充文字部分的描述，使人能够直观、形象地理解发明构思，因此尽可能给出能够清楚地反映发明或实用新型内容的附图，并将这些附图集中放在技术交底书的文字部分之后；实用新型的说明书中必须有附图；附图应当采用使用包括计算机在内的制图工具和黑色墨水绘制，线条应当足够均匀清晰、不着色和涂改，不得使用工程蓝图，通常也不得使用照片作为附图；附图中除了附图标记外，通常不得含有其他文字注释；但当附图为流程图时，应当在方框内给出必要的文字。

思考题

1. 编制技术报告应该注意哪些问题？
2. 专利申请交底书是不是越彻底越好？

实训任务　编制试验技术报告

能力目标：能够熟练编制试验技术报告，提交专利申请交底书，运用现代职业岗位相关技能，完成上述文件的编制任务。包括撰写各类试验的技术报告，专利申请交底书等文件。

知识目标：理解技术文件的相关内容和要求，掌握撰写方法；包括掌握技术背景、问题来源、研究方案、研究内容、研究方法、技术路线、工程应用与（经济、社会、环境）效益分析与评价的编制要点，进行总结，提出结论与建议。

实训设计：公司涂料车间试验小组开发水性涂料，要求成本低廉，工艺合理。按照车间组织构成，分为若干班组（项目组），选出组长，由组长协调组员进行项目化的试验工作和学习，完成编制任务，汇报演讲，进行考评。

（一）试验资料整理

对课题的背景、目的、意义、研究方法与内容、技术路线、试验数据、工程问题等进行归纳整理，逐条梳理，组织课题组成员对课题的经济、社会、环境方面进行评价，分析经济与社会效益，总结出结论与建议。

（二）编制小试开发试验技术报告

按照小试开发试验技术报告的内容要求和格式，编制技术报告，为进一步做好中试放大工作打好基础。

要求题目必须明确、鲜明、简练、醒目；摘要必须准确、精练、简朴地概括全文内容；课题研究目标与思路要一致，对课题研究思路的角度和特色，以及对象的选择、研究工具、研究步骤等要阐述清楚；内容与方法是研究成果的主体，要详实；研究结果的分析与讨论必须客观，可用图直观表达；结论是在研究结果分析的基础上经过推理、判断、归纳而概括出的成果或观点，可以指出不足，展望和延续。

（三）编制专利申请资料交底书

按照专利申请交底书的内容要求，撰写交底书，向知识产权局申请小试配方的发明专利。

课后任务

1. 查询专利申请流程。
2. 查询中试放大的内容与过程。

参考资料

[1] GB 7713—1987，科学技术报告、学位论文和学术论文的编写格式.

[2] 刘登良. 涂料工艺[M]. 第4版. 北京：化学工业出版社.

[3] 张清奎. 化学领域发明专利申请的文件撰写与审查. 知识产权出版社（第3版）：2010-10.

附　录

附录一　涂料检测标准

（一）涂料常见性质检测标准

（1）GB/T 1721—2008清漆、清油及稀释剂外观和透明度测定法；

（2）GB/T 1722—1992清漆、清油及稀释剂颜色测定法；

（3）GB/T 1723—1993涂料黏度测定法；

（4）GB/T 1724 1979（1989）涂料细度测定法；

（5）GB/T 1725—2007色漆、清漆和塑料不挥发物含量的测定；

（6）GB/T 1726—1979（1989）涂料遮盖力测定法；

（7）GB/T 1727—1992漆膜一般制备法；

（8）GB/T 1728—1979（1989）漆膜、腻子膜干燥时间测定法；

（9）GB/T 1747．2—2008色漆和清漆颜料含量的测定第2部分：灰化法；

（10）GB/T 1749—1979（1989）厚漆、腻子稠度测定法；

（11）GB/T 5208—2008闪点的测定快速平衡闭杯法；

（12）GB/T 6743—2008塑料用聚酯树脂、色漆和清漆用漆基　部分酸值和总酸值的测定；

（13）GB/T 6744—2008色漆和清漆用漆基皂化值的测定滴定法；

（14）GB/T 6750—2007色漆和清漆密度的测定　比重瓶法；

（15）GB/T 6753．12007色漆、清漆和印刷油墨研磨细度的测定；

（16）GB/T 6753．2—1986涂料表面干燥试验小玻璃球法。

（二）涂装后质量检测标准

（1）GB 1720—89（79）漆膜附着力测定法；

（2）GB/T 1731—93漆膜柔韧性测定法；

（3）GB/T 1732—93漆膜耐冲击性测定法；

（4）GB/T 1730—93漆膜硬度测定法摆杆阻尼试验；

（5）GB/T 6739—1996涂膜硬度铅笔测定法；

（6）GB/T 5210—2002 色漆和清漆拉开法附着力试验；

（7）GB/T 1768—2006色漆和清漆耐磨性的测定旋转橡胶砂轮法；

（8）GB/T 1770—2008 涂膜、腻子膜打磨性测定法；

（9）GB/T 9286—1998清漆和色漆漆膜的划格试验；

（10）GB/T 6742—2007 色漆和清漆弯曲试验（圆柱轴）；

（11）GB/T 1733—93漆膜耐水性测定法；

（12）GB/T 1735—2009色漆和清漆耐热性的测定；

（13）HG/T 3856—2006绝缘漆漆膜吸水率测定法；

（14）HG/T 3857—2006绝缘漆漆膜耐油性测定法；

（15）GB/T 1740—2007漆膜耐湿热测定法；

（16）GB/T 1741—2007漆膜耐霉菌性测定法；

（17）GB/T 1766—2008色漆和清漆涂层老化的评级方法；

（18）GB/T 1771—2007色漆和漆耐中性盐雾性能的测定；

（19）GB/T 1865—2009 色漆和清漆人工气候老化和人工辐射曝露（滤过的氙弧辐射）；

（20）GB/T 5370—2007防污漆样板浅海浸泡试验方法。

附录二　实训任务试验参考配方

配方一　溶剂型热固性氟碳建筑涂料配方

涂料组分		用量，质量份		
		配方1	配方2	配方3
氟碳树脂	聚偏二氟乙烯（PVDF）		100	
	三氟氯乙烯-乙烯基醚共聚物（FEVE）	100		100
溶剂	二甲苯	25	25	25
	甲基异丁基甲酮	75	75	75
催化剂	对甲苯磺酸		0.1	
	二甲基二月桂酸锡	0.00035		0.00035
颜料	钛白粉TiO_2	21	21	21
固化剂	氨基树脂			3
	异氰酸酯	9.3		
	丙烯酸树脂		42	

配方二　无助剂粉末涂料配方

	组分	质量份
主料	羧基聚酯树脂/P9335	300
	固化剂/PT710	22.5
填料	白色颜料：含量93%金红石型钛白粉/CR 828	198
	合计	520.5

配方三　高光型粉末涂料配方

	组分	质量份
主料	羧基聚酯树脂/P9335	300
	固化剂/PT710	22.5
助剂	流动助剂：丙烯酸酯类均聚物/PV88	3.9
	粉末脱气剂：安息香（苯偶因）/Benzoin	2.6
	抗表面划伤和增滑剂：酰胺改性的聚乙烯蜡/9615A	0.7
颜填料	白色颜料：含量93%金红石型钛白粉/CR 828	.165
	填料：2500目、含量96%超细硫酸钡/$BaSO_4$，5HB	28.6
	黄色颜料：氧化铁黄/4920	5
	合计	528.3

配方四　水性涂料主料配比试验配方

实训任务	物料名称	功能	质量份
水性涂料第一节	1. 苯丙乳液	基料	35
	2. 硅溶胶		60
	3. 聚氧乙烯醚	填料分散剂	5
	4. 碳酸钙粉、滑石粉	填料	120
	水		其余

配方五　水性涂料增稠剂试验配方

实训任务	物料名称	功能	质量份
水性涂料第二节	1. 苯丙乳液	基料	6%～8%
	2. 硅溶胶		10%～14%
	3. 聚氧乙烯醚	填料分散剂	0.8%
	4. 碳酸钙粉、滑石粉	填料	23%
	5. 羟乙基纤维素	增稠、流变	1%～5%（2%）
	6. 膨润土	增稠剂与5配合	2%～6%
	水		其余

配方六　水性涂料颜料试验配方

实训任务	物料名称	功能	质量份
水性涂料第三节	1. 苯丙乳液	基料	6%～8%
	2. 硅溶胶		10%～14%
	3. 聚氧乙烯醚	填料分散剂	1%
	4. 碳酸钙粉、滑石粉	填料	23%
	5. 颜料		15%
	6.羟乙基纤维素	增稠、流变	1%～5%（2%）
	7.膨润土	增稠剂与6配合	2%～6%
	水		其余

配方七　水性涂料成膜助剂试验配方

实训任务	物料名称	功能	质量份
水性涂料第四节	1. 苯丙乳液	基料	6%～8%
	2. 硅溶胶		10%～14%
	3. 聚氧乙烯醚	填料分散剂	1%
	4. 碳酸钙粉、滑石粉	填料	23%
	5. 颜料		15%
	6.羟乙基纤维素	增稠、流变	1%～5%（2%）
	7.膨润土	增稠剂与6配合	2%～6%
	8.十二碳酯醇	成膜助剂	2%～5%
	9. 聚乙烯醇	黏结、成膜强度、乳化	0.5%～1%
	10. AMP-95	pH调节剂、成膜等	0.05%～0.1%
	水		其余

配方八　水性涂料消泡剂试验配方

实训任务	物料名称	功能	质量份
水性涂料第五节	1. 苯丙乳液	基料	6%～8%
	2. 硅溶胶		10%～14%
	3. 聚氧乙烯醚	填料分散剂	1%
	4. 碳酸钙粉、滑石粉	填料	23%
	5. 颜料		15%
	6.羟乙基纤维素	增稠、流变	1%～5%（2%）
	7.膨润土	增稠剂与6配合	2%～6%

续表

实训任务	物料名称	功能	质量份
水性涂料第五节	8.十二碳酯醇等	成膜助剂	2%～5%
	9. 聚乙烯醇	黏结、成膜强度、乳化	0.5%～1%
	10. AMP-95	pH调节剂、成膜等	0.05%～0.1%
	11. 正丁醇	消泡剂、成膜	1%～2%（0.2%）
	水		其余

配方九 水性涂料防冻剂、流平剂试验配方

实训任务	物料名称	功能	质量份
水性涂料第六节	1. 苯丙乳液	基料	6%～8%
	2. 硅溶胶		10%～14%
	3. 聚氧乙烯醚	填料分散剂	1%
	4. 碳酸钙粉、滑石粉	填料	23%
	5. 颜料		15%
	6. 羟乙基纤维素	增稠、流变	1%～5%（2%）
	7. 膨润土	增稠剂与6配合	2%～6%
	8.十二碳酯醇等	成膜助剂	2%～5%
	9. 聚乙烯醇	黏结、成膜强度、乳化	0.5%～1%
	10. AMP-95	pH调节剂、成膜等	0.05%～0.1%
	11. 正丁醇	消泡剂、成膜	1%～2%
	12. 乙二醇丁醚	防冻剂、成膜助剂	1%～2%
	13. 丙二醇	流平剂、成膜助剂	1%～2%
	水		其余

配方十 水性涂料防霉、防腐、防锈剂试验配方

实训任务	物料名称	功能	质量份
水性涂料第七节	1. 苯丙乳液	基料	6%～8%
	2. 硅溶胶		10%～14%
	3. 聚氧乙烯醚	填料分散剂	1%
	4. 碳酸钙粉、滑石粉	填料	23%
	5. 颜料		15%
	6.羟乙基纤维素	增稠、流变	1%～5%（2%）
	7.膨润土	增稠剂与6配合	2%～6%

续表

实训任务	物料名称	功能	质量份
水性涂料第七节	8.十二碳酯醇等	成膜助剂	2%～5%
	9. 聚乙烯醇	黏结、成膜强度、乳化	0.5%～1%
	10. AMP-95	pH调节剂、成膜等	0.05%～0.1%
	11. 正丁醇	消泡剂、成膜	1%～2%
	12. 乙二醇丁醚	防冻剂、成膜助剂	1%～2%
	13. 丙二醇	流平剂、成膜助剂	1%～2%
	14. 苯甲酸钠	防霉、防腐、防锈剂	0.2%～0.5%
	水		其余

配方十一　水性涂料组分优化试验配方

任务	物料名称	功能	配方比例
优化试验	1. 苯丙乳液	基料	6%～8%
	2. 硅溶胶		10%～14%
	3. 羟乙基纤维素	增稠、流变	1%～5%（2%）
	4. 膨润土	增稠剂与3配合	2%～6%
	5. 碳酸钙粉、滑石粉	填料	20%～25%
	6. 聚氧乙烯醚	颜填料分散剂	0.5%～1%
	7. 颜料		15%～20%
	8. 正丁醇	消泡剂、成膜	1%～2%（0.2%）
	9. 十二碳酯醇	成膜助剂	2%～5%
	10. 乙二醇丁醚	防冻剂、成膜助剂	1%～2%（＜5%）
	11. 丙二醇	流平剂、成膜助剂	1%～2%（0.5%～1%）
	12. 苯甲酸钠	防霉、防腐、防锈剂	0.2%（0.2%～0.5%）
	13. 聚乙烯醇	黏结、成膜强度、乳化	0.5%～1%（0.6%）
	14. AMP-95	pH调节剂、成膜等	0.05%～0.1%（0.15%）
	水		其余

附录三　简写释义一览表

英文缩写	英文名称	中文名称
A/MMA	acrylonitrile/methyl methacrylate	丙烯腈/甲基丙烯酸甲酯共聚物

续表

英文缩写	英文名称	中文名称
ABA	acrylonitrile-butadiene-acrylate	丙烯腈/丁二烯/丙烯酸酯共聚物
ABS	acrylonitrile butadiene styrene	丙烯腈/丁二烯/苯乙烯共聚物
AES	acrylonitrile-ethylene-styrene	丙烯腈/乙烯/苯乙烯共聚物
ARP	aromatic polyester	聚芳香酯
AS	acrylonitrile-styrene resin	丙烯腈-苯乙烯树脂
ASA	acrylonitrile-styrene-acrylate	丙烯腈/苯乙烯/丙烯酸酯共聚物
BAA	butyraldehyde anilin-econdersate	正丁醛苯胺缩合物
BAD	bisphenol A Disalicyate	双水杨酸双酚A酯
BCD	beta-Cyclodextrin	β -环糊精
BMA	Butyl Methacrylate	甲基丙烯酸丁酯
BN	Boronnitride	氮化硼
BTX	Benzene，Toluene，Xylene	苯/甲苯/二甲苯混合物
CA	cellulose acetate	醋酸纤维素
CAB	cellulose acetate butyrate	醋酸-丁酸纤维素
CAP	cellulose acetate propionate	醋酸-丙酸纤维素
CF	cresol-formaldehyde	甲酚-甲醛树脂
CMC	carboxymethyl cellulose	羧甲基纤维素
CN	cellulose nitrate	硝酸纤维素
CP	cellulose propionate	丙酸纤维素
CPE	chlorinated polyethylene	氯化聚乙烯
CPVC	chlorinated poly（vinyl chloride）	氯化聚氯乙烯
CS	casein	酪蛋白
CTA	cellulose triacetate	三醋酸纤维素
EC	ethyl cellulose	乙烷纤维素
EEA	ethylene/ethyl acrylate	乙烯/丙烯酸乙酯共聚物
EMA	ethylene/methacrylic acid	乙烯/甲基丙烯酸共聚物
EO	epoxyethane，Ethylene Oxide	环氧乙烷
EP	epoxy，epoxide	环氧树脂
EPD	ethylene-propylene-diene	乙烯/丙烯/二烯三元共聚物
EPM	ethylene-propylene polymer	乙烯/丙烯共聚物
EPS	expanded polystyrene	发泡聚苯乙烯
ETFE	ethylene-tetrafluoroethylene	乙烯/四氟乙烯共聚物

续表

英文缩写	英文名称	中文名称
EVA	ethylene/vinyl acetate	乙烯/醋酸乙烯共聚物
EVAL	ethylene-vinyl alcohol	乙烯/乙烯醇共聚物
FEP	perfluoro（ethylene-propylene）	全氟（乙烯-丙烯）塑料
FF	Furan formaldehyde	呋喃甲醛
HDPE	high-density polyethylene plastics	高密度聚乙烯塑料
HIPS	high impact polystyrene	高冲聚苯乙烯
IPS	impact-resistant polystyre ne	耐冲击聚苯乙烯
LCP	liquid crystal polymer	液晶聚合物
LDPE	low-density polyethylene plastics	低密度聚乙烯塑料
LLDPE	linear low-density polyethylene	线性低密聚乙烯
LMDPE	linear medium-density polyethylene	线性中密聚乙烯
MBS	methacrylate-butadiene-styrene	甲基丙烯酸-丁二烯-苯乙烯共聚物
MC	methyl cellulose	甲基纤维素
MDPE	medium-density polyethylene	中密聚乙烯
MF	melamine-formaldehyde resin	密胺-甲醛树脂
MPF	melamine/phenol-formaldehyde	密胺/酚醛树脂
PA	polyamide（nylon）	聚酰胺（尼龙）
PAA	poly（acrylic acid）	聚丙烯酸
PADC	poly（allyl diglycol carbonate）	碳酸-二乙二醇酯-烯丙醇酯树脂
PAE	polyarylether	聚芳醚
PAEK	polyaryletherketone	聚芳醚酮
PAI	polyamide-imide	聚酰胺-酰亚胺
PAK	polyester alkyd	聚酯树脂
PAN	polyacrylonitrile	聚丙烯腈
PARA	polyaryl amide	聚芳酰胺
PASU	polyarylsulfone	聚芳砜
PAT	polyarylate	聚芳酯
PAUR	poly（ester urethane）	聚酯型聚氨酯
PB	polybutene-1	聚丁烯-[1]
PBA	poly（butyl acrylate）	聚丙烯酸丁酯
PBAN	polybutadiene-acrylonitrile	聚丁二烯-丙烯腈
PBS	polybutadiene-styrene	聚丁二烯-苯乙烯

续表

英文缩写	英文名称	中文名称
PBT	poly（butylene terephthalate）	聚对苯二酸丁二酯
PC	polycarbonate	聚碳酸酯
PCTFE	polychlorotrifluoroethylene	聚氯三氟乙烯
PDAP	poly（diallyl phthalate）	聚对苯二甲酸二烯丙酯
PE	polyethylene	聚乙烯
PEBA	polyether block amide	聚醚嵌段酰胺
PEBA	thermoplastic elastomer polyether	聚酯热塑弹性体
PEEK	polyetheretherketone	聚醚醚酮
PEI	poly（etherimide）	聚醚酰亚胺
PEK	polyether ketone	聚醚酮
PEO	poly（ethylene oxide）	聚环氧乙烷
PES	poly（ether sulfone）	聚醚砜
PET	poly（ethylene terephthalate）	聚对苯二甲酸乙二酯
PEUR	poly（ether urethane）	聚醚型聚氨酯
PF	phenol-formaldehyde resin	酚醛树脂
PFA	perfluoro（alkoxy alkane）	全氟烷氧基树脂
PFF	phenol-furfural resin	酚呋喃树脂
PI	polyimide	聚酰亚胺
PIB	polyisobutylene	聚异丁烯
PISU	polyimidesulfone	聚酰亚胺砜
PMCA	poly（methyl-alpha-chloroacrylate）	聚α-氯代丙烯酸甲酯
PMMA	poly（methyl methacrylate）	聚甲基丙烯酸甲酯
PMP	poly（4-methylpentene-1）	聚4-甲基戊烯-1
PMS	poly（alpha-methylstyrene）	聚α-甲基苯乙烯
POM	polyoxymethylene，polyacetal	聚甲醛
PP	polypropylene	聚丙烯
PPA	polyphthalamide	聚邻苯二甲酰胺
PPE	poly（phenylene ether）	聚苯醚
PPO	poly（phenylene oxide）deprecated	聚苯醚
PPOX	poly（propylene oxide）	聚环氧（丙）烷
PPS	poly（phenylene sulfide）	聚苯硫醚
PPSU	poly（phenylene sulfone）	聚苯砜

续表

英文缩写	英文名称	中文名称
PS	polystyrene.	聚苯乙烯
PSU	polysulfone	聚砜
PTFE	polytetrafluoroethylene	聚四氟乙烯
PUR	polyurethane	聚氨酯
PVAC	pvacpoly（vinyl acetate）	聚醋酸乙烯
PVAL	poly（vinyl alcohol）	聚乙烯醇
PVB	poly（vinyl butyral）	聚乙烯醇缩丁醛
PVC	polyvinyl chloride	聚氯乙烯
PVCA	poly（vinyl chloride-acetate）	聚氯乙烯醋酸乙烯酯
PVCC	chlorinated poly（vinyl chloride）（*cpvc）	氯化聚氯乙烯
PVDC	poly（vinylidene chloride）	聚（偏二氯乙烯）
PVDF	poly（vinylidene fluoride）	聚（偏二氟乙烯）
PVF	poly（vinyl fluoride）	聚氟乙烯
PVFM	poly（vinyl formal）	聚乙烯醇缩甲醛
PVI	poly（vinyl isobutyl ether）	聚（乙烯基异丁基醚）
PVK	polyvinylcarbazole	聚乙烯咔唑
PVM	poly（vinyl chloride vinyl methyl ether）	聚（氯乙烯-甲基乙烯基醚）
PVP	polyvinylpyrrolidone	聚乙烯吡咯烷酮
RF	resorcinol-formaldehyde resin	甲苯二酚-甲醛树脂
RIM	reaction injection molding	反应注射模塑
RP	reinforced plastics	增强塑料
RTP	reinforced thermoplastics	增强热塑性塑料
S/AN	styrene-acryonitrile copolymer	苯乙烯-丙烯腈共聚物
S/MA	styrene-maleic anhydride plastic	苯乙烯-马来酐塑料
S/MS	styrene-α-methylstyrene copolymer	苯乙烯-α-甲基苯乙烯共聚物
SAN	styrene-acrylonitrile plastic	苯乙烯-丙烯腈塑料
SB	styrene-butadiene plastic	苯乙烯-丁二烯塑料
SBS	styrene-butadiene block copolymer	苯乙烯-丁二烯嵌段共聚物
SI	silicone	聚硅氧烷
SI	silicone plastics	有机硅塑料

续表

英文缩写	英文名称	中文名称
SMC	sheet molding compound	片状模塑料
SMS	styrene/alpha-methylstyrene plastic	苯乙烯-α-甲基苯乙烯塑料
SP	saturated polyester plastic	饱和聚酯塑料
SRP	styrene-rubber plastics	聚苯乙烯橡胶改性塑料
TEEE	thermoplastic elastomer，ether-ester	醚酯型热塑弹性体
TEO	thermoplastic elastomer，olefinic	聚烯烃热塑弹性体
TES	thermoplastic elastomer，styrenic	苯乙烯热塑性弹性体
TMC	thick molding compound	厚片模塑料
TPE或TPEL	thermoplastic elastomer	热塑性弹性体
TPES	thermoplastic polyester	热塑性聚酯
TPS	toughened polystyrene	韧性聚苯乙烯（丁二烯或异戊二烯与苯乙烯嵌段型的共聚物）
TPU或TPUR	thermoplastic polyurethane	热塑性聚氨酯橡胶
TPX	ploymethylpentene	聚-4-甲基-1戊烯
TSUR	thermoset polyurethane	热固聚氨酯
UF	urea-formaldehyde resin	脲甲醛树脂
UHMWPE	ultra-high molecular weight pe	超高分子量聚乙烯
UP	unsaturated polyester	不饱和聚酯
VC/E/MA	vinylchloride-ethylene-methylacrylate copolymer	聚乙烯/乙烯/丙烯酸甲酯共聚物
VC/E/VCA	vinylchloride-ethylene-vinylacetate copolymer	氯乙烯/乙烯/醋酸乙烯酯共聚物
VCE	vinyl chloride-ethylene resin	氯乙烯/乙烯树脂
VCEV	vinyl chloride-ethylene-vinyl	氯乙烯/乙烯/醋酸乙烯共聚物
VCMA	vinyl chloride-methyl acrylate	氯乙烯/丙烯酸甲酯共聚物
VCMMA	vinyl chloride-methylmethacrylate	氯乙烯/甲基丙烯酸甲酯共聚物
VCOA	vinyl chloride-octyl acrylate resin	氯乙烯/丙烯酸辛酯树脂
VCVAC	vinyl chloride-vinyl acetate resin	氯乙烯/醋酸乙烯树脂
VCVDC	vinyl chloride-vinylidene chloride	氯乙烯/偏氯乙烯共聚物
VG/E	vinylchloride-ethylene copolymer	聚乙烯/乙烯共聚物